数字测图与制图基础教程

汤青慧　于　水　唐　旭　艾　波　编著

清华大学出版社
北　京

内 容 简 介

本书作为普通高等学校测绘工程专业和地理信息系统专业本科基础课的通用教材，力求反映现代测绘科学技术一体化、数字化、自动化、智能化的发展趋势，并以数字测图工程项目作业流程为主线，参照我国现行数字测图相关规范，系统介绍数字测图的理论、技术和方法。本书内容主要包括数字测图的有关概念、数字测图的基本过程、数字测图系统的硬件设备、数字测图技术设计、野外数据采集、矢量地形图数据库建立、计算机绘图原理、数字测图内业成图、数字测图质量控制、数字测图成果的应用，而且各章后均附有思考题与实训任务，以便学生进行复习巩固和实践练习。

本书是作者在多年从事数字化测绘理论与实践教学、研究的基础上编著的，注重理论与应用并重，具有较强的系统性、实用性、先进性和通用性。本书除了可以作为测绘工程、地理信息系统专业的本科教材外，也可作为土地管理、水利水电工程、道路与桥梁工程、土木工程、地质工程、采矿工程等相关专业学生以及从事数字化测绘工作的专业技术人员的学习参考书。

图书在版编目(CIP)数据

数字测图与制图基础教程/汤青慧编著. —北京：清华大学出版社，2013（2024.9 重印）
ISBN 978-7-302-31751-7

Ⅰ. ①数…　Ⅱ. ①汤…　Ⅲ. ①数字化制图—高等学校—教材　Ⅳ. ①P283.7

中国版本图书馆 CIP 数据核字(2013)第 055227 号

责任编辑： 杨作梅
装帧设计： 杨玉兰
责任校对： 周剑云
责任印制： 刘海龙

出版发行： 清华大学出版社
　　网　　址： https://www.tup.com.cn, https://www.wqxuetang.com
　　地　　址： 北京清华大学学研大厦 A 座　　**邮　　编：** 100084
　　社 总 机： 010-83470000　　**邮　　购：** 010-62786544
　　投稿与读者服务： 010-62776969, c-service@tup.tsinghua.edu.cn
　　质量反馈： 010-62772015, zhiliang@tup.tsinghua.edu.cn
　　课件下载： https://www.tup.com.cn, 010-83470236
印 刷 者： 涿州市般润文化传播有限公司
经　　销： 全国新华书店
开　　本： 185mm×260mm　　**印　张：** 16.5　　**字　数：** 398 千字
版　　次： 2013 年 6 月第 1 版　　**印　次：** 2024 年 9 月第 7 次印刷
定　　价： 46.00 元

产品编号：049886-03

前　言

随着计算机、全站仪、实时动态差分(RTK)及数字化测图软件应用的普及，地形图成图方法正逐步由传统的平板测图向数字化测图方向发展。作为反映测绘技术现代化水平的重要标志，数字化测图目前已占据大部分地形图测绘市场，成为应用最广泛、技术最普及的现代测绘新技术。

近年来，地理信息系统(GIS)产业的迅速发展对测绘保障能力和服务水平提出了更高的要求，地形图测绘呈现出新的活力。数字测图除了要满足测绘部门地形图输出使用外，还要为其他专业部门提供 GIS 基础数据，而且现已成为基础地理空间框架最主要的数据源。基于此，本书在充分吸收传统教材内容体系的基础上，对地形图数据库的设计、建立等内容加以补充和完善，从测绘产品应用的角度构建完整的技术体系。本书在编写过程中，紧密围绕高等院校应用型人才培养目标，在广泛调研和征求各参编人员意见的基础上，本着科学、实用、先进的编写指导思想，优化重组了知识结构，突出了能力培养和技能训练。全书以大比例尺地面数字测图的作业过程为主线，教材内容力求做到简明扼要、深入浅出，贴近生产实际。

全书共分 12 章，第 1、2 章是概述和数字测图作业模式及软硬件环境，属于预备知识；第 3～6 章是数字测图外业数据采集部分，重点论述全站仪、RTK 碎部测量的实施方法；第 7、8 章是地形图数据库的设计、数据预处理与入库，重点论述地形图数据库的建立；第 9～11 章是数字测图内业数据处理部分，重点论述计算机绘图原理及数字地形图的输出；第 12 章是数字地形图的具体应用。边志华(郑州测绘学校)参与了第 2 章和第 3 章的编写工作，黄诚义(国家海洋局北海海洋工程勘察研究院)、邵春丽(青岛勘察测绘研究院)参与了第 4 章的编写工作，艾波(山东科技大学)、边志华(郑州测绘学校)参与了第 5 章和第 6 章的编写工作，唐旭(武汉大学)参与了第 9 章和第 10 章的编写工作，汤青慧、于水(青岛理工大学)参与编写了全书各章内容，并负责最后统稿。

本书由青岛理工大学朱珊教授审定，提出了许多富有建设性的宝贵意见，在此表示衷心感谢。由于作者编写水平和实践经验有限，书中错误和不妥之处在所难免，敬请读者批评指正。

编　者

目　录

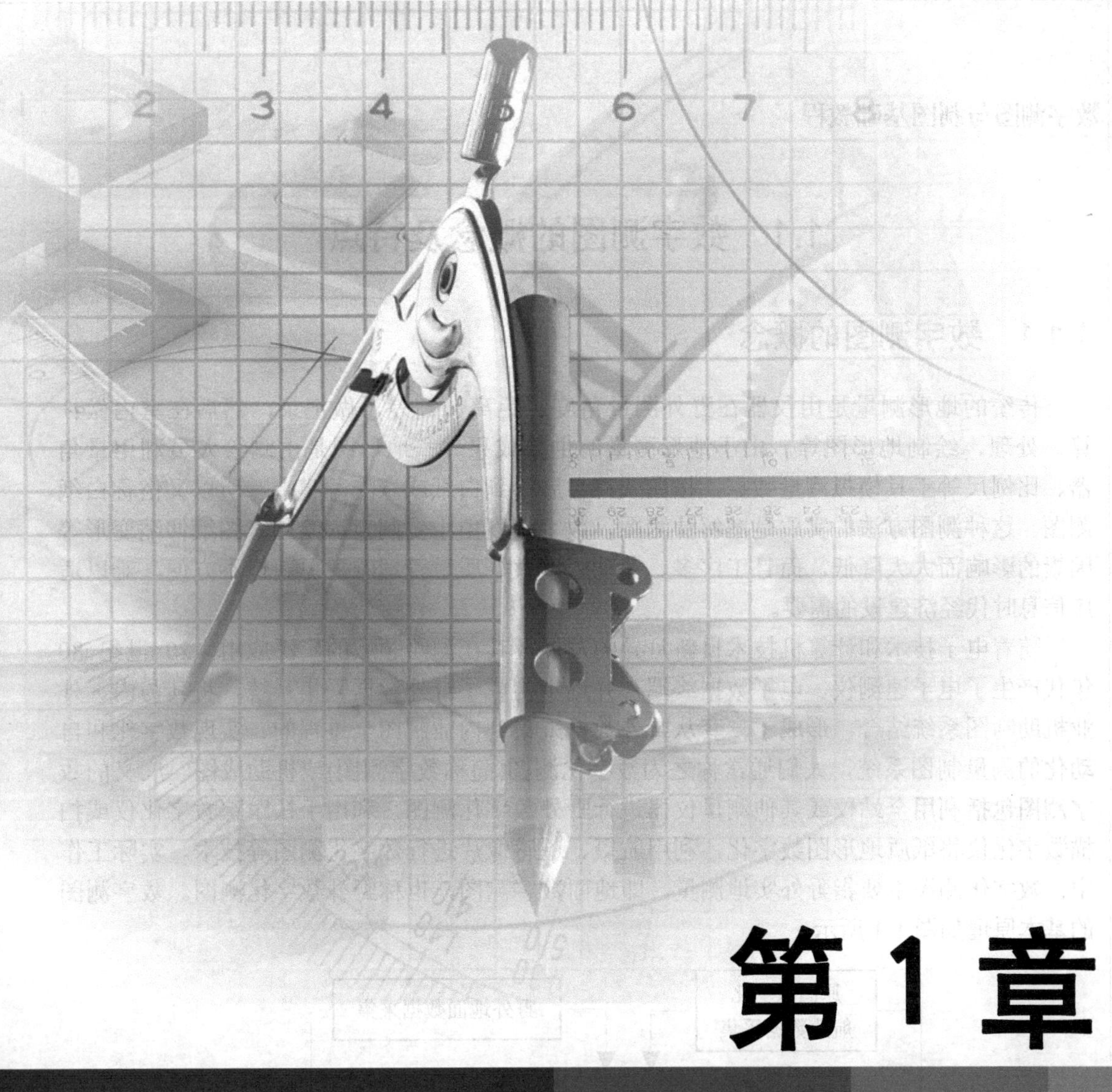

第1章 数字测图概述

学习目标

掌握数字测图的基本概念，数字测图的基本原理和工作过程；了解数字测图相对于传统测图的优势，数字测图的发展历程及发展趋势。

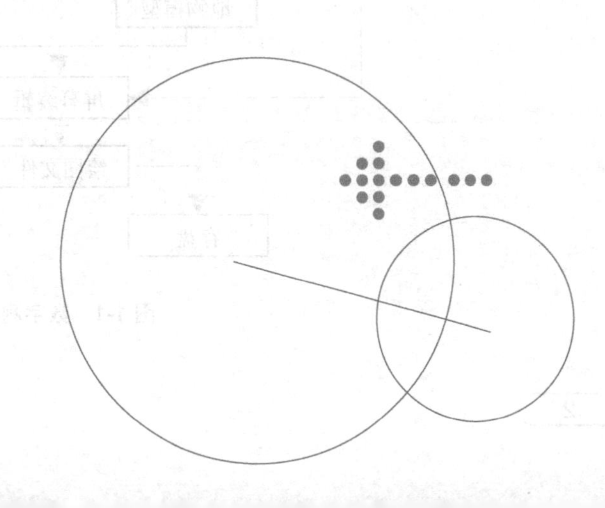

1.1 数字测图的概念及特点

1.1.1 数字测图的概念

传统的地形测量是用仪器在野外测量角度、距离、高差，做记录，然后在室内做计算、处理，绘制地形图等。由于地形测量的主要成果——地形图是由测绘人员利用量角器、比例尺等工具模拟测量数据，按图式符号展绘到白纸或聚酯薄膜上，所以又俗称白纸测图。这种测图方法的实质是图解法测图，数字精度由于受刺点、绘图、图纸伸缩变形等因素的影响而大大降低，而且工序多、劳动强度大、质量管理难，更新极不方便，难以适应信息时代经济建设的需要。

随着电子技术和计算机技术日新月异的发展及其在测绘领域的广泛应用，20 世纪 80 年代产生了电子速测仪、电子数据终端，并逐步构成了野外数据采集系统，将其与内、外业机助制图系统结合，形成了一套从野外数据采集到内业制图全过程的、实现数字化和自动化的测量制图系统，人们通常称之为数字化测图(简称数字测图)或机助成图。广义的数字测图包括利用全站仪或其他测量仪器进行野外数字化测图，利用手扶跟踪数字化仪或扫描数字化仪将纸质地形图数字化，利用航摄、遥感像片进行数字化测图等技术。实际工作中，数字化测图主要指野外实地测量，即地面数字测图，也称野外数字化测图。数字测图的基本原理如图 1-1 所示。

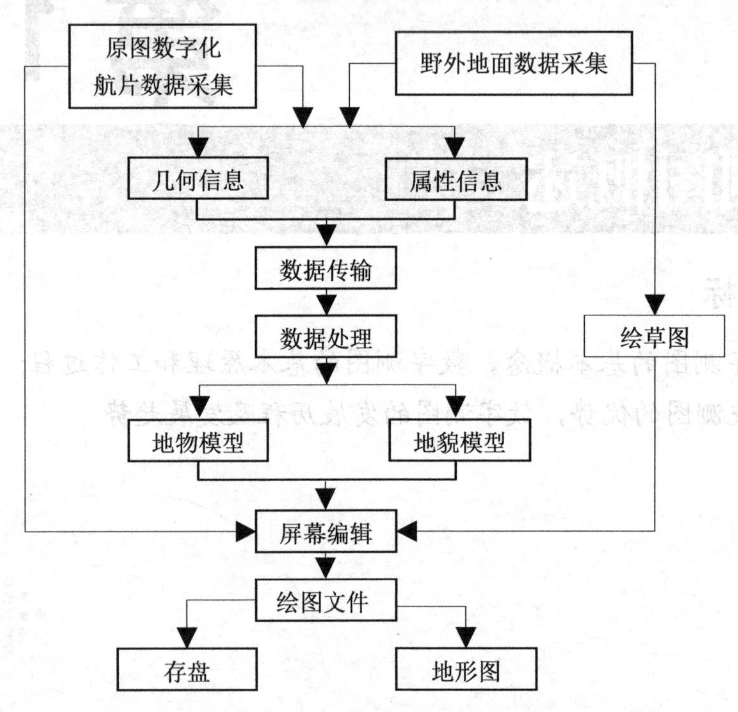

图 1-1 数字测图的基本原理

数字测图是以计算机及其软件为核心在外接输入/输出设备的支持下，对地形空间数据进行采集、输入、成图、绘图、输出的一项技术。其基本原理是将采集的各种有关的地物和地貌信息转化为数字形式，通过数据接口传输给计算机进行处理，得到内容丰富的电子地图，需要时由电子计算机的图形输出设备(如显示器、绘图仪)绘出地形图或各种专题地图。

1.1.2 数字测图的特点

作为一种全解析机助测图技术，与图解法测图相比，数字测图以其特有的高自动化、全数字化、高精度的显著优势而具有广阔的发展前景。目前许多测绘部门已经形成了数字测图的规模生产，作为反映测绘技术现代化水平的标志之一，数字测图技术将逐步取代人工模拟测图，成为地形测图的主流。数字测图技术主要具有以下几个特点。

1. 点位精度高

数字测图的数据作为电子信息可自动记录、存储、传输、处理和成图。在此过程中，原始测量数据的精度毫无损失，从而可以获得高精度(与仪器测量同精度)的测量成果。数字地形图最好地体现了外业测量的高精度，也最好地体现了仪器发展更新、精度提高等高科技进步的价值。

2. 测图过程自动化

数字测图野外测量数据自动记录，自动解算处理，自动成图、绘图，整个过程实现了测量工作的内、外业一体化和自动化。因而数字测图具有自动化程度高，劳动强度小，错误几率小，绘制的地形图精确、美观、规范等优点。

3. 图形数字化

数字测图的成果以数字信息保存，能够使测图用图的精度保持一致，精度毫无损失，避免了对图纸的依赖性，便于远距离传输、处理和多用户共享。

4. 便于成果更新

数字测图的成果以点的定位信息和属性信息存入计算机，当实地有变化时，只需输入变化信息的坐标、编码，经过数据处理即能方便地进行数据更新和修改，从而始终保持图面整体的可靠性和现势性[①]。

5. 成果应用灵活

数字信息分层存放，不受图面负载量的限制，通过图层操作可以方便地绘制各种比例尺的专题图和综合图，便于测量成果的深加工利用，从而拓宽测绘工作的服务面。

6. 可作为 GIS 的重要信息源

地理信息系统具有方便的空间信息查询检索功能、空间分析功能以及辅助决策功能。GIS 要发挥辅助决策的功能，需要现势性强的地理信息资料。数字测图能提供现势性强的地理基础信息，及时更新 GIS 的数据库。

---

① 现势性是指地图提供的地理空间信息要尽可能地反映当前最新的情况。

1.2 数字测图的基本过程

数字测图系统是以计算机为核心，在外连输入/输出设备硬件和软件的支持下，对地形空间数据进行采集、输入、编辑、成图、输出和管理的测绘系统。数字测图系统主要由数据采集、数据处理和数据输出三部分组成，如图1-2所示。

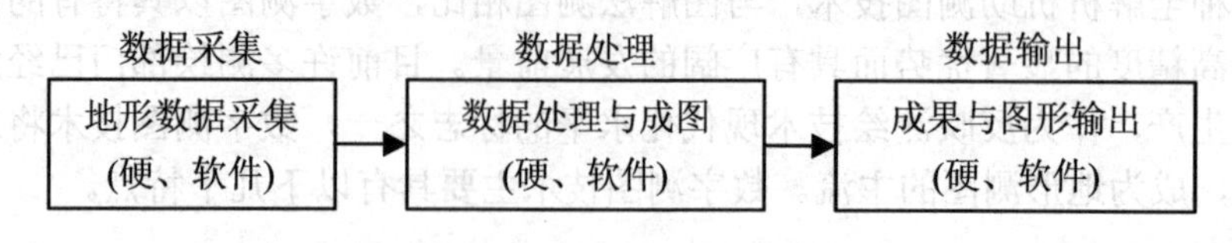

图 1-2 数字测图基本过程

1.2.1 数据采集

各种数字测图系统必须首先获取测区野外图形信息，地形图的图形信息包括所有与成图有关的各种资料，如测量控制点资料、解析点(地形点)坐标、各种地物的几何位置和符号，各种地貌的形状以及相应的各类注记等，在数字测图中获取这些信息的工作称为数据采集。

数字测图是经过计算机软件自动处理(自动计算、自动识别、自动连接、自动调用图式符号等)，自动绘出所测的地形图。进行数字测图时不仅要测定地形点的位置，还要知道是什么点，当场记下该测点的编码和连接信息，显示成图。利用测图系统中的图式符号库，只要知道编码，就可以从库中调出与该编码对应的图式符号成图。因此，数字测图时必须采集绘图信息，它包括点的定位信息、连接信息和属性信息。

定位信息亦称点位信息，是以 $X,Y,Z(H)$ 表示的三维坐标。点号在一个数据采集文件中是唯一的，根据它可以提取点位坐标，因此点号也属于定位信息。

连接信息是指测点的连接关系，它包括连接点号和连接线型，据此可将相关的点连接成一个地物。上述两种信息合称几何信息，据此可以绘制房屋、道路、河流、地类界、等高线等图形。

属性信息又称为非几何信息，是用来描述地形点的特征和地物属性的信息，一般用拟定的特征码(或称地形编码)和文字表示。有了特征码就可以知道它是什么点，对应的图式是什么；用文字可以注明地理名称和单位名称(权属主)等。另外，用来说明地图要素的性质、数量或强度的，例如面积、楼层、人口、产量、流速等，也是属性信息，一般用数字表示。

1.2.2 数据处理

数字测图的全过程都是在进行数据处理，这里所讲的数据处理主要是指在数据采集以后到图形输出之前对图形数据的各种处理。数据处理主要包括数据传输、数据预处理、数据转换、数据计算、图形生成、图形编辑与整饰、图形信息的管理与应用等。

数据预处理包括坐标变换、各种数据资料的匹配、图比例尺的统一、不同结构数据的转换等。

数据转换的内容很多，如将碎部点记录数据(距离、水平角、竖直角等)文件转换为坐标数据文件；将简码的数据文件或无码数据文件转换为带绘图编码的数据文件，供计算机绘图使用。

数据计算主要是针对地貌关系的。当数据输入计算机后，为建立数字地面模型绘制等高线，需要进行插值模型建立、插值计算、等高线光滑处理三个过程的工作。数据计算还包括对房屋类呈直角拐弯的地物进行误差调整，消除非直角化误差等。

图形生成是在地图符号的支持下利用所采集的地形数据生成图形数据文件的过程。

要想得到一幅规范的地形图，还要对数据处理后生成的“原始”图形，利用数字测图系统提供的各种编辑功能进行修改、编辑、整理；还需要加上汉字注记、高程注记，并填充各种面状地物符号等，即图形处理。除此之外，图形处理还包括测区图形拼接，图廓整饰，图形信息保存、管理、应用等。图形裁剪是保留给定区域内的图形而除掉区域外的图形的一种处理方法，主要用于图形分幅。

数据处理是数字测图的关键阶段。数字测图系统的优劣取决于数据处理的功能。在数据处理时，既有对图形数据的交互处理，也有批处理。

1.2.3　数据输出

输出图形是数字测图的主要目的，通过对层的控制，可以编制和输出各种专题地图(包括平面图、地籍图、地形图、管网图、带状图、规划图等)，以满足不同用户的需要。可采用矢量绘图仪、栅格绘图仪、图形显示器、缩微系统等绘制或显示地形图图形。为了使用方便，往往需要用绘图仪或打印机将图形或数据资料输出。在用绘图仪输出图形时，还可按层来控制线划的粗细或颜色。

1.3　数字测图的发展与展望

1.3.1　数字测图的发展历程

数字化成图是由制图自动化开始的。20 世纪 50 年代美国国防制图局开始研究制图自动化问题，这一研究同时推动了制图自动化配套设备的研制与开发。20 世纪 70 年代，制图自动化已形成规模生产，美国、加拿大及欧洲各国都建立了自动制图系统。当时的自动制图主要包括数字化仪、扫描仪、计算机及显示系统四个部分，数字化仪数字化成图成为主要的自动成图方法。当一幅地形图数字化完毕后，由绘图仪在透明塑料片上回放出地图，并与原始地图叠置以检查、修正错误。

20 世纪 80 年代，摄影测量经历模拟法、解析法发展为数字摄影测量。数字摄影测量把摄影所获得的影像进行数字化得到数字化影像，利用计算机视觉原理借助立体观测系统观测立体模型，利用系统提供的扫描数据处理、测量数据管理、数字定向、立体显示、地物采集等软件实现量测过程自动化，从而提供数字地形图或专题图、数字地面模型等各种数字化产品。

大比例尺地面数字测图，是20世纪70年代在轻小型、自动化、多功能的电子速测仪问世后，在机助地图制图系统的基础上发展起来的。20世纪80年代全站型电子速测仪的迅猛发展，加速了数字测图的研究与应用。目前，数字测图技术在国内已趋成熟，它已作为主要的成图方法取代了传统的图解法测图。其发展过程大体上可分为两个阶段。

第一阶段：主要利用全站仪采集数据，电子手簿记录，同时人工绘制标注测点点号的草图，到室内将测量数据直接由记录器传输到计算机，再由人工按草图编辑图形文件，并输入计算机自动成图，经人机交互编辑修改，最终生成数字地形图，并由绘图仪绘制地形图。

第二阶段：仍采用野外测记模式，但成图软件有了实质性的进展。一是开发了智能化的外业数据采集软件；二是计算机成图软件能直接对接收的地形信息数据进行处理。

20世纪90年代，RTK实时动态定位技术(载波相位差分技术)出现，能够实时提供测点在指定坐标系的三维坐标成果，定位精度高。随着RTK技术的不断发展和系列化产品的不断出现，GPS数字测量系统在开阔地区将成为地面数字测图的主要方法。

1.3.2 数字测图的发展趋势

随着科学技术水平的不断提高和地理信息系统的不断发展，全野外数字测图技术将在以下方面得到较快发展。

1. 无线传输技术的应用使得以镜站为中心成为可能

无线数据传输技术应用于全野外数字测图作业中，将使作业效率和成图质量得到进一步提高。目前生产中采用的各种测图方法，所采集的碎部点数据要么储存在全站仪的内存中，要么通过电缆输入电子平板电脑或PDA电子手簿。由于不能实现现场实时连线构图，所以必然影响作业效率和成图质量。即使采用电子平板电脑作业，也由于在测站上难以全面看清所测碎部点之间的关系而降低效率和质量。如图1-3所示，为了很好地解决上述问题，可以引入无线数据传输技术，即实现PDA与测站分离，确保测点连线的实时完成，并保证连线的正确无误，从而实现效率和质量的双重提高。

2. 全站仪与GPS-RTK技术相结合

全野外数字测图技术的另一发展趋势是GPS-RTK技术与全站仪相结合的作业模式。GPS具有定位精度高、作业效率快、不需点间通视等突出优点。实时动态定位技术(RTK)更使测定一个点的时间缩短为几秒钟，而定位精度可达厘米级。其作业效率与全站仪采集数据相比可提高1倍以上。但是在建筑物密集地区，由于障碍物的遮挡，容易造成卫星失锁现象，使RTK作业模式失效，此时可采用全站仪作为补充。所谓RTK与全站仪联合作业模式，是指测图作业时，对于开阔地区以及便于RTK定位作业的地物(如道路、河流、地下管线检修井等)采用RTK技术进行数据采集，对于隐蔽地区及不便于RTK定位的地物

(如电杆、楼房角等)，则利用 RTK 快速建立图根点，用全站仪进行碎部点的数据采集。这样既免去了常规的图根导线测量工作，同时也有效地控制了误差的积累，提高了全站仪测定碎部点的精度。最后将两种仪器采集的数据整合，形成完整的地形图数据文件，在相应软件的支持下，完成地形图(地籍图、管线图等)的编辑整饰工作。该作业模式的最大特点是在保证作业精度的前提下，可以极大地提高作业效率。可以预见，随着 GPS 的普及、硬件价格的进一步降低和软件功能的不断完善，GPS 与全站仪相结合的数字测图作业模式将会得到迅速发展。

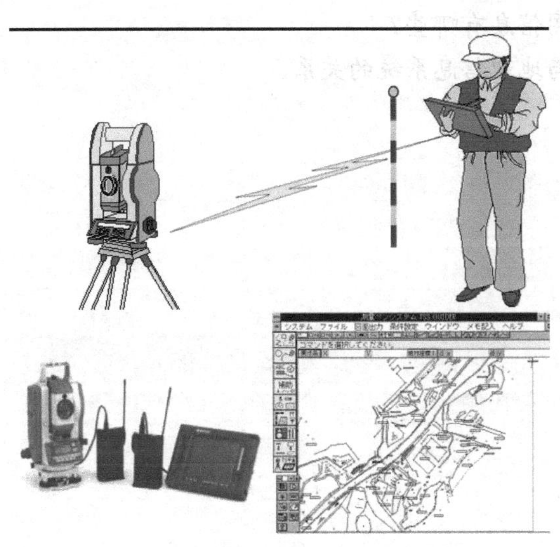

图 1-3　全站仪自动跟踪测量模式

3. GIS 前端数据采集

随着地理信息系统的不断发展，GIS 的空间分析功能将不断增强和完善，作为 GIS 的前端数据采集手段——数字测图技术，必须更好地满足 GIS 对基础地理信息的要求。地形图不再是简单的点线面的组合，而应是空间数据与属性数据的集合。野外数据采集时，不仅仅是采集空间数据，同时还必须采集相应的属性数据。目前在生产中所用的各种数字测图系统，大多只是简单的地形、地籍成图软件，很难作为一种 GIS 数据前端采集系统，造成了前期数据采集与后期 GIS 系统构建工作的脱节，使 GIS 构建工作复杂化。因此，规范化的数字测图系统(包括科学的编码体系、标准的数据格式、统一的分层标准和完善的数据转换、交换功能)将会受到作业单位的普遍重视。

4. 数字测图系统的高度集成化是必然趋势

测图系统的集成是必然趋势，随着科技的进一步发展，将来的大比例尺测图系统将不再使用全站仪和三脚架，而只是操作员在工作帽上安装 GPS 接收器以及激光发射和接收器，用于测距和测角，在眼睛前面佩戴小巧的照准镜，手中拿着带握柄的掌上电脑处理数据、显示图形，腰上携带无线数据传输器用于将测得的数据实时传送回测量中心，测量中心则收集各个测区的测量数据，生成整体大比例尺地形数据库。

思考题

1. 什么是数字测图？
2. 数字测图有哪些特点？
3. 简述数字测图的基本成图过程。
4. 数据采集的绘图信息有哪些？
5. 简述数字测图与地理信息系统的关系。

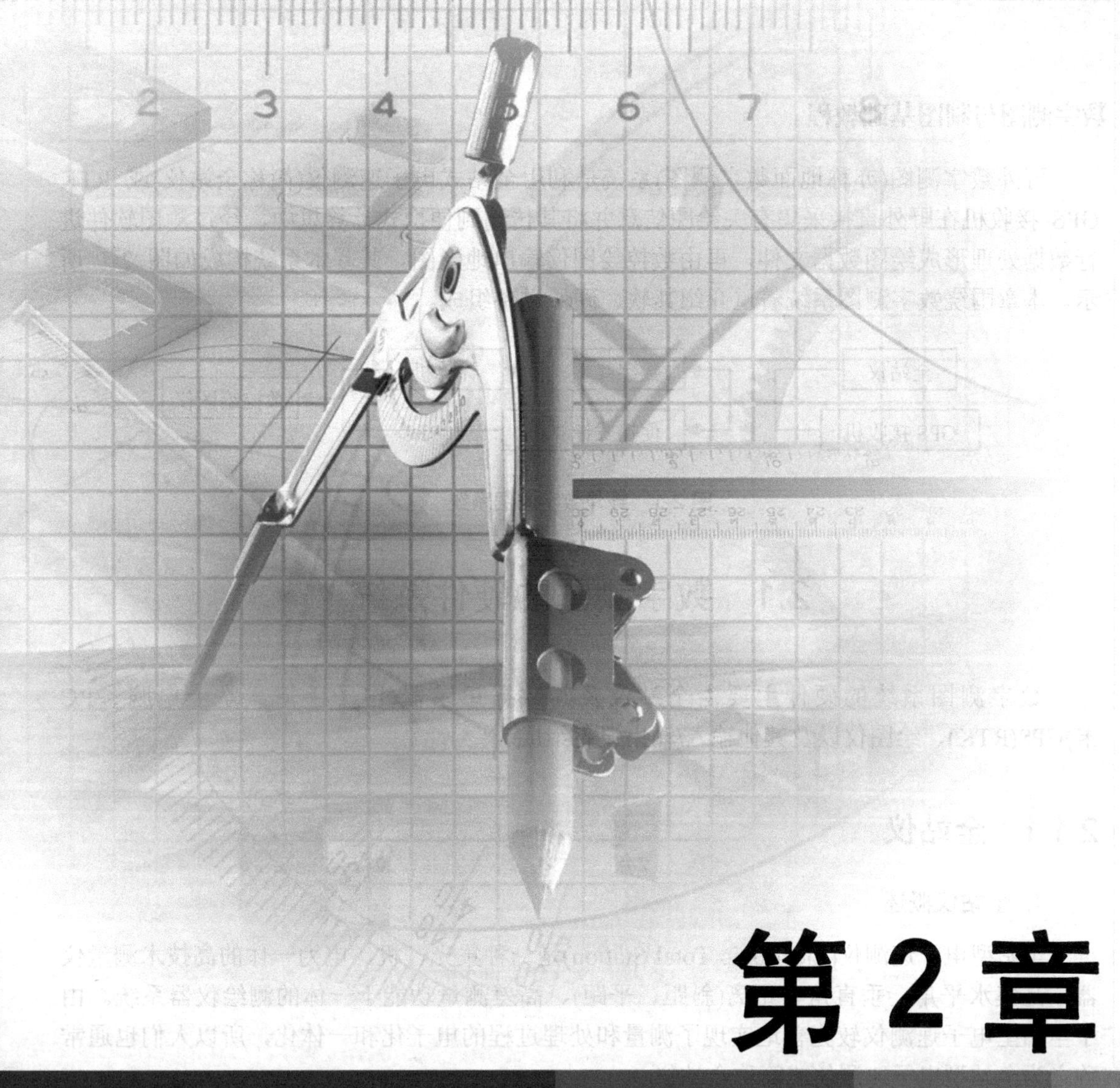

第2章

数字测图系统的组成及作业模式

学习目标

了解数字测图系统的软、硬件设备组成；熟悉全站仪的构成及其辅助设备；了解全站仪测量原理；了解国内主流数字成图软件的功能和特点；熟悉数字测图常规作业模式及其适用条件。

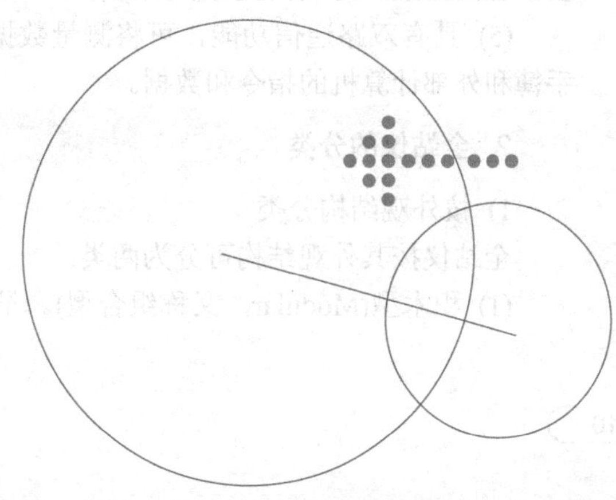

野外数字测图(亦称地面数字测图)系统是利用全站式电子速测仪(简称全站仪)或 RTK GPS 接收机在野外直接采集有关绘图信息并将其传输到便携式计算机中，经过测图软件进行数据处理形成绘图数据文件，再由数控绘图仪输出地形图。其基本系统构成如图 2-1 所示。本章围绕数字测图系统着重介绍其软、硬件设备组成。

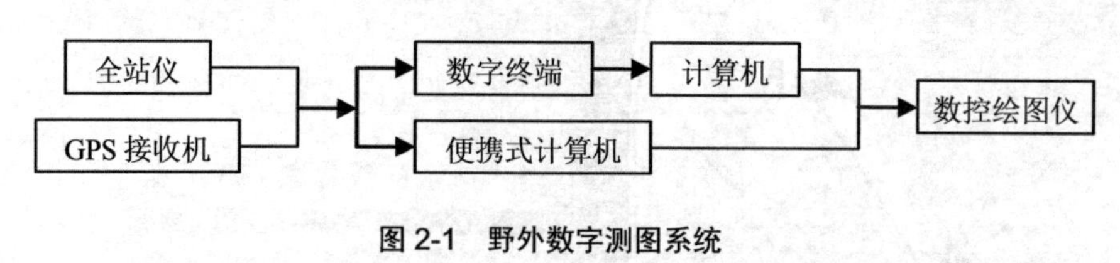

图 2-1　野外数字测图系统

2.1　数字测图的硬件系统

数字测图系统的硬件主要由全站仪及其数据记录器(电子手簿、掌上电脑、PC 卡)GPS(RTK)、绘图仪以及其他输入/输出设备组成。

2.1.1　全站仪

1. 全站仪概述

全站型电子速测仪(Electronic Total Station)是一种集光、机、电为一体的高技术测量仪器，是集水平角、垂直角、距离(斜距、平距)、高差测量功能于一体的测绘仪器系统。由于全站型电子速测仪较完善地实现了测量和处理过程的电子化和一体化，所以人们也通常称之为全站型电子速测仪或简称全站仪。

与传统测量仪器相比，全站仪具有以下特点。

(1) 采用先进的同轴双速制、微动机构，使照准更加快捷、准确。

(2) 具有完善的人机对话控制面板，由键盘和显示窗组成，除照准目标以外的各种测量功能和参数均可通过键盘来实现。仪器两侧均有控制面板，操作方便。

(3) 设有双轴倾斜补偿器，可以自动对水平和竖直方向进行补偿，以消除竖轴倾斜误差的影响。

(4) 全站仪内设有测量应用软件，能方便地进行三维坐标测量、放样测量、后方交会、悬高测量、对边测量等多项工作。

(5) 具有双路通信功能，可将测量数据传输给电子手簿或外部计算机，也可接受电子手簿和外部计算机的指令和数据。

2. 全站仪的分类

1) 按外观结构分类

全站仪按其外观结构可分为两类。

(1) 积木型(Modular，又称组合型)。早期的全站仪，大都是积木型结构(见图 2-2(a))，即电子速测仪、电子经纬仪、电子记录器各是一个整体，可以分离使用，也可以通过电缆或接口把它们组合起来，形成完整的全站仪。

(2) 整体型(Integral)。随着电子测距仪进一步的轻巧化，现代的全站仪大都把测距、测角和记录单元在光学、机械等方面设计成一个不可分割的整体(见图 2-2(b))，其中测距仪的发射轴、接收轴和望远镜的视准轴为同轴结构。这对保证较大垂直角条件下的距离测量精度非常有利。

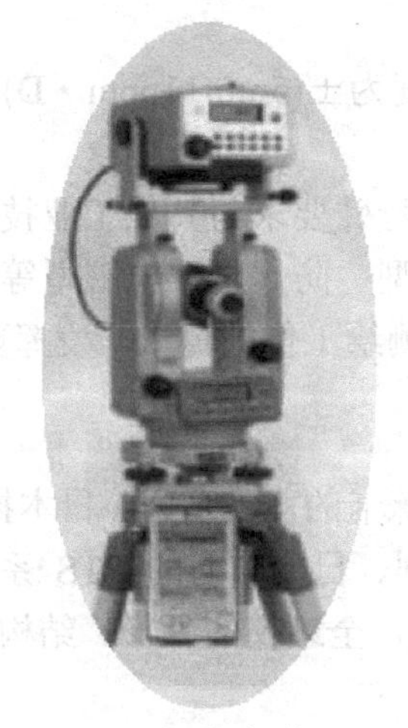

(a) 积木型

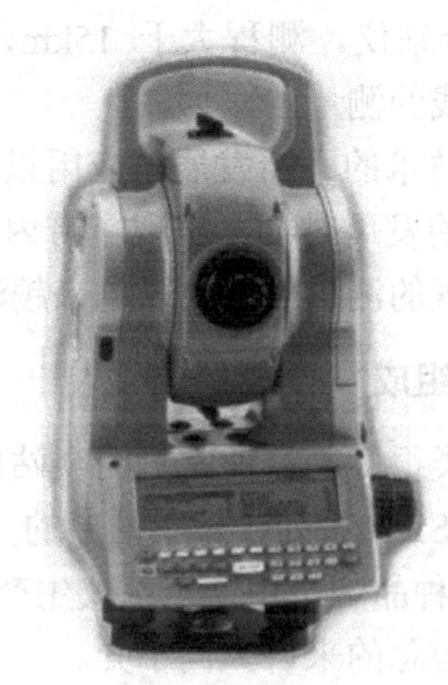

(b) 整体型

图 2-2　全站仪分类

2) 按测量功能分类

全站仪按测量功能分类，可分成四类。

(1) 经典型全站仪(Classical total station)。经典型全站仪也称为常规全站仪，它具备全站仪电子测角、电子测距和数据自动记录等基本功能，有的还可以运行厂家或用户自主开发的机载测量程序。其经典代表为徕卡公司的 TC 系列全站仪。

(2) 机动型全站仪(Motorized total station)。在经典全站仪的基础上安装轴系步进电机，可自动驱动全站仪照准部和望远镜的旋转。在计算机的在线控制下，机动型系列全站仪可按计算机给定的方向值自动照准目标，并可实现自动正、倒镜测量。徕卡 TCM 系列全站仪就是典型的机动型全站仪。

(3) 无合作目标型全站仪(Reflectorless total station)。无合作目标型全站仪是指在无反射棱镜的条件下，可对一般的目标直接测距的全站仪。因此，对不便安置反射棱镜的目标进行测量，无合作目标型全站仪具有明显优势。如徕卡 TCR 系列全站仪，无合作目标距离测程可达 1000m，可广泛用于地籍测量、房产测量和施工测量等。

(4) 智能型全站仪(Robotic total station)。在机动型全站仪的基础上，增加了自动目标识别与照准的新功能，因此在自动化的进程中，全站仪进一步克服了需要人工照准目标的重大缺陷，实现了全站仪的智能化。在相关软件的控制下，智能型全站仪在无人干预的条件下可自动完成多个目标的识别、照准与测量，因此，智能型全站仪又称为“测量机器人”。典型代表有徕卡的 TCA 型全站仪等。

3) 按测距仪测距分类

全站仪按测距仪测距分类，还可以分为三类。

(1) 短距离测距全站仪。测程小于 3km，一般精度为±(5mm+5ppm・D)(其中 D 是测量的距离，用 km 作单位。5mm 是由于仪器对中等因素产生的固定误差，5ppm・D 是与距离有关的误差，ppm 为10^{-6}，即百万分之一)。主要用于普通测量和城市测量。

(2) 中测程全站仪。测程为 3～15km，一般精度为±(5mm+2ppm・D)或±(2mm+2ppm・D)，通常用于一般等级的控制测量。

(3) 长测程全站仪。测程大于 15km，一般精度为±(5mm+1ppm・D)，通常用于国家三角网及特级导线的测量。

随着计算机技术的不断发展与应用以及用户的特殊要求与其他工业技术的应用，全站仪出现了一个新的发展时期，出现了带内存、防水型、防爆型、电脑型等的全站仪，使得全站仪这一最常规的测量仪器可以越来越满足各项测绘工作的需求，发挥更大的作用。

3. 全站仪的组成

全站仪的种类很多，目前常见的全站仪有瑞士徕卡的 TC 系列、日本拓普康的 GTS 系列、日本索佳的 SET 系列、日本尼康的 DTM 系列、日本宾得的 PTS 系列、中国南方的 NTS 系列等十几种品牌。由于全站仪生产厂家不同，全站仪的外形、结构、性能和各部件名称略有区别，但总的来讲大同小异。

如图 2-3 所示，全站仪主要由电源部分、测角系统、测距系统、补偿系统、数据处理部分、输入/输出部分等组成。

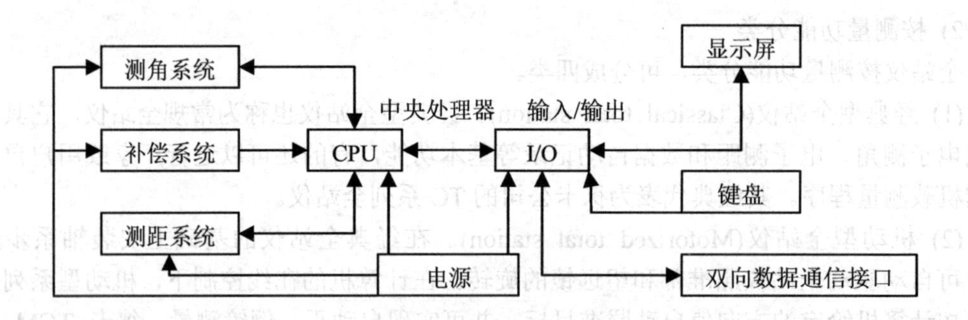

图 2-3　全站仪的组成

其中各部分说明如下。

- 电源部分为可充电电池，为各部分供电。
- 测角系统为电子经纬仪，可以测定水平角、竖直角，并可设置方位角。
- 测距系统为光电测距仪，用于测定两点之间的距离。
- 补偿系统可以实现仪器竖轴倾斜误差对水平角、垂直角测量影响的自动补偿改正。
- 数据处理部分由微处理器、存储器、输入部分和输出部分组成。由微处理器对获取的倾斜距离、水平角、竖直角、垂直轴倾斜误差、视准轴误差、垂直度盘指标差、棱镜常数、气温、气压等信息进行处理，从而得到各项改正后的观测数据和计算数据。

- 输入/输出部分包括键盘、显示屏、数据通信接口。键盘是全站仪在测量时输入操作指令或数据的硬件，全站型仪器的键盘和显示屏均为双面式，便于正、倒镜作业时操作。通过 RS-232C 通信接口或通信电缆，可以将内存中存储的数据输入计算机，或将计算机中的数据和信息经通信电缆传输给全站仪，实现双向信息传输。

4. 全站仪测量原理

1) 光电测距原理

电磁波测距是通过测定电磁波束，在待测距离上往返传播的时间 t_{2D} 来计算待测距离 D 的，电磁波测距的基本公式为

$$D=\frac{1}{2}ct_{2D} \tag{2-1}$$

式中：c ——电磁波在大气中的传播速度。

电磁波在测线上的往返传播时间 t_{2D} ，可以直接测定，也可以间接测定。直接测定电磁波的传播时间是用一种脉冲波，它是由仪器的发送设备发射出去，被目标反射回来，再由仪器接收器接收，最后由仪器的显示系统显示出脉冲在测线上往返传播的时间 t_{2D} 或直接显示出测线的斜距，这种测距仪称为脉冲式测距仪。间接测定电磁波的传播时间是采用一种连续调制波，它由仪器发射出去，被反射回来后进入仪器接收器，通过发射信号与返回信号的相位比较，即可测定调制波往返于测线的迟后相位差中小于 2π 的尾数，用 n 个不同调制波的测相结果，便可间接推算出传播时间 t_{2D} ，并计算(或直接显示)出测线的倾斜距离，这种测距仪器称为相位式测距仪。目前这种仪器的计时精度达 10^{-10}s 以上，从而使测距精度提高到 1cm 左右，可基本满足精密测距的要求，下面以相位式光电测距仪为例重点介绍其测距原理。

如图 2-4(a)所示，测定 A、B 两点的距离 D，将相位式光电测距仪安置于 A 点(称测站)，反射器安置于另一点 B (称镜站)。测距仪发射出连续的调制光波，调制波通过测线到达反射器，经反射后被仪器接收器接收，如图 2-4(b)所示。调制波在经过往返距离 $2D$ 后，相位延迟了 Φ 。我们将 A、B 两点之间调制光的往程和返程展开在一条直线上，用波形示意图将发射波与接收波的相位差表示出来，如图 2-4(c)所示。

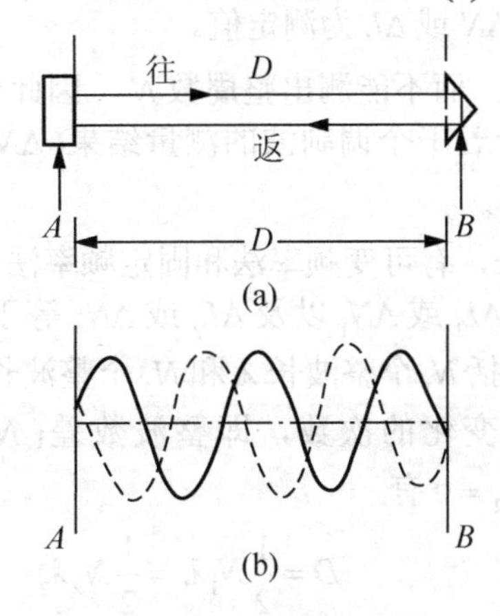

图 2-4 相位式光电测距原理

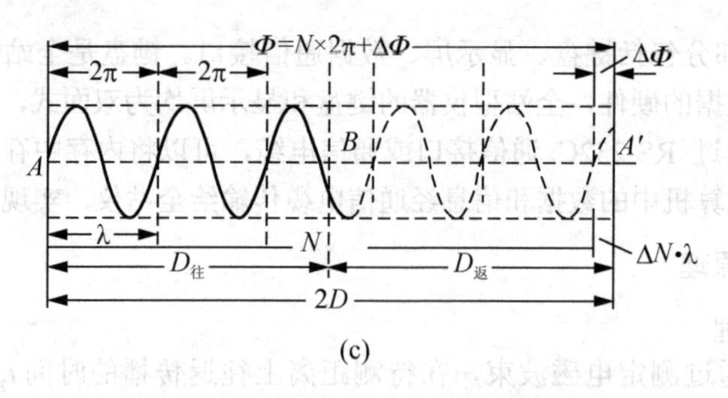

(c)

图 2-4　相位式光电测距原理(续)

设调制波的调制频率为 f，它的周期 $T=1/f$，相应的调制波长 $\lambda=cT=c/f$。由图 2-4(c)可知，调制波往返于测线传播过程所产生的总相位变化 Φ 中，包括 N 个整周变化 $N\times2\pi$ 和不足一周的相位尾数 $\Delta\Phi$，即

$$\Phi=N\times2\pi+\Delta\Phi \tag{2-2}$$

根据相位 Φ 和时间 t_{2D} 的关系式 $\Phi=\omega t_{2D}$，其中 ω 为角频率，则

$$t_{2D}=\Phi/\omega=\frac{1}{2\pi f}(N\times2\pi+\Delta\Phi) \tag{2-3}$$

将上式代入式(2-1)中，得

$$D=\frac{c}{2f}(N+\Delta\Phi/2\pi)=L(N+\Delta N) \tag{2-4}$$

式中：$L=c/2f=\lambda/2$——测尺长度；

N——整周数；

$\Delta N=\Delta\Phi/2\pi$——不足一周的尾数。

式(2-4)为相位式光电测距的基本公式。由此可以看出，这种测距方法同钢尺量距类似，即用一把长度为 $\lambda/2$ 的“尺子”来丈量距离，式中 N 为整尺段数，而 $\Delta N\times\frac{\lambda}{2}$ 等于 ΔL 为不足一尺段的余长。则

$$D=NL+\Delta L \tag{2-5}$$

式中：c,f,L 为已知值，$\Delta\Phi,\Delta N$ 或 ΔL 为测定值。

由于测相器只能测定 $\Delta\Phi$，而不能测出整周数 N，因此使相位式测距公式如式(2-4)或式(2-5)产生多值解。可借助于若干个调制波的测量结果($\Delta N_1,\Delta N_2\cdots$ 或 $\Delta L_1,\Delta L_2\cdots$)推算出 N 值，从而计算出待测距离 D。

ΔL 或 ΔN 和 N 的测算方法，有可变频率法和固定频率法。可变频率法是在可变频带的两端取测尺频率 f_1 和 f_2，使 ΔL_1 或 ΔN_1 以及 ΔL_2 或 ΔN_2 等于零，亦即 $\Delta\Phi_1$ 和 $\Delta\Phi_2$ 均等于零。这时在往返测线上恰好包括 N_1 个整波长 λ_1 和 N_2 个整波长 λ_2，同时记录出从 f_1 变至 f_2 时出现的信号强度作周期性变化的次数，即整波数差(N_2-N_1)。于是由式(2-5)以及 $L_1=\lambda_1/2,L_2=\lambda_2/2$ 和 $\Delta L_1=\Delta L_2=0$ 有

$$D=\frac{1}{2}N_1\lambda_1=\frac{1}{2}N_2\lambda_2 \tag{2-6}$$

求解上式，可得

$$N_1 = \frac{N_2 - N_1}{\lambda_1 - \lambda_2}\lambda_1$$

$$N_2 = \frac{N_2 - N_1}{\lambda_1 - \lambda_2}\lambda_2$$

按上式算出 N_1 或 N_2，将其代入式(2-6)便可求得距离 D，按这种方法设计的测距仪称为可变频率式光电测距仪。

固定频率法是采用两个以上的固定频率为测尺的频率，不同测尺频率的 ΔL 或 ΔN 由仪器的测相器分别测定出来，然后按一定计算方法求得待测距离 D。这种测距仪称为固定频率式测距仪。现今的激光测距仪和微波测距仪大多属于固定频率式测距仪。

2) 电子测角原理

电子测角产生于 20 世纪 60 年代，是随着电子度盘的出现而实现的角度测量的自动化，包括自动读数、自动显示、自动记录和自动改正。电子测角仪器的核心是电子度盘及其测微装置，包括微处理器、模数转换电路和时钟系统等。角度传感器实现了角度的自动测量，而倾斜传感器则实现了角度的自动改正。

电子测角的实质是用一套角码转换系统来代替光学经纬仪的光学读数系统。目前有编码度盘和光栅度盘两类。

(1) 编码度盘测角。

如图 2-5 所示，编码度盘就是在光学圆盘上刻制多道同心圆环，每一个同心圆环称为一个码道，为确定各个码区在度盘上的绝对位置，将码道由内向外按码区赋予二进制代码，且每个代码表示不同的方向值。利用编码度盘测角时，就是通过光电探测器获取特定度盘位置的编码信息，并由微处理器译码，最后将编码信息转换成实际角值。

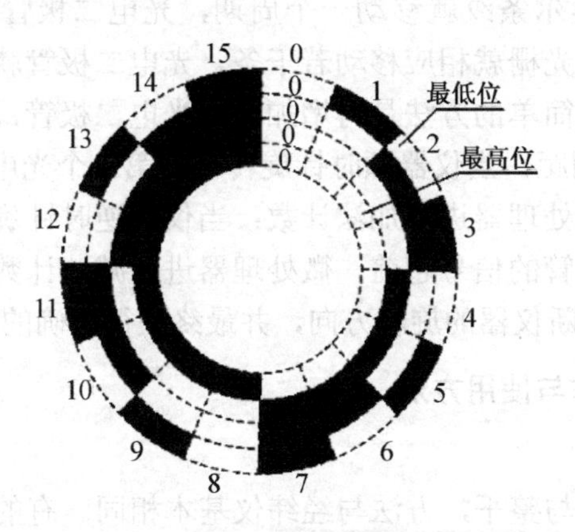

图 2-5　编码度盘

在编码度盘的每一个码道上方安置有一个发光二极管，在度盘的另一侧正对发光二极管的位置安放有光电接收二极管。当望远镜照准目标时，由发光二极管和光电二极管构成的光电探测器正好位于编码度盘的某一区域，发光二极管照射到由透光和不透光部分构成的编码上时，光电二极管会产生电压输出或零信号，即二进制的逻辑“1”和逻辑“0”，这些二进制编码的输出信号经过总线系统存入一个存储器中，然后通过译码器并由数字显示单元以十进制数字显示出来。

(2) 光栅度盘测角。

如图 2-6 所示，在光栅度盘表面的径向均匀刻有明暗相间的等宽格线，这些刻线叫光栅，度盘一侧安置发光二极管，另一侧安置光感器及固定光栅，固定光栅上的光栅间距及宽度与度盘上的完全相同，安置时要求两平面平行，而格线相错一个微小角度θ。当照准部转动时，光栅编码盘也随之转动，发光二极管发出的光透过编码盘和固定光栅显示出径向移动的明暗相间的光带，这就是“莫尔干涉条纹”(如图 2-7 所示)，数出和记录光感器接受的光强区线总周数就可以测得移动量，经光电信号转换后就得到角度值。

图 2-6　光栅度盘

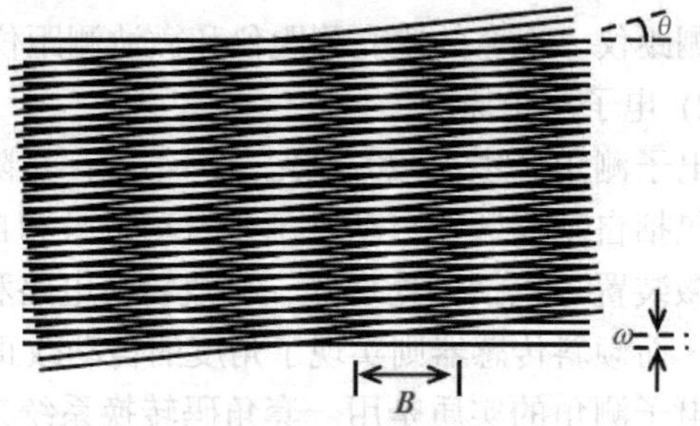

图 2-7　莫尔干涉条纹

设ω是光栅编码盘相对移动量，B为莫尔条纹移动量，则有

$$B = \omega \cot\theta \approx (\omega / \theta)\rho$$

式中：$\rho = 206265$ 秒/弧度。

由上式可见，很小的光栅移动量会产生很大的条纹移动量，这有利于精确测量。

光栅每转动一条，莫尔条纹就移动一个周期，光电二极管就有一个完整的正弦波输出，仪器转动一个角度，光栅就相应移动若干条，光电二极管就输出若干个正弦波。为了判断仪器的旋转方向，最简单的方法是再增加一个光电二极管，它与第一个光电二极管的间距为 1/4 个莫尔条纹间距，当仪器顺时针旋转时，第二个光电二极管的信号总比第一个光电二极管信号滞后，微处理器进行加法计数；当仪器逆时针旋转时，第二个光电二极管的信号比第一个光电二极管的信号超前，微处理器进行减法计数。通过分析两个光电二极管的信号，微处理器可判断仪器的旋转方向，并最终获得正确的角度。

5. 全站仪的基本操作与使用方法

1) 全站仪安置

全站仪安置包括对中与整平，方法与经纬仪基本相同。有的全站仪用激光对中器，操作十分方便。仪器有双轴补偿器，整平后气泡略有偏差，对观测并无影响。

2) 开机和设置

开机后仪器进行自检，自检通过后，显示主菜单。测量前进行相关设置，如各种观测测量单位与小数点位数设置、测距常数设置、气象参数设置、标题信息设置、测站信息设置、观测信息设置等。

3) 角度、距离、坐标测量

在标准测量状态下，角度测量模式、斜距测量模式、平距测量模式、坐标测量模式之

间可以互相切换。全站仪精确照准目标后，通过不同测量模式之间的切换，可得所需的观测值。不同型号的全站仪，其具体操作方法会有较大的差异。下面介绍全站仪的基本操作与使用方法。

(1) 水平角测量。

第一步，按角度测量键，使全站仪处于角度测量模式，照准第一个目标 A。

第二步，设置 A 方向的水平度盘读数为 $0°00'00''$。

第三步，照准第二个目标 B，此时显示的水平度盘读数即为两方向间的水平夹角。

(2) 距离测量。

第一步，设置棱镜常数。测距前须将棱镜常数输入仪器中，仪器会自动对所测距离进行改正。

第二步，设置大气改正值或气温、气压值。光在大气中的传播速度会随大气的温度和气压而变化，15℃和 760mmHg 是仪器设置的一个标准值，此时的大气改正为 0ppm。实测时，可输入温度和气压值，全站仪会自动计算大气改正值(也可直接输入大气改正值)，并对测距结果进行改正。

第三步，量仪器高、棱镜高并输入全站仪。

第四步，距离测量。照准目标棱镜中心，按测距键，距离测量开始，测距完成时显示斜距、平距、高差。全站仪的测距模式有精测模式、跟踪模式、粗测模式三种。精测模式是最常用的测距模式，测量时间约为 2.5 s，最小显示单位为 1mm；跟踪模式，常用于跟踪移动目标或放样时连续测距，最小显示一般为 1cm，每次测距时间约为 0.3 s；粗测模式，测量时间约为 0.7 s，最小显示单位为 1cm 或 1mm。在距离测量或坐标测量时，可按测距模式(MODE)键选择不同的测距模式。

(3) 坐标测量。

第一步，设定测站点的三维坐标。

第二步，设定后视点的坐标或设定后视方向的水平度盘读数为其方位角。当设定后视点的坐标时，全站仪会自动计算后视方向的方位角，并设定后视方向的水平度盘读数为其方位角。

第三步，设置棱镜常数。

第四步，设置大气改正值或气温、气压值。

第五步，量仪器高、棱镜高并输入全站仪。

第六步，照准目标棱镜，按坐标测量键，全站仪开始测距并计算显示测点的三维坐标。

2.1.2 GPS 接收机

通常，把能够接收、跟踪、变换和测量 GPS 卫星信号的卫星接收设备，称为 GPS 信号接收机或 GPS 接收机。GPS 系统问世以来，GPS 接收机的技术进步非常快，在高端的科学研究和各种工程项目中取得了广泛的应用。

1. GPS 接收机的构成

GPS 接收机主要由 GPS 接收机天线单元、GPS 接收机主机单元和电源三部分构成，如图 2-8(a)所示。目前的 GPS 接收机大多数是三者一体化，如图 2-8(b)所示。

1) GPS 接收机天线

GPS 接收机天线由接收天线和前置放大器两部分组成。GPS 接收天线的作用，是将卫星发送来的无线电信号的电磁波能量变换成接收机电子器件可摄取应用的电流。前置放大器将 GPS 信号予以放大，然后再进行变频，将高频信号变为低频信号，以用于主机跟踪处理量测。

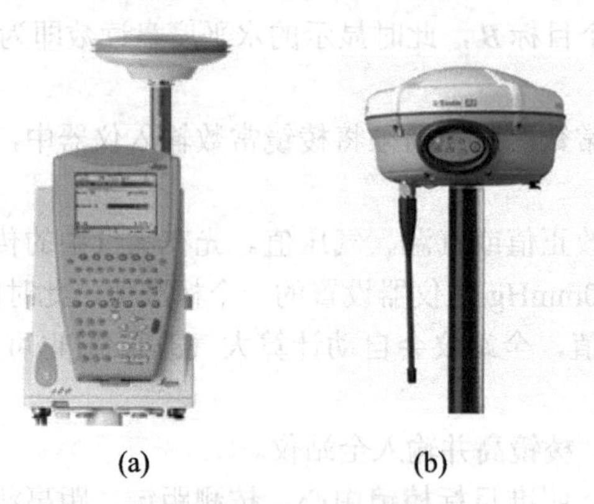

(a) (b)

图 2-8 GPS 接收机

天线的大小和形状十分重要，因为这些特征决定了天线能获取微弱的 GPS 信号的能力。根据需要，天线有只用于 L1 单频的，也有用于 L1 和 L2 双频的。所有的接收天线都是根据 GPS 信号的圆极化波形特征而采用圆极化工作方式。

为了满足不同的要求和适应各种条件，天线分成了许多不同的类型，如单极天线、双极天线、锥形天线、四螺旋形天线以及微带天线等。在这些天线中，相对来说，微带天线因其耐用性和较容易制作，成为应用最为普遍的一类天线。其形状有圆形的，也有方形的。目前大部分测地型天线都是微带天线。这种天线也适合于航空应用和个人手持应用。

无论天线是何种形状，它都有一个几何中心。天线上接收 GPS 信号的那一点，称为天线相位中心。由于生产制作等原因，几何中心与平均相位中心不重合而产生的偏差，叫做天线相位中心偏差。天线相位中心的变化与信号源的高度角和方位角有关。一般来说，相同类型的天线具有相同的相位中心特性。其中一个主要的特性是天线的增益图形，即方向性。利用天线的方向性可以提高其抗干扰和抗多路径效应的能力。天线的相位中心的稳定性是个很重要的指标，因此，在精确定位时，一般要求将天线上的定向标志线指向正北。

2) GPS 接收机主机

GPS 接收机主机由变频器、信号通道、微处理器、存储器和显示器组成。各部件分别介绍如下。

(1) 变频器的作用是把 L 频段的射频信号变成低频信号，以提高接收机通道的增益。

(2) 信号通道是接收机的核心部分，是 GPS 卫星信号经由天线进入接收机的“路径”，是硬件和软件的结合体。其主要作用是处理和量测卫星信号，获取工作所需的数据和信息。不同类型的接收机，其通道的工作原理是不同的。

(3) 微处理器主要用来统一指令接收机协调工作，并完成如下一系列任务：

① 基于卫星信号的距离和多普勒(距离变化率)的跟踪测量，控制数字部分中的跟踪环路。

② 采集 GPS 信号的导航(nav)数据，其中包括每个卫星的轨道和时钟，以及其他多种信息。

③ 通过给跟踪环提供信息，辅助并加速对卫星的跟踪。

④ 基于距离和多普勒测量及卫星轨道信息，计算接收机所在位置和速度。

⑤ 利用载波相位测量，实现接收机内置的其他计算，如 RTK(实时动态)测量结果。

⑥ 支持用户接口，控制键盘、显示器以及其他人机交互界面，如测站名、测站编号、天线高、温度、气压等。

(4) 存储器。接收机内设有存储器或存储卡，用来存储卫星星历、卫星历书、各种伪距观测值、载波相位观测值及多普勒频移等 GPS 信号。

(5) 显示器。GPS 接收机都有液晶显示屏以提供 GPS 接收机工作信息。用户可通过键盘控制接收机工作。有的测地型接收机配有测量手簿。用手簿可输入或提取各种工作信息。对于配有大屏幕的导航型接收机，甚至可以显示电子地图。

需要注意的是，在选配 GPS 接收设备时，还应注意其体积大小、重量、显示画面、防水、防震、防尘性能、耐高温、耗电等物理指标。

3) 电源

GPS 接收机的电源有两种：一种是内电源，采用锂电池，主要用于 RAM 存储器供电，以防数据丢失。一种是外接电源，一般采用可充电的 6V 或 12V 直流蓄电池。有条件用交流电时，厂家配有交、直流电转换器。

2. GPS 接收机的分类

GPS 接收机可以根据用途、工作原理、接收频率等进行不同的分类。

1) 按接收机的用途分类

(1) 导航型接收机。此类型接收机主要用于运动载体的导航，它可以实时给出载体的位置和速度。这类接收机一般采用 C/A 码伪距测量，单点实时定位精度较低，一般为±25m，有 SA 影响时为±100m。这类接收机价格便宜，应用广泛。根据应用领域的不同，此类接收机还可以进一步划分：①车载型，用于车辆导航定位；②航海型，用于船舶导航定位；③航空型，用于飞机导航定位，由于飞机的运行速度快，因此，在航空上用的接收机要求能适应高速运动；④星载型，用于卫星的导航定位，由于卫星的速度高达 7km/s 以上，因此对接收机的要求更高。

(2) 测地型接收机。测地型接收机主要用于精密大地测量和精密工程测量。这类仪器主要采用载波相位观测值进行相对定位，定位精度高，仪器结构复杂，价格较贵。

(3) 授时型接收机。这类接收机主要利用 GPS 卫星提供的高精度时间标准进行授时，常用于天文台及无线电通信中的时间同步。

2) 按接收机的载波频率分类

(1) 单频接收机。单频接收机只能接收 L1 频段的载波信号，测定载波相位观测值进行定位。由于不能有效消除电离层延迟影响，单频接收机只适用于短基线(15km)的精密定位。

(2) 双频接收机。双频接收机可以同时接收 L1 和 L2 频段的载波信号。利用双频对电离层延迟的差异，可以消除电离层对电磁波信号延迟的影响，因此双频接收机可用于长达几千公里的精密定位。

3) 按接收机的通道分类

GPS 接收机能同时接收多颗 GPS 卫星的信号，可以分离接收到的不同卫星的信号，以实现对卫星信号的跟踪、处理和量测，具有这样功能的器件称为天线信号通道。根据接收机所具有的通道种类可分为多通道接收机、序贯通道接收机和多路多用通道接收机。

4) 按接收机的工作原理分类

(1) 码相关型接收机。码相关型接收机是利用码相关技术得到伪距观测值。

(2) 平方型接收机。平方型接收机是利用载波信号的平方技术去掉调制信号，来恢复完整的载波信号，通过相位计测定接收机内产生的载波信号与接收到的载波信号之间的相位差，测定伪距观测值。

(3) 混合型接收机。这种仪器综合了上述两种接收机的优点，既可以得到码相位伪距，也可以得到载波相位。

2.1.3 电子手簿

电子手簿是野外测量数据采集与存储的电子数据记录器，它以一种方便数字测图软件处理的文件格式记录数据。目前电子手簿记录的定位信息，很少直接记录原始的观测数据(水平角、竖角、距离、觇高等)，而是通常利用电子手簿的解算功能，将观测数据转换为三维坐标(X,Y,H)并以固定格式进行记录，供内业数据处理使用。除此之外，目前的电子手簿通常还具有丰富的扩展功能，可接收并处理多种测量方法得到的数据，可进行测量平差计算、面积土方量算、放样数据计算，还可控制绘图仪展点及绘制草图，从而在野外数字测图中得到广泛应用。

从硬件上讲，电子手簿主要有三种类型：仪器内置的存储模块或插入式磁卡；仪器厂家生产的与全站仪相配套的专用电子手簿；以通用的袖珍计算机或掌上电脑为依托开发的电子手簿。

电子手簿通过标准接口，可与测距仪、电子经纬仪连接。也能与电子计算机连接进行数据传输。通常专用的电子手簿分为固有程序型和可编程序型两种类型。所谓固有程序型是指进行各种野外测量(如导线测量、后方交会、碎部测量、放样测量等)时，都按电子手簿事先编制好的测量操作程序一步一步进行，并能同时得到点的坐标和高程。这些测量程序是厂家提供的，用户只要根据自己的需要选择调用即可。可编程序型电子手簿除具有获取和存储观测值的功能外，厂家未提供编制好的测量程序。但这类手簿具有常用语言程序模块，用户可根据需要自行编制测量程序，测量时，再选择调用。相比之下，后者具有更大的灵活性。但前者省去了用户编程的复杂过程。

目前我国使用最多的是以通用的袖珍机(如 PC-1500、PC-E500 等)和掌上电脑为载体，由测绘人员自行开发编制的电子手簿。这类电子手簿价格低廉，功能齐全，使用方便。南方测绘仪器公司是国内电子手簿最早开发者，推出了功能齐全的系列产品，如 NFSB 电子手簿(见图 2-9)、测图精灵、工程精灵等，在测绘工程中得到广泛应用。其中，测图精灵(Mapping Genius)是南方测绘仪器公司全新推出的野外测绘数据采集及成图一体化软件。它基于 PDA 的掌上电子平板，充分发挥了电子平板和传统电子手簿的优点，集数据采集、导线平差、

实时绘图功能于一体，做到了真正的所测即所得，是目前较为理想的野外数据采集工具。

图 2-9　NFSB 电子手簿

2.1.4　数控绘图仪

1. 数控绘图仪概述

数控绘图仪是机助成图系统常用的图形输出设备。数控绘图仪(亦称自动绘图仪，简称绘图仪)的基本功能是将计算机绘制的数字地图实现数—图的转换。数控绘图仪近年来发展异常迅速，已成为一种重要的工具，在测绘、机械制造、气象、地理等各部门得到广泛应用。

数控绘图仪的种类很多，功能各异，常用的分类方式有以下几种：

- 按外形可分为滚筒式绘图仪和平台式(亦称平板式)绘图仪。
- 按驱动方式可分为步进电机绘图仪、伺服电机绘图仪和平面电机绘图仪。
- 按绘图效果可分为笔式、光学式、静电式、喷墨式等不同类型的绘图仪。
- 按绘图方式可分为矢量式绘图仪、栅格式绘图仪、打印式绘图仪等。

2. 数控绘图仪的性能指标

1) 精度

矢量绘图仪精度包括定位精度、重复精度和动态精度，通常以误差的大小来描述精度的高低。

如图 2-10 所示，当绘图笔从 A 点绘到 B 点时，由于系统误差的存在，使绘图笔落不到 B 点，而是落在 C 点或 D 点，其偏差 BC 或 BD 定义为绘图仪的定位误差。目前绘图仪的定位精度达到±(0.1～0.001)mm。

如图 2-11 所示，当绘图笔从 A 点绘直线段到 B 点，再由 B 点返回到 A 点时，绘图笔尖不能准确地回到 A 点，而是回到 C 点，则 AC 定义为绘图仪的重复误差，通常在±0.02mm 以下。

动态误差一般用所画直线的抖动、超调量①以及圆的椭圆度来衡量。在绘图仪的所有误差中，动态误差占的比重最大。

① 超调量(Percent overshoot)：指响应超出稳态值的最大偏离量与稳值之比。

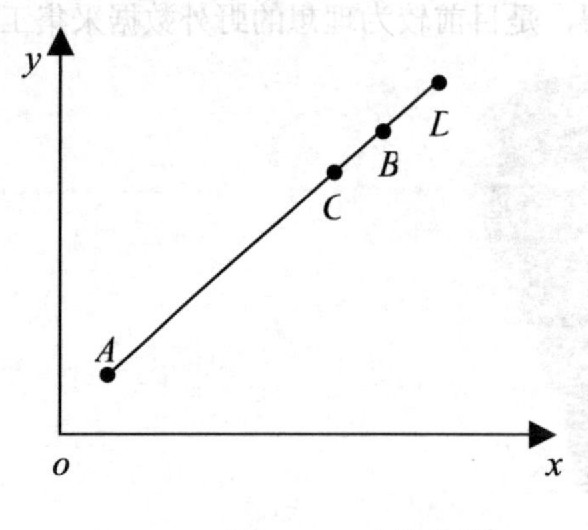

图 2-10　定位误差

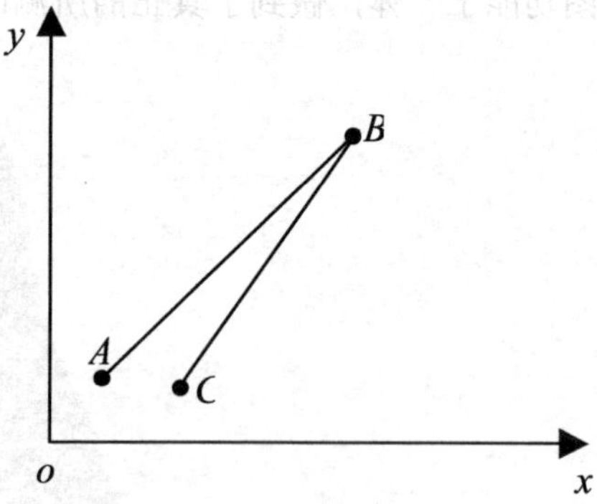

图 2-11　重复误差

2) 速度和加速度

速度主要是指绘图头作直线运动时能达到的最高速度，它取决于运动部件的质量和电机驱动功率。一般来说，以步进电机驱动的绘图仪速度较小，一般为 50～150mm/s；平面电机绘图仪的速度较高，可高达 1500mm/s。加速度指标，主要由绘图仪达到最大速度所需时间的长短来衡量，它取决于驱动电机的最大转矩和系统的惯量。

3) 分辨率

对于矢量绘图仪，分辨率为绘图笔一次移动的步距。每接受一个脉冲，绘图笔在 x 或 y 方向上可移动的距离称为步距。步距越小，所绘图形的曲线在视觉上越显光滑。步距的范围一般为 0.001～0.1mm。对于栅格和喷墨绘图仪，分辨率为像元大小，用 dpi 或每毫米像元数表示。用于制图的栅格绘图仪的分辨率为 40 点/mm(0.025mm)～72 点/mm(0.014mm)，即在 1000dpi 以上。喷墨绘图仪主要有 300dpi 和 600dpi 两种型号。

4) 幅面

幅面是指绘图仪的最大有效绘图面积，它是反映绘图仪大小的指标。厂家标称幅面一般用最大绘图长×宽尺寸表示。通常人们又用纸张的标号来表示绘图仪的大小。室内机助制图一般用 A_1, A_0 幅面的绘图仪；室外测图检查、绘制宗地图、建筑工程图，通常用 A_3, A_2 幅面的绘图仪。

2.2　数字测图的软件系统

目前数字成图软件的种类非常多，国内主流成图软件主要有南方公司的 CASS 系列、清华山维的 EPSW 电子平板测图系统、瑞得数字测图系统 RDMS、北京威远图 SV300 系列以及广州开思系列等。

1. 南方 CASS 7.0 地形地籍成图软件

CASS 地形地籍成图软件是基于 AutoCAD 平台技术的 GIS 前端数据处理系统，广泛应用于地形成图、地籍成图、工程测量应用三大领域，且全面面向 GIS，彻底打通数字化成图系统与 GIS 接口，并使用骨架线实时编辑、简码用户化、GIS 无缝接口等先进技术。

自 CASS 软件推出以来，已经成长为用户量最大、升级最快、服务最好的主流成图系统。

CASS 7.0(见图 2-12)是 CASS 软件的升级版本，充分利用 AutoCAD 2006 平台的新技术，全面采用真彩色 XP 风格界面，重新编写和优化了底层程序代码，大大完善了等高线、电子平板、断面设计、图幅管理等技术，并使系统运行速度更快、更稳定。同时在 7.0 版中大量使用真彩色快捷工具按钮，全新的 CELL 技术，使界面操作、数据浏览管理、系统设置更加直观和方便。

CASS 7.0 版本相对于以前各版本除了平台、基本绘图功能有了进一步升级之外，还积极响应“金土工程”的要求，针对土地详查、土地勘测定界的需要开发了很多专业实用的工具，在空间数据建库的前端数据的质量检查和转换上提供了更灵活、更自动化的功能。特别是为适应当前 GIS 系统对基础空间数据的需要，该版本对于数据本身的结构也进行了相应的完善。

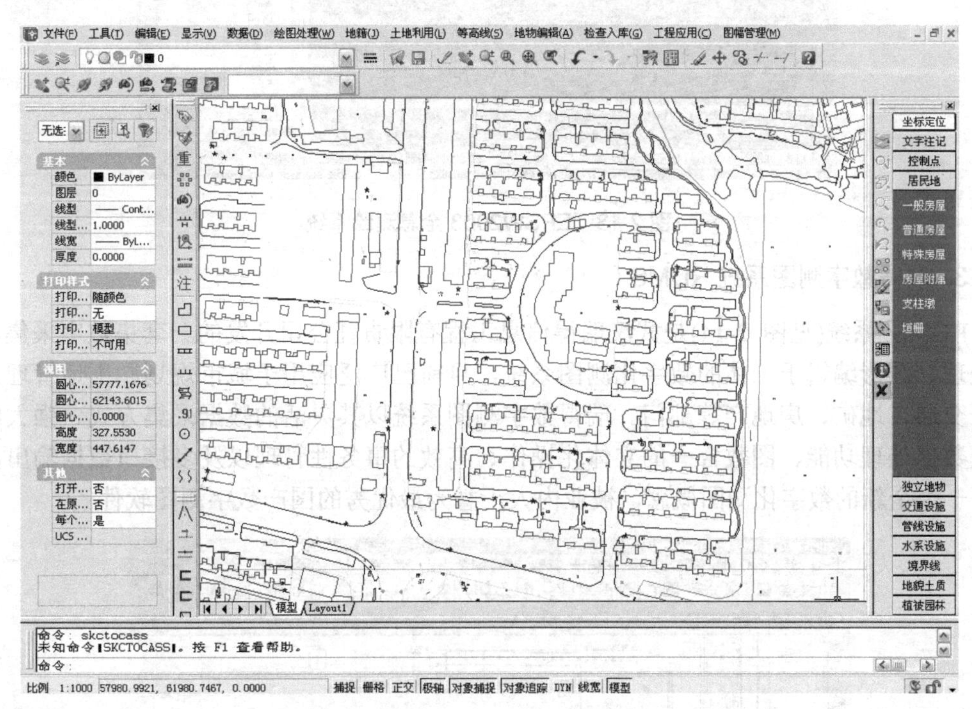

图 2-12　南方 CASS 7.0 的主界面

2. 清华山维 EPSW 全息测绘系统

EPSW 全息测绘系统(见图 2-13)是北京清华山维新技术开发有限公司开发的面向地形、地籍、房产、管网、道路、航道、林业等多行业的数据采集与管理系统，它集电子平板测图、电子手簿、全站仪内存记录、动态 GPS 等多种测图方法及数据库管理、内业编辑、查询统计、打印出图、工程应用于一体，完全面向 GIS 野外数据采集。EPSW 所采集的数据不仅符合国标图式规范的数字成图和专业制图的需求，同时满足 GIS 对基础地理数据信息化和地理信息的完整性、拓扑性、图属一致性等各项性能要求，能够满足系统查询、统计、分析应用等方面的需求。EPSW 软件以国标、规范为依据，实现信息化地理数据的采集与处理，功能包括多种数据采集模式；一步到位的实测方案，支持测站碎部坐标重算，控制和碎部测绘可同时进行；各种平面网高程网的智能平差；自动提取纵横断面数据并生成纵横断面；支持多种方法的土方计算；支持多义线、复合面、支持曲线桥、转弯楼梯等超复杂地物符号表示，支持三维显示和空间查询；快速 DTM 数字高程模型等。

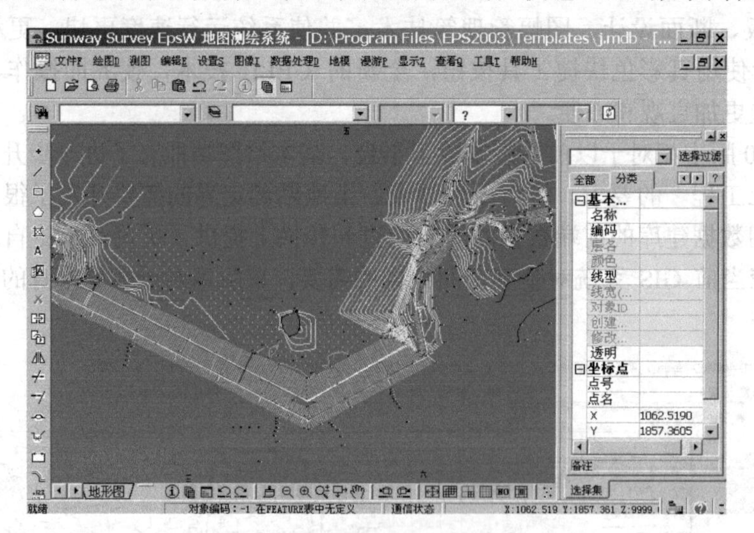

图 2-13　EPSW2003 全息测绘系统

3. 瑞得数字测图系统 RDMS

RDMS 系统(见图 2-14)是武汉瑞得信息工程有限责任公司开发的一套集数字采集、数据处理、图形编辑于一体的数字化测图系统，目前已广泛应用于城市规划、土地管理、水利、交通、地矿、房地产等部门。瑞得数字测图系统以其灵活的数据采集方式、强大的图形及数据处理功能、图数合一的立体化操作、高效的事务性管理以及多接口数据输出，诠释了一个全新的数字化测图概念，被业内人士誉为最优秀的国产数字测图软件。

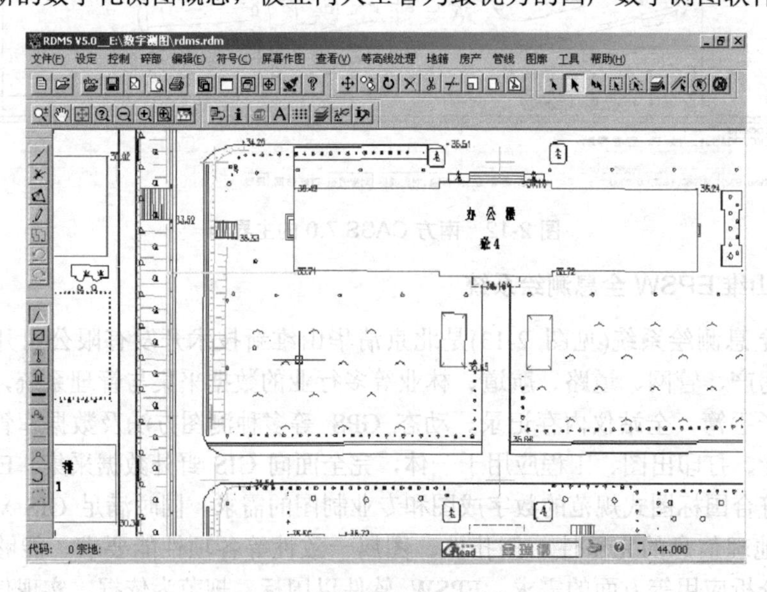

图 2-14　瑞得数字测图系统 RDMS

RDMS 系统具有以下特点：

1) 灵活多样的数据采集方式

瑞得专门为 RDMS 设计的电子手簿 RD-EB1，操作简单、方便，被誉为测量作业的“傻瓜机”。RDMS 系统也可使用 PC-E500 等手簿作业或选用便携机或掌上机进行有线或无线连接作业，边测边绘，可视化程度高。RDMS 系统可以直接读取全站仪内存数据成图，或使用地面摄影、GPS 等方式采集的数据成图。

2) 强大的图形及数据处理功能

RDMS 系统具有全新的操作界面，支持多视图的编辑操作，多方式的窗口排列；菜单配合工具条、对话框，易学易用，无须记忆任何命令和操作；操作可视化、图数合一；符号库开放；动态属性连接；自动拓扑检查；逼真的三维漫游；在生成等高线时，可任意选择三维显示或二维平面显示。无须任何特殊处理，系统自动形成逼真的三维图形，并可自由地进行漫游、水面淹没等模拟操作。

3) 完备的事务处理功能

使用 RDMS 系统可实现标准数据交换，开放的数据接口，地籍、房产及管线数据的自动处理。

4) 支持一体化的地类体系

RDMS 系统的地籍报表的输出支持一体化地类，可使用瑞得报表格式进行编辑和输出，亦可直接导入 Excel 表格中输出。

4. 北京威远图 SV300 系列

SV300 V6.0(见图 2-15)是 SV300 R2002 的升级版本，它将地形测绘、地籍测绘、扫描矢量化等统一到同一环境中，兼备土方计算、线路测设等工程量算功能。该系统实现了大中比例尺地形图成图的全部规范要求，图式图例从 1∶500 到 1∶10000，成图方法有草图法、野外电子平板、扫描矢量化等成图方法。整个系统将数据采集、地图的编辑加工、等高线生成、数据的存储、面向对象的符号实体进行了集成，并依据图式规范设计了文字注记工具，理想地实现了不同比例尺图形变换、自动分幅、图廓定制和图廓外整饰。

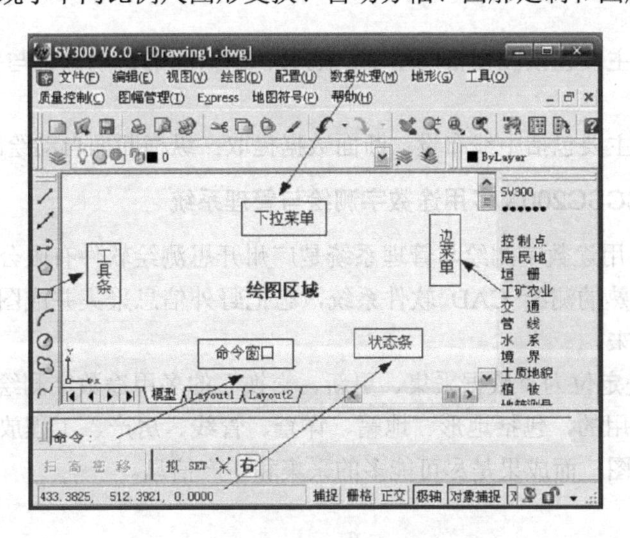

图 2-15　SV300 V6.0 数字测图系统

SV300 V6.0 系统的基本功能包括以下几个方面。

1) 空间数据的野外采集和内业处理

SV300 V6.0 考虑到了实际作业过程中的许多问题，如多个作业组数据合并，从图上提取部分数据，从其他系统导入数据等情况。

2) 质量控制

SV300 V6.0 提供了一系列数据质量控制工具来控制数据的质量，主要有点位中误差计算、边长中误差计算、实体基本属性检查、面状符号闭合检查、垃圾清理等。

3) 地形测量

地形测量功能主要包括展绘测量点；标准的点、线、面地形图符号绘制与编辑及相关查询；地面模型的建立与等高线自动绘制。

4) 地籍测量

地籍测量功能主要包括界址线生成；界址线修改；自动宗地图生成；自动表格生成；表格编辑打印管理器；街坊界址点成果表；街坊宗地面积汇总表；分类面积统计表；插入界址点；删除界址点；手动宗地图图廓等。

5) 电子平板

电子平板功能主要包括输入控制点；设置测站后视；驱动全站仪测量，野外直接连线成图。

6) 地面模型应用

地面模型应用功能主要包括绘制剖面图；土方量计算；断面图生成。

7) 扫描矢量化

扫描矢量化功能主要包括扫描图图像纠正；图像调入与定位；矢量化跟踪设定；曲线自动跟踪矢量化。

8) 数据处理

数据处理功能主要包括坐标数据下载；坐标数据转换；坐标数据合并与分幅。

9) 图幅管理

图幅管理功能主要包括图幅格网绘制；地形、地籍图的自动分幅与手动分幅。

10) 道路断面

道路断面功能主要包括中线布设；断面数据提取；纵横断面自动绘制。

5. 广州开思 SCSG200X 多用途数字测绘与管理系统

SCSG200X 多用途数字测绘与管理系统是广州开思测绘软件有限公司开发的具有完善设计、持续发展成熟的测绘 CAD 软件系统，它把野外信息采集并成图与信息动态更新并入库有机地结合起来。

SCSG-2005 是定位为“数据采集、更新、交换”的多用途数字测绘成图和入库系统。它面向的专业是通用的，包括地形、地籍、详查、管线、房产、工程放样等。它的出发点是外业数字测绘成图，而成果是尽可能多的采集和生产信息。

2.3　数字测图常规作业模式

由于软件设计者的思路不同，使用的设备不同，因此野外数字测图有不同的作业模式。总体来讲，可区分为数字测记式模式(简称测记式)和电子平板测绘模式(简称电子平板)两大作业模式。

数字测记式模式就是用全站仪(或其他测量仪器)在野外测量地形特征点的点位，用电子手簿(或内存储器)记录测点的几何信息及其属性信息，到室内将测量数据传输到计算机，经人机交互编辑成图。测记式外业设备轻便，操作简单，野外作业时间短。由于是“盲式”作业，对于较复杂的地形，通常要绘制草图。

电子平板测绘模式就是全站仪+便携机+相应测图软件实施的外业测图的模式。这种模式将便携机的屏幕模拟测板在野外直接测图，可及时发现并纠正测量错误，外业工作完成，图也就出来了，实现了内外一体化。

从实际作业来看，数字测图的作业模式是多种多样的。不同软件支持不同的作业模式，一种软件也可支持多种测图模式。由于用户的设备不同，作业习惯不同，目前我国数字测图作业模式大致有如下几种。

1. 全站仪测记模式

这种作业模式为大多数数字测图软件所支持，也是目前生产单位运用最多的一种作业模式。它是用全站仪在野外通过测量获得地形特征点的坐标和高程，并自动记录这些数据，同时绘制草图描述测点的几何信息和属性信息；然后到室内将测量数据传输到计算机，通过数字成图软件编辑成图。

全站仪测记模式的优点是自动化程度较高，可以较大地提高外业工作的效率，内业成图比较方便简单。绘制草图在这种作业模式中很重要。由于全站仪采集的只是测点的坐标和高程，虽然在计算机中可以确定其点位，但若不知道这些点的属性和连接关系，在室内成图就相当困难。因此，在野外就必须绘制草图，用以描述点的属性和连接关系，并注意在测量过程中使草图上标注的点号和全站仪里记录的点号一致。如果草图画得不正确，则会给后期的图形编辑工作带来极大的困难。

2. 全站仪编码模式

这种作业模式与全站仪测记模式基本相同，不同之处在于不绘制草图，而是在记录观测数据的同时用代码表示测点的属性和连接关系。在室内成图时根据点的代码和测量员的记忆来编辑图形。其中，代码的输入涉及软件的数据编码问题。目前国内开发的软件一般都是根据各自的需要、作业习惯、仪器设备及数据处理方法等设计自己的数据编码方案，还没有形成固定的标准。数据编码从结构和输入方法上区分，主要有全要素编码、块结构编码、简编码和二维编码。这些编码方法都具有一定的优点和科学性，但问题是在测绘生产工作中运用不大方便。为解决这个问题，有些生产单位是在野外采集数据时输入最简单代码，在室内用计算机展出所测点的点位及代码，并绘出到图纸上，然后再到实地进行调绘勾图，最后在室内根据所勾的草图编辑成图。

3. RTK GPS 测记式测图模式

这种作业模式是运用 GPS 实时动态定位技术，实地测定地形点的三维坐标，并自动记录定位信息。用 RTK GPS 采集数据的最大优点是不需要测站(控制点)和碎部点(待测点)之间通视，且移动站(用于采集碎部点)与基准站(控制点)的距离在 15km 以内可达厘米级测量精度。目前移动站的设备已高度集成，接收机、天线、电池与对中杆集于一体，重量仅几公斤，野外采集数据很方便。采集数据时，在移动站绘制草图或记录绘图信息，供内业绘图使用。在非居民区地形测图中，用 RTK GPS 比全站仪采集数据效率高。

4. 测站电子平板模式

该作业模式将装有测图软件的便携机直接与全站仪相连，把全站仪测定的碎部点实时地展绘在计算机屏幕(模拟测板)上，用软件的绘图功能边测边绘。这种模式是在现场完成绝大部分测图工作，因此有效地避免了误测和漏测。另外，在测图时观念上也不需大的改变，很容易被老作业员接受。该法除对设备要求较高外，便携机不适应野外作业环境(如供电时间短，液晶屏幕看不清，怕灰尘、风沙)是主要的缺陷。该法也需要使用对讲机加强测站与立镜点之间的联系。电子平板主要用于房屋密集的城镇地区的测图工作。

5. 镜站遥控电子平板模式

该模式由持便携式电脑的作业员在跑点现场指挥立镜员跑点，并发出指令遥控驱动全站仪观测(自动跟踪或人工照准)，观测结果通过无线传输到便携机，并在屏幕上自动展点。作业员根据展点即测即绘，现场成图。镜站指挥测站，能够“走到、看到、绘到”，不易漏测；能够同步地“测、量、绘、注”，以提高成图质量。这种作业模式将现代化通信手段与电子平板结合起来，从根本上改变了传统的测图作业概念。镜站遥控电子平板作业模式可形成单人测图系统，只要一名测绘员在镜站立对中杆，遥控测站上带伺服马达的全站仪瞄准镜站反光镜，并将测站上测得的三维坐标用无线电输入电子平板仪，自动展点和注记高程，绘图员迅速实时地把展点的空间关系在电子平板仪上描述(表示)出来。这种作业模式测绘准确，效率高，代表未来的野外测图发展方向。但该测图模式需高档便携机及带伺服马达的全站仪，设备较贵。

实训任务——全站仪的认识与操作

1. 实训目的

(1) 了解全站仪的各部件及键盘按键的名称和作用。

(2) 掌握全站仪的安置和使用方法。

(3) 练习用全站仪进行角度测量、距离测量、高程测量及坐标测量的方法。

2. 内容与步骤

1) 对全站仪构造的认识

(1) 通过教师讲解和全站仪使用说明书，了解全站仪的基本结构及各操作部件的名称和作用。

(2) 了解全站仪键盘上各按键的名称及其功能、显示符号的含义并熟悉角度测量、距离测量和坐标测量模式间的相互切换。

2) 安置全站仪

(1) 在观测站上安置全站仪，方法与安置经纬仪相同；在目标点上安置棱镜架。

(2) 对中、整平。

3) 全站仪测量

(1) 在小键盘上选择角度测量模式键，切换到角度测量模式，读出水平角、竖直角。

(2) 在小键盘上选择距离测量模式键，切换到距离测量模式，读出斜距、平距和高差。

(3) 在小键盘上选择坐标测量模式键，进入坐标测量模式，设置测站点坐标、定向，测量未知点坐标。

3. 提交成果

全站仪测量记录表一份，如表 2-1 所示。

表 2-1　全站仪测量记录表

组别：　　　　　　仪器号码：　　　　　　　　　　　　　　　　　　年　　　月　　　日

测站测回	目标	仪器高/m	棱镜高/m	竖盘位置	水平角观测		竖直角观测		距离高差观测			坐标测量		
					水平度盘读数	方向值或角值	竖直度盘读数	竖直角	斜距/m	平距/m	高差/m	x/m	y/m	H/m

思 考 题

1. 什么是全站仪？它具有哪些特点？
2. 简述相位式光电测距仪的工作原理。
3. 简述编码度盘测角的基本原理。
4. 电子手簿有哪几种常见类型？
5. GPS 接收机主要由哪几部分构成？
6. 数控绘图仪的性能指标有哪些？
7. 常用的数字测图软件有哪些？各有何功能特点？
8. 数字测图的常规作业模式有哪些？

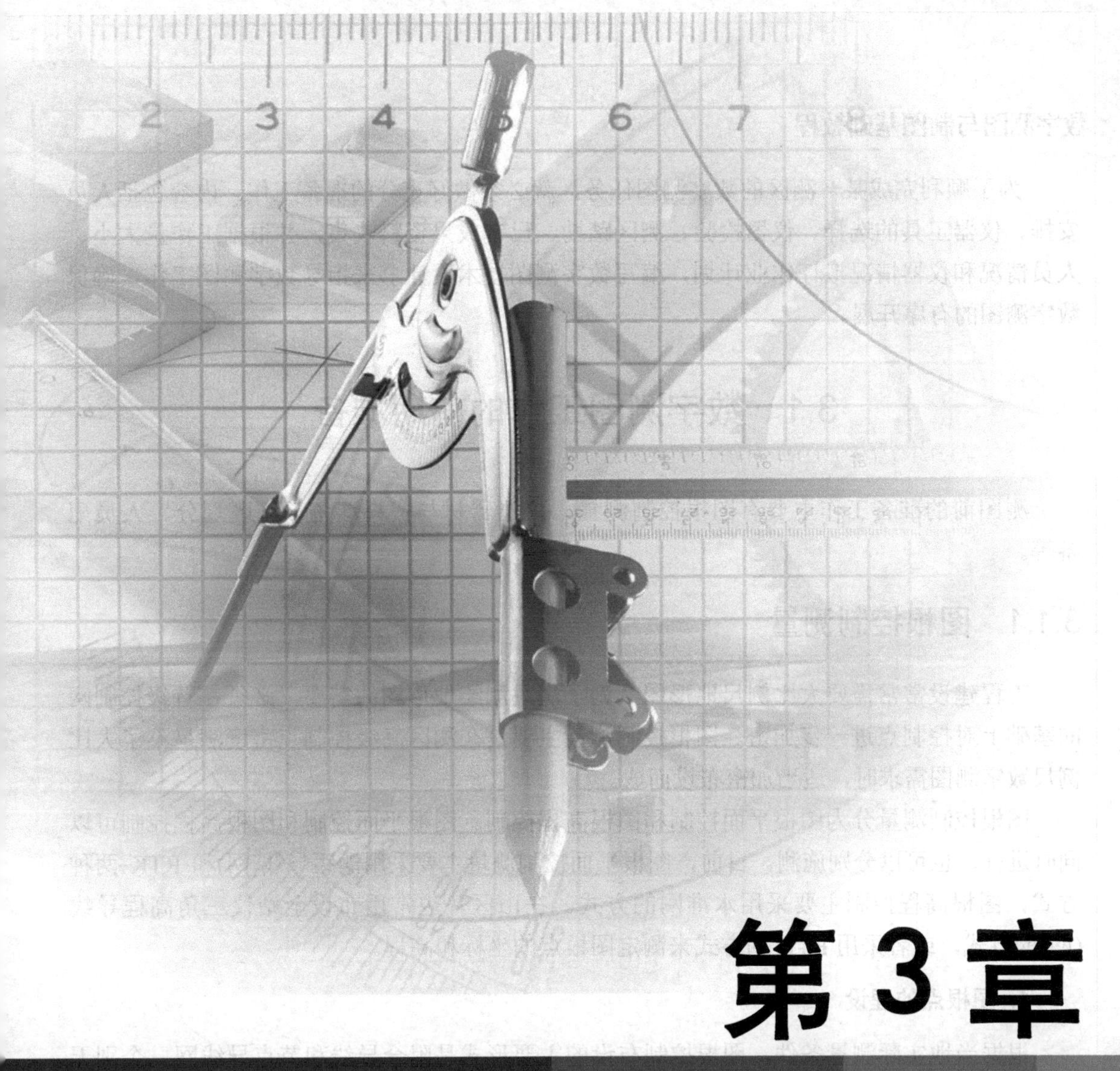

第3章 数字测图的准备工作

学习目标

了解数字测图的前期工作组织；掌握图根导线的技术要求和布设要求；掌握GPS-RTK 图根测量的技术要求；熟悉数字地形图测绘技术方案的设计流程。

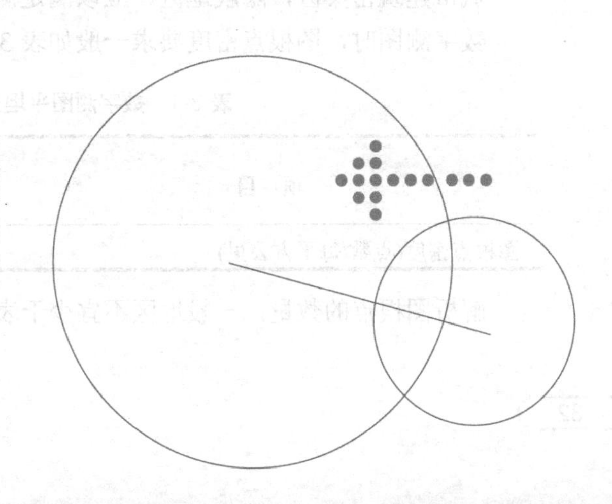

为了顺利完成某一测区的数字测图任务，就必须做好充分的准备工作。内容包括人员安排、仪器工具的选择、仪器检验、测区踏勘、已有成果资料收集，并根据工作量大小、人员情况和仪器情况拟订作业计划，编写数字测图技术设计书来指导数字测图工作，确保数字测图的有序开展。

3.1 数字测图工作的前期准备

测图前的准备工作主要有图根控制测量、仪器器材与资料准备、测区划分、人员配备等。

3.1.1 图根控制测量

工程建设常常需要大比例尺地形图，为了满足测绘地形图的需要，必须在首级控制网的基础上对控制点进一步加密。图根控制测量主要是在测区高级控制点密度满足不了大比例尺数字测图需求时，适当加密布设而成。

图根控制测量分为图根平面控制和图根高程控制。图根平面控制和图根高程控制可以同时进行，也可以分别施测。目前，图根平面控制测量主要采用测距导线(网)和 RTK 两种方式，图根高程控制主要采用水准网的方式。在山区，也常用布设全站仪三角高程导线(网)的方式，或者采用 RTK 的方式来测定图根点的坐标和高程。

1. 图根点的埋设

根据当地实际测量条件，图根控制布设的主要形式是附合导线和节点导线网，个别无法附合的地区，可采用支导线的形式补充。局部区域可采用全站仪解析极坐标法测定图根点，但必须有检核条件。

图根点标志尽量采用固定标志。位于水泥地、沥青地的普通图根点，应刻十字或用水泥钉、铆钉作其中心标志，周边用红油漆绘出方框及点号。

当一幅标准图幅内没有有效埋石控制点时，至少应埋设一个图根埋石点，并与另一埋石控制点相通视。图根埋石点一般要选埋在第一次附合的图根点上。

城市建筑密集区，隐蔽地区，应以满足测图需要为原则，适当加大密度。

数字测图时，图根点密度要求一般如表 3-1 所示。

表 3-1 数字测图平坦开阔地区图根点密度表

项 目	测图比例尺		
	1：500	1：1000	1：2000
图根点密度(点数/每平方公里)	64	16	4

解析图根点的数量，一般地区不宜少于表 3-2 的规定。

2. 图根导线的技术要求

为了确保地物点的测量精度，施测一类地物点应布设一级图根导线，施测二、三类地物点可布设二级图根导线，同级图根导线允许附合两次，技术要求如表 3-3 所示。

表 3-2　一般地区解析图根点的数量

测图比例尺	图幅尺寸	解析图根点数量 / 个		
		全站仪测图	GPS-RTK 测图	平板测图
1∶500	50×50	2	1	8
1∶1000	50×50	3	1～2	12
1∶2000	50×50	4	2	15
1∶5000	40×40	6	3	30

表 3-3　图根光电距导线测量的技术要求

图根级别	适用比例尺	附合导线长度/m	平均边长/m	导线相对闭合差	方位角闭合差	测距中误差/mm	测角测回数		测距测回数(单程)	测距一测回读数次数
							DJ2	DJ6		
一	1∶500	1500	120	≤1/6000	$\leqslant \pm 24\sqrt{n}$	±15	1	2	1	2
	1∶1000									
	1∶2000									
二	1∶500	1000	100	≤1/4000	$\leqslant \pm 40\sqrt{n}$	±15		1	1	2
	1∶1000	2000	150							
	1∶2000	3000	250							

注：表中 *n* 为测站数。

3. 图根导线的布设要求

(1) 导线网中节点与高级点或节点与节点间的长度不应大于附合导线长度的 0.7 倍。

(2) 对于一级图根导线，当导线较短，由全长相对闭合差折算的绝对闭合差限差小于±13cm 时，其限差按±13cm 计。

(3) 一级图根导线的总长和平均边长可以放宽到 1.5 倍，但其绝对闭合差应该小于±26cm。

(4) 当二级图根导线长度较短，由全长相对闭合差折算的绝对闭合差限差小于图上 0.3mm 时，按图上 0.3mm 计。

(5) 1∶500、1∶1000 测图的二级图根导线，其总长和平均边长可放宽到 1.5 倍，但此时的绝对闭合差最大不超过图上 0.5mm。

(6) 当附合导线的边数超过 12 条时，其测角精度应提高一个等级。

图根导线的水平角观测使用不低于 J6 级的经纬仪或全站仪，按方向观测法观测。

边长测量用不低于Ⅱ级的光电测距仪或全站仪，实测边长进行一测回。

采用一级图根导线测定边长时，须测定仪器常数、棱镜常数等边长改正参数。上述参数可在电子手簿中记录，也可直接在全站仪进行设置与改正。

4. 图根支导线的测设要求

(1) 因地形条件的限制，布设附合图根导线确有困难时，可布设图根支导线。

(2) 支导线总边数不应多于 4 条边，总长度不应超过表 3-3 中二级图根导线规定长度的 1/2，最大边长不应超过平均边长的 2 倍。

(3) 支导线边长采用光电测距仪测距，可单程观测一测回。

(4) 支导线水平角观测首站时，应联测两个已知方向，采用 J6 级经纬仪观测一测回。

(5) 支导线除首站以外其他测站的水平角应分别测左、右角各一测回，其固定角不符值与测站圆周角闭合差均不应超过±40″；采用全站仪时，其他测站水平角可观测一测回。

5. 极坐标法测量图根点的技术要求

(1) 用 6″以上全站仪测角。

(2) 观测限差不超过表 3-4 的规定。

表 3-4　极坐标法图根点测量角度观测限差

半测回归零差 / (″)	两半测回角度较差 / (″)	测距读数较差/mm	正倒镜高程较差/m
≤20	≤30	≤20	≤ h_d/10

注：h_d 为基本等高距。

(3) 可直接测定图根点的坐标和高程，并将上、下半测回的观测值取平均值作为最终观测成果。

(4) 极坐标法图根点测量的边长，不应大于表 3-5 的规定。

表 3-5　极坐标法图根点测量的最大边长

比例尺	1∶500	1∶1000	1∶2000	1∶5000
最大边长/m	300	500	700	1000

6. 图根水准测量的技术要求

平坦地区图根点高程用图根水准测定，其技术要求如表 3-6 所示。

图根水准路线及图根光电测距导线应起闭在不低于五等水准的控制点上。图根三角高程路线可起闭于图根水准点。

表 3-6　图根水准测量技术要求

路线长度			视线长度		前后视距差 /m	附合路线或环线闭合差	
附合路线 /km	节点间 /km	支线 /km	仪器类型	视距/m		平地或丘陵 / mm	山地 / mm
8	6	4	DS3	≤100	≤50	≤±40 $\sqrt{L}$	≤±12 $\sqrt{n}$

注：① 山地是指每千米图根水准测量超过 16 站的路线或环线所在区域；

② L 为路线长度，以 km 计，n 为测站数；

③ 图根水准测量按中丝读数法单程观测(黑面一次读数)，估读到毫米，支线按往返测。

7. 图根光电测距高程导线代替图根水准测量的技术要求

山地或建筑物上的图根点高程可用图根三角高程测量方法测定，可与图根水准测量交替使用。其技术要求如表 3-7 所示。

表 3-7　图根光电测距高程导线代替图根水准测量的技术要求

附合路线总长/km	平均边长/m	测回数		垂直角指标差之差		垂直角测回数	对向观测高差较差/m	路线闭合差/mm
		J2	J6	J2	J6	J6		
≤5	≤300	1	2	15″	25″	25″	≤0.02S	≤±40$\sqrt{L}$

注：① S 为边长，以 hm(百米)计，不足 1hm 按 1hm 计算；

② L 为路线总长，以 km(千米)计，不足 1km 按 1km 计算；

③ 与图根水准交替使用时，路线闭合差允许值也为≤±40$\sqrt{L}$ (mm)；

④ 当 L 大于 1km 且每千米超过 16 站时，路线闭合差允许值为≤±12$\sqrt{n}$ (mm)，n 为测站数；

⑤ 觇标高、仪器高量至毫米；

⑥ 高程计算至毫米，取至厘米。

8. GPS-RTK 图根测量的技术要求

1) 图根控制测量采用 GPS 快速静态测量作业模式进行测量时应满足的要求

(1) 图根 GPS 点的精度等级可参照 GPS 二级控制测量，对最小距离、平均距离的要求可适当放宽。

(2) 布网应由非同步观测基线构成多边形闭合环(或附和路线)，每一闭合环(或附和路线)边数不超过 10 条。少数困难地区可采用散点法测定 GPS 图根点。

(3) GPS 图根点测量的观测时间以能确保准确测定出点位坐标为准。一般双频测量型 GPS 接收机不少于 5min；单频测量型 GPS 接收机不少于 10min。

(4) 其余有关的测量技术要求按 CJJ 73—1997《全球定位系统城市测量技术规程》的 GPS 二级网执行。

2) 图根控制测量采用 GPS-RTK 作业模式进行测量时应满足的要求

(1) GPS-RTK 基准站至少应连测 3 个高级控制点。

(2) 高级点所组成的平面图形应对相关的 RTK 流动站点有足够控制面积，并对 GPS 基准站坐标系统进行有效检核。

(3) 进行 GPS-RTK 测量时，对每个图根控制点均应独立测定 2 次，在 2 次测量时应重新对中、置平三脚架或对中杆。

(4) 2 次测定图根点坐标的点位互差不应大于±5cm，符合限差要求后取中数作为图根点坐标测量成果。

9. 图根控制测量的记录与计算

图根控制外业数据采集记录使用电子手簿方式或其他记录方式。无论采用何种记录方式，均应提交图根控制记录资料。

图根控制网的平差计算可使用计算机，采用正确、可靠的平差软件进行。平差所用的原始数据，宜由电子记录手簿与微机通信接口传输而得，相关数据及成果由计算机统一输出并装订成册。

图根控制测量内业计算和成果输出时的取位如表 3-8 所示。

表 3-8　图根控制测量的内业计算和成果的取位要求

各项计算修正值 /(″或 mm)	方位角计算值 /(″)	边长及坐标计算值/m	高程计算值 /m	坐标成果 /m	高程成果 /m
1	1	0.001	0.001	0.01	0.01

3.1.2　仪器器材与资料准备

通常数字测图所需要的测绘仪器和工具有全站仪(配有三脚架、棱镜、对中杆、备用电池、充电器)、数据线、对讲机、钢尺(或皮尺)、小卷尺(量仪器高用)、记录用具等。

测量仪器是完成测量任务的关键，所以在选择测量仪器时主要考虑性能、型号、精度、数量、测区的范围、采用的作业模式等因素。用于导线测量的全站仪最好测角精度在 2″以内，测距精度在 3mm+2ppm・D(单位为 km)以内。野外数据采集时采用的全站仪测角精度不低于 6″、测距精度不低于 5mm+5ppm・D(单位为 km)。采用 RTK 采集数据时，其精度不低于相应规范的要求。

数字测图需要准备的资料主要有：已有控制点坐标高程成果、旧有的图纸成果和其他资料。已有的控制点成果主要有 GPS 点成果、等级导线点成果、三角点成果和水准点成果等。这些已知点成果主要作为图根控制(图根平面控制和图根高程控制)的起算数据。其内容应说明其施测单位、施测年代、等级、精度、比例尺、规范依据、平面坐标系统、高程系统、投影带号、标石保存情况以及可否利用等。图纸成果主要是旧的各种比例尺地形图、地籍图、平面图等。旧的图纸资料可以作为工作计划图、制作工作草图的底图。其他资料主要包含测区有关的地质、气象、交通、通信等方面的资料及城市与乡、村行政区划表等。

3.1.3　测区划分

在数字测图中，一般都是多个小组同时作业。为了便于作业，在野外采集数据之前，通常要对测区进行“作业区”划分。数据测图与传统手工测图的划分方法不一样，传统手工白纸测图一般以图幅划分作业范围和区域，而数字测图则以道路、河流、沟渠、山脊等明显线状地物为界线，将测区划分为若干个作业区。对于地籍测量来说，一般以街坊为单位划分作业区。分区的原则是各区之间的数据(地物)尽可能地独立(不相关)。

与此同时，还要制订详细的作业计划，主要是列出作业内容、范围和作业进度。如完成控制点加密的时间、完成图根导线测量的时间、完成图根导线网平差计算的时间、完成某一范围测图的时间、内业成果整理的时间、质量抽检的时间和验收的时间安排等。需要重视的是，编制作业计划时，要充分考虑到季节和气候等对测量作业的影响，这样安排出的计划才具有可实施性。

(1) 拟订数字测图作业计划的主要依据如下：

① 测量任务书、技术规范、技术规程；

② 仪器设备数量和等级；

③ 人员数量、技术水平；

④ 所用软件、作业模式；

⑤ 已有资料情况；

⑥ 测区交通、通信及后勤保障。

(2) 作业计划的主要内容如下：

① 测区控制网的点位埋设、外业施测、内业处理等的内容和时间安排；

② 野外数据采集的测量范围、内容和时间安排；

③ 仪器配备、经费预算；

④ 提交资料的时间计划以及检查验收计划等。

3.1.4　人员配备

测图方法不同，人员组织也不一样。一般来说，人员组织主要安排两个方面的内容：一是一个小组的人员配备；二是根据测区大小和总的测量任务确定配备多少个小组。

目前的全野外数字测图实际作业，按照数据记录方式的不同可以分为以下三种主要的作业模式：

(1) 绘制观测草图作业模式。该方法是在全站仪采集数据的同时，绘制观测草图，记录所测地物的形状并注记测点顺序号，内业将观测数据传输至计算机，在测图软件的支持下，对照观测草图进行测点连线及图形编辑。

(2) 碎部点编码作业模式。该方法是按照一定的规则给每一个所测碎部点一个编码，每观测一个碎部点需要通过仪器(或手簿)键盘输入一个编号，每一个编号对应一组坐标(X,Y,H)，内业处理时将数据传输到计算机，在数字成图软件的支持下，由计算机进行编码识别，并自动完成测点连线形成图形。

(3) 电子平板(或 PDA)作业模式。该模式是将电子平板(笔记本电脑)或 PDA 手簿通过专用电缆与全站仪的数据输出口连接，观测数据直接进入电子平板或 PDA 手簿，在成图软件的支持下，现场连线成图。

草图法测图时，作业人员一般配置为：观测 1 人，领尺 1 人，跑尺 1～3 人，所以每个小组至少 3 人。领尺员是小组核心成员，负责画草图和内业成图。跑尺员的多少与小组测量人员的操作熟练程度有关，操作比较熟练时，跑尺人员可以 2～3 人。一般外业观测 1 天，内业处理 1 天。或者白天外业观测，晚上完成内业成图处理。

编码法测图时，每个小组最少为 2 人：观测 1 人，跑尺 1 人，操作非常熟练时也可以增加跑尺人员的数量。目前生产单位多采用自己开发的数字测图软件测图，采集数据时由全站仪观测人员输入自主开发的编码，不需要绘制草图。内业成图时，计算机根据编码自动绘图。

电子平板法测图时，作业人员一般配置为观测员 1 人，便携机操作人员 1 人，跑尺员 1～3 人。

采用 GPS RTK 采集数据时，则主要根据配置的流动站数量来确定外业观测人员的人数。

除基准站以外，每多1个流动站多1人。

3.2 大比例尺数字地面测图的技术设计

3.2.1 概述

与传统的模拟法测图相比，大比例尺地面数字测图在设备配置、测量方法、数据采集、数据处理和成果输出等方面具有高精度，高自动化，信息量大，成图速度快，以及成果的信息化、数字化及多方共享等特点，是一项组织管理复杂的系统工程，是大比例尺测图科学技术理论与实践的革命性进步。它的广泛应用和进一步完善，标志着地形测绘科技发展的一个新的里程碑。为了保证数字测图工作的正确实施，必须在测图前对整个测图工作做出合理规划、统筹安排：从硬件配置到数字化成图运行软件系统的选配，测量方案、测量方法及精度的确定，数据和图形文件的生成及计算机处理，各工序之间的密切配合、协调等，以使数字测图的各类成果数据和图形文件符合“规程(范)”、“图式”的要求和用户的需要。

技术设计前应搜集测区各项有关资料并进行现场踏勘，搜集资料包括：

(1) 交通情况。包含公路、铁路、乡村便道的分布及通行情况等。

(2) 水系分布情况。包含江河、湖泊、池塘、水渠的分布，桥梁、码头及水路交通情况等。

(3) 植被情况。包含森林、草原、农作物的分布及面积等。

(4) 控制点分布情况。包含三角点、水准点、GPS 点、导线点的等级、坐标、高程系统，点位的数量及分布、点位标志的保存状况等。

(5) 居民点分布情况。包含测区内城镇、乡村居民点的分布、食宿及供电情况等。

(6) 当地风俗民情。包含民族的分布、习俗和地方方言、习惯和社会治安情况等。

测区踏勘除了要了解测区内的植被情况、交通情况、控制点情况、居民点情况、风俗民情等情况外，还要了解地物特点、地形特点、自然坡度、通视情况、气候特点等，从而根据具体条件和要求，确定碎部点的测量密度、观测方法，合理地安排作业时间。

3.2.2 技术设计的内容

根据测区情况调查测区自然地理条件，本单位拥有的硬、软件设备，技术力量及资金等情况，运用数字测图理论和方法制定合理的技术方案、作业方法并拟订作业计划，用以指导数字化测图的作业过程。

一般来说，数字测图技术设计书的主要内容如下。

(1) 任务概述。说明任务来源、测区范围、地理位置、行政隶属、成图比例尺、任务量和采用的技术依据。

(2) 测区自然地理概况。说明测区的海拔高程、相对高差、地形类别、困难类别和居民点、道路、水系、植被等要素的分布与主要特征；说明气候、风雨季节及生活条件等情况。

(3) 已有资料的分析、评价和利用。说明已有资料采用的平面和高程基准、比例尺、等高距、测制单位和年代，采用的技术依据，对已有资料的质量评价和可以利用的情况。

(4) 设计方案。

① 成图规格和成图精度：说明投影方式、平面坐标系统和高程系统、成图的平面精度和高程精度。

② 根据项目设计要求和地形类别，说明成图方法和图幅等高距。

③ 平面和高程控制点的布设方案、有关的技术要求。

④ 平面和高程控制测量的施测方法、限差规定和精度估算等。

⑤ 根据技术人员素质和资料等情况，提出外业数据采集和内业成图的方案和技术要求，必要时应给出典型示例。

⑥ 采集和绘图方法要求：根据数字测图的特点，提出对地形图要素的表示要求。如居民地的类型、特征、表示方法和综合取舍的原则；对道路、水系的综合取舍原则；境界的表示方法或原则；地貌和土质表示要求；植被的表示要求和地类界的综合取舍原则；内业方案与要求等。

⑦ 采用新技术、新仪器时，要说明方法和要求，规定有关限差，并进行必要的精度估计和说明。

(5) 计划安排和经费预算。主要说明作业准备、控制点埋设、加密平面控制测量、加密高程控制测量、图根平面控制测量、图根高程、各区域的野外数据采集、内业成图、检查验收和成果归档等工作内容的预计时间安排。同时，根据设计方案和进度计划，参照有关生产定额和成本定额，编制经费预算表，并做必要的说明。

实训任务——GPS 图根控制测量

1. 实训目的

拟定测区图根控制测量方案，在基本控制基础上，利用 GPS 接收机建立一个包含 4 个控制点的图根控制网，初步掌握 GPS 图根控制测量的方法。

2. 内容与步骤

1) 安置仪器

在选好的观测站点上安放三脚架，注意观测站周围的环境必须符合净空条件好、远离反射源、避开电磁场干扰等条件。安放时，应尽量避免将接收机放在树荫、建筑物下，也不要在靠近接收机的地方使用对讲机、手提电话等无线电设备。

小心打开仪器箱，取出基座及对中器，将其安放在脚架上，在测点上对中、整平基座，注意基座上的水准管必须严格居中。

从仪器箱中取出接收机，将其安放在对中器上，并将其锁紧，再分别取出电池、采集器及其托盘，将它们安装在脚架上。

2) 量取天线高

安置好仪器后，应在各观测时段的前后，各量测天线高一次，量至毫米。量测时，由标石或者地面点中心顶端量至天线中部。

3) GPS 数据采集

将 4 台 GPS 接收机分别安置在 4 条基线的端点，通过接收机控制面板上电源开关启动仪器，选择一种工作方式采集数据。根据基线长度和要求的精度，按 GPS 测量系统外业的要求同步观测 4 颗以上的卫星数时段，每个观测时段长度在 40 分钟以上。

4) 数据传输

利用数据传输软件将接收机中采集的数据通过通信电缆传入计算机。

5) 基线解算

利用基线处理软件进行基线解算，通过基线处理、异步和同步环闭合差检查、约束平差，求解控制点坐标。

3. 提交成果

图根控制点坐标成果表。

思　考　题

1. 数字测图的前期准备工作主要包括哪些内容？
2. 图根导线网的布设应满足哪些要求？
3. 采用 GPS-RTK 作业模式进行图根控制测量应满足哪些要求？
4. 数字测图技术设计书主要包括哪些内容？

第4章

碎部测量

学习目标

掌握碎部测量的基本原理；熟悉地物和地貌特征点的选取原则；理解并掌握碎部点的测算方法；掌握极坐标法的基本原理；掌握地貌测绘的基本步骤；了解地物、地貌的各项要素的表示方法和取舍原则。

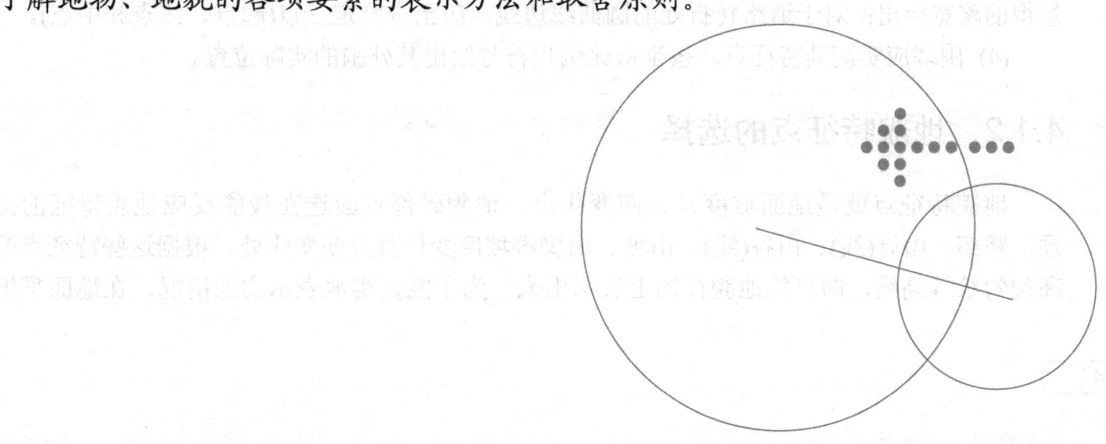

地球表面上复杂多样的物体和千姿百态的地表形状，在测量工作中可概括为地物和地貌。地物是指地球表面上固定性的物体，如河流、湖泊、道路、房屋和植被等；地貌是指高低起伏、倾斜缓急的地表形态，如山地、谷地、凹地、陡壁和悬崖等。

碎部测量(detail survey)是根据比例尺要求，运用地图综合原理，利用图根控制点对地物、地貌等地形图要素的特征点，用测图仪器进行测定并对照实地用等高线、地物、地貌符号和高程注记、地理注记等绘制成地形图的测量工作。在碎部测量中，地物的测绘实际上就是地物平面形状的测绘，地物平面形状可用其轮廓点(交点和拐点)和中心点来表示，这些点被称为地物的特征点(又称碎部点)。由此，地物的测绘可归结为地物碎部点的测绘。地貌尽管形态复杂，但可将其归结为许多不同方向、不同坡度的平面交合而成的几何体，其平面交线就是方向变化线和坡度变化线，只要确定这些方向变化线和坡度变化线上的方向和坡度变换点(称之为地貌特征点或地性点)的平面位置和高程，地貌的基本形态也就反映出来了。因此，无论地物还是地貌，其形态都是由一些特征点，即碎部点的点位所决定的。碎部测量的实质就是测绘地物和地貌碎部点的平面位置和高程。

4.1 碎部点的选择

4.1.1 地物点的选择及地物轮廓线的形成

地物测绘的质量和速度在很大程度上取决于立尺员能否正确合理地选择地物特征点。地物特征点主要是其轮廓线的转折点，如房角点、道路边线的转折点以及河岸线的转折点等。主要的特征点应独立测定，一些次要的特征点可以用量距、交会、推平行线等几何作图方法绘出。

一般地，凡主要建筑物轮廓线的凹凸长度在图上大于 0.4mm 时，都要表示出来。例如对于 1∶1000 测图，主要地物轮廓凹凸大于 0.4m 时应在图上表示出来。

下面按 1∶500 和 1∶1000 比例尺测图的要求提出一些取点原则：

(1) 对于房屋，可只测定其主要房角点(至少三个)，然后量取其有关的数据，按其几何关系用作图方法画出轮廓线。

(2) 对于圆形建筑物，可测定其中心位置并量其半径后作图绘出；或在其外廓测定三点，然后用作图法定出圆心而作圆。

(3) 对于公路，应实测两侧边线，大路或小路可只测其一侧的边线，另一侧边线可按量得的路宽绘出；对于道路转折处的圆曲线边线，应至少测定三点(起点、终点和中点)。

(4) 围墙应实测其特征点，按半依比例尺符号绘出其外围的实际位置。

4.1.2 地貌特征点的选择

地貌特征点就是地面坡度及方向变化点。地貌碎部点应选在最能反应地貌特征的山顶、鞍部、山脊(线)、山谷(线)、山坡、山脚等坡度变化及方向变化处。根据这些特征点的高程勾绘等高线，即可将地貌在图上表示出来。为了能真实地表示实地情况，在地面平坦

或坡度无显著变化地区，碎部点(地形点)的间距和测碎部点的最大视距，应符合表 4-1 的规定。城市建筑区的最大视距参见表 4-2。

表 4-1　地形点的间距及最大视距

测图比例尺	地形点最大间距/m	最大视距/m	
		主要地物点	次要地物点和地形点
1∶500	15	60	100
1∶1000	30	100	150
1∶2000	50	180	250

表 4-2　城市建筑区测量地形点的最大视距

测图比例尺	最大视距/m	
	主要地物点	次要地物点和地形点
1∶500	50(量距)	70
1∶1000	80	120
1∶2000	120	200

4.2　碎部点的测算方法及数学原理

测量碎部点的目的，主要是为了获得碎部点的坐标、高程和绘图信息。但由于通视等原因，个别点只能通过间接测算的方法确定。间接测算的思路是，先利用全站仪采用极坐标法测定一些基础碎部点，作为对其他碎部点进行定位的依据，再用勘丈法、方向法、直角、平行等方法推算一些碎部点。可以认为，在基础碎部点上，只要能够用作图的方法确定出点的位置都可以采用间接测算法。

下面介绍几种常用的碎部点测算方法。

4.2.1　全仪器法

1. 极坐标法

极坐标法是测量碎部点最常用的方法。如图 4-1 所示，Z 为测站点，O 为定向点，P_i 为待求点。在 Z 点安置好仪器，量取仪器高 I，照准 O 点，读取定向点 O 的方向值 L_0(常配置为零，以下设定向点的方向值为零)，然后照准待求点 P_i，量取觇标高(镜高) R_i，读取方向值 L_i，再测出 Z 至 P_i 点间的水平距离 D_i 和竖角 A_i(全站仪大部分以天顶距 T_i 表示，$T_i = 90^\circ - A_i$)，则待定点坐标和高程可由式(4-1)求得。

$$
\begin{aligned}
X_i &= X_Z + D_i \cdot \cos\alpha_{Zi} \\
Y_i &= Y_Z + D_i \cdot \sin\alpha_{Zi} \\
H_i &= H_Z + D_i \cdot \cot T_i + I - R_i
\end{aligned}
\tag{4-1}
$$

式中，$\alpha_{Zi}=\alpha_{Z0}+L_i$（$\alpha_{ij}$为坐标方位角）。

式(4-1)适用于全站仪使用平距观测和平距丈量法，若用全站仪观测斜距S_i，则$D_i=S_i\cdot\sin T_i$。

若使用视距法，设视距间距为l_i，则$D_i=kl_i\cdot\sin^2 T_i$，其中k=100。

2. 照准偏心法

当待求点(目标点)与测站点不通视或无法立镜时，可使用照准偏心法间接测定碎部点的点位，该法包括直线延长偏心法、距离偏心法和角度偏心法。

1) 直线延长偏心法

如图 4-2 所示，Z为测站点，欲测定B点，但Z，B间不通视。此时可在地物边线方向找B'(或B'')点作为辅助点，先用极坐标法测定其坐标，再用钢尺量取BB'(或BB'')的距离$D_{BB'}$，即可求出B点的坐标。

$$\left.\begin{aligned}X_B&=X_{B'}+D_{BB'}\cdot\cos\alpha_{AB'}\\Y_B&=Y_{B'}+D_{BB'}\cdot\sin\alpha_{AB'}\end{aligned}\right\}\tag{4-2}$$

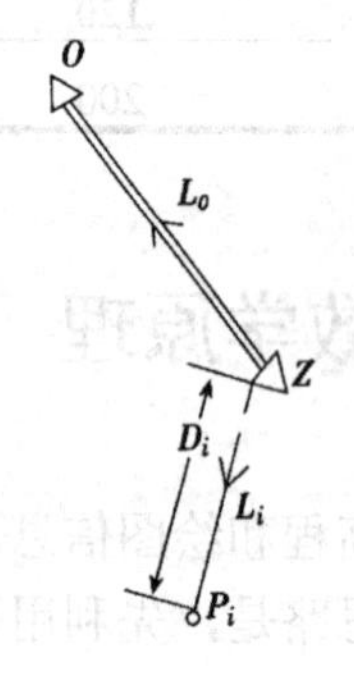

图 4-1　极坐标法

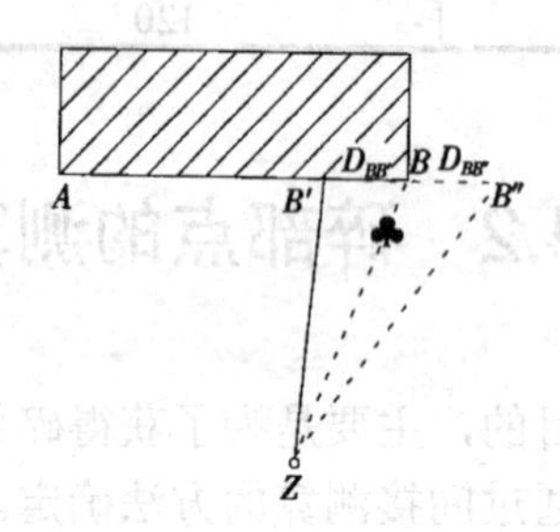

图 4-2　直线延长偏心法

2) 距离偏心法

如图 4-3 所示，欲测定B点，但B点不能立标尺或反光镜，可先用极坐标法测定偏心点B_i(水平角读数为L_i，水平距离为D_{ZBi})，再丈量偏心点B_i到目标点B的距离ΔS_i，即可求出目标点B的坐标。

(1) 当偏心点位于目标点B的左或右边(B_1或B_2)时，偏心点至目标点的方向和偏心点至测站点Z的方向应成直角，B点的坐标可由式(4-3)求得。

$$\left.\begin{aligned}X_B&=X_{B_i}+\Delta S_i\cdot\cos\alpha_{B_iB}\\Y_B&=Y_{B_i}+\Delta S_i\cdot\sin\alpha_{B_iB}\end{aligned}\right\}\tag{4-3}$$

式中，$\alpha_{B_iB}=\alpha_{Z0}+L_i\pm90^\circ$(当$i$=1时，取“+”，当$i$=2时，取“−”)。

注：当偏心距大于 0. 5m 时，直角须用直角棱镜设定。或

$$\left.\begin{aligned}X_B&=X_Z+D_{ZB}\cdot\cos\alpha_{ZB}\\Y_B&=Y_Z+D_{ZB}\cdot\sin\alpha_{ZB}\end{aligned}\right\}\tag{4-4}$$

式中：$D_{ZB}=\sqrt{(D_{ZB_i})^2+(\Delta S_i)^2}$；

$\alpha_{ZB}=\alpha_{Z0}+L_i\pm\Delta\alpha$；(当 i=1 时，取“+”；当 i=2 时，取“−”)

其中，$\Delta\alpha=\arctan\dfrac{\Delta S_i}{D_{ZB_i}}$。

(2) 当偏心点位于目标前方或后方(B_3 或 B_4)时，即偏心点在测站和目标点的连线上，B 点的坐标可由式(4-5)求得。

$$\left.\begin{aligned}X_B&=X_Z+(D_{ZB_i}\pm\Delta S_i)\cdot\cos\alpha_{ZB}\\Y_B&=Y_Z+(D_{ZB_i}\pm\Delta S_i)\cdot\sin\alpha_{ZB}\end{aligned}\right\}\text{(当 }i\text{=3 时，取“+”；当 }i\text{=4 时，取“−”)}\tag{4-5}$$

式中，$\alpha_{ZB}=\alpha_{Z0}+L_B$。

3) 角度偏心法

如图 4-4 所示，欲测定目标点 B，由于 B 点无法到达或 B 点无法立镜，将棱镜安置在离仪器到目标 B 相同水平距离的另一个合适的目标点 B_i 上进行测量，先测定至棱镜的距离 $(D_{ZB}=D_{ZB_i})$，后转动望远镜照准待测目标点 B，读取水平角 L_B，则测得 B 点坐标为 $\alpha_{ZB}=\alpha_{Z0}+L_B$。

$$\left.\begin{aligned}X_B&=X_Z+D_{ZB}\cdot\cos\alpha_{ZB}\\Y_B&=Y_Z+D_{ZB}\cdot\sin\alpha_{ZB}\end{aligned}\right\}\tag{4-6}$$

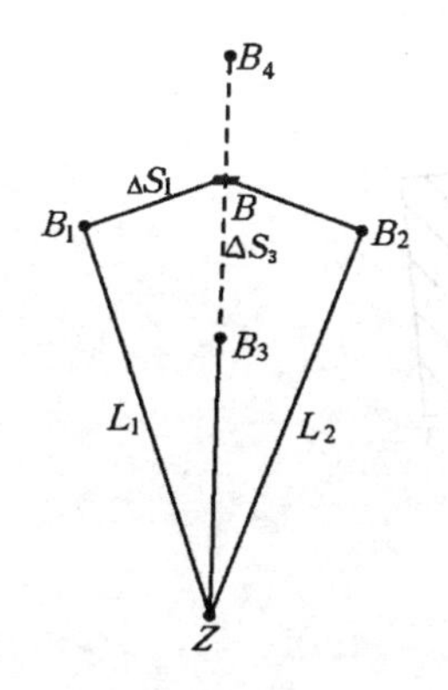

图 4-3　距离偏心法

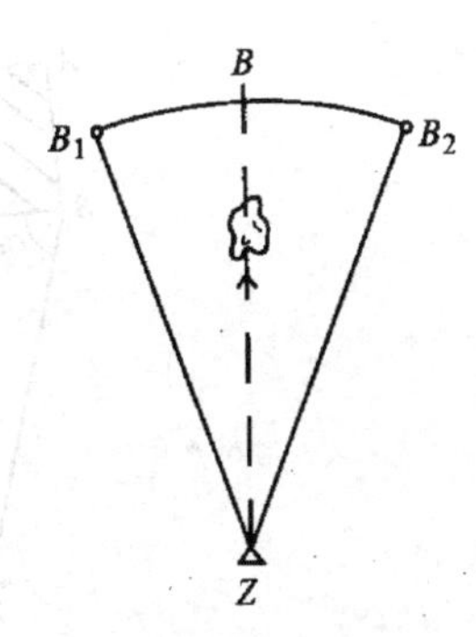

图 4-4　角度偏心法

4.2.2　半仪器法(方向交会法)

半仪器法是指只测水平角不测距离的测定碎部点方法。该法主要包括方向直线交会法和方向直角交会法两种。

1. 方向直线交会法

如图 4-5 所示，A,B 为已知点，欲测定 i 点，只需照准 i 点，读取方向值 L_i，利用戎格公式计算出 i 点坐标，见式(4-7)。

$$\left.\begin{aligned} X_i &= \frac{X_A \cdot \cot\beta + X_2 \cdot \cot\alpha - Y_A + Y_Z}{\cot\alpha + \cot\beta} \\ Y_i &= \frac{Y_A \cdot \cot\beta + Y_Z \cdot \cot\alpha + X_A - X_Z}{\cot\alpha + \cot\beta} \end{aligned}\right\} \tag{4-7}$$

式中，$\alpha = \alpha_{AZ} - \alpha_{AB}$；$\beta = \alpha_{Z0} + L_i - \alpha_{ZA}$。

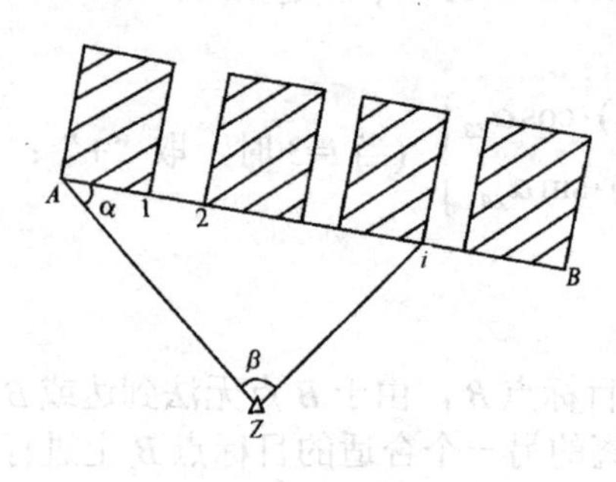

图 4-5　方向直线交会法

2. 方向直角交会法

对于构成直角的地物，可用方向直角交会法很方便地测定通视点的位置。

如图 4-6 所示，测出两个房屋角点 A, B 后，只要连续照准角点 1,2,3, …，分别读取方向值 L_i，就可连续求出照准点的坐标。

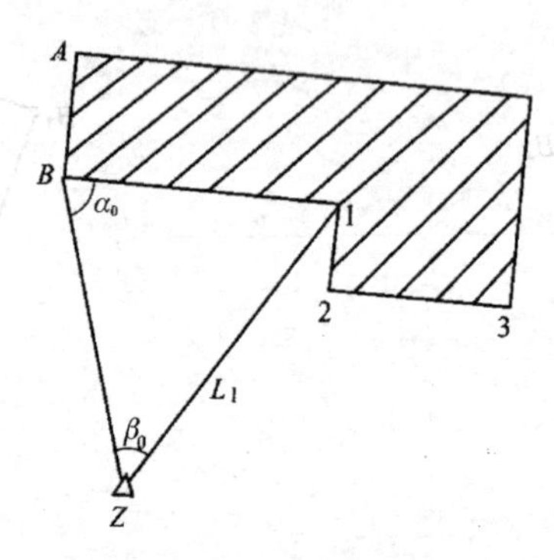

图 4-6　方向直角交会法

当照准目标位于 ZB 方向的右侧时：

$$\alpha = \alpha_{AB} - \alpha_{BA} + 90^\circ$$

$$\beta = \alpha_{ZO} + L_1 - \alpha_{AB}$$

则

$$\left.\begin{aligned} X_1 &= \frac{X_B \cdot \cot\beta + X_2 \cdot \cot\alpha - Y_B + Y_Z}{\cot\alpha + \cot\beta} \\ Y_1 &= \frac{Y_B \cdot \cot\beta + X_2 \cdot \cot\alpha - Y_B + Y_Z}{\cot\alpha + \cot\beta} \end{aligned}\right\} \tag{4-8}$$

当照准目标位于 ZB 方向的左侧时：

$$\alpha = \alpha_{ZB} - \alpha_{Z0} - L_1$$

$$\beta = \alpha_{BA} - \alpha_{ZB} + 90^\circ$$

则

$$\left.\begin{aligned} X_1 &= \frac{X_Z \cdot \cot\beta + X_B \cdot \cot\alpha - Y_Z + Y_B}{\cot\alpha + \cot\alpha} \\ Y_1 &= \frac{Y_Z \cdot \cot\beta + X_B \cdot \cot\alpha - Y_Z + Y_B}{\cot\alpha + \cot\alpha} \end{aligned}\right\} \tag{4-9}$$

其余 2,3,…各点计算类似。

4.2.3　勘丈法

勘丈法是指利用勘丈的距离及直线、直角的特性测算出待定点的坐标。

1. 直角坐标法

直角坐标法又称为正交法，它是借助测线和垂直短边支距测定目标点的方法。正交法使用钢尺丈量距离，配以直角棱镜作业。支距长度不得超过一个尺长。

如图 4-7 所示，已知 A,B 两点，欲测碎部点 i，则以 AB 为轴线，自碎部点 i 向轴线作垂线(由直角棱镜定垂足)。假设以 A 为原点，只要量测得到原点 A 至垂足 d_i 的距离 a_i 和垂线的长度 b_i，就可求得碎部点 i 的位置。

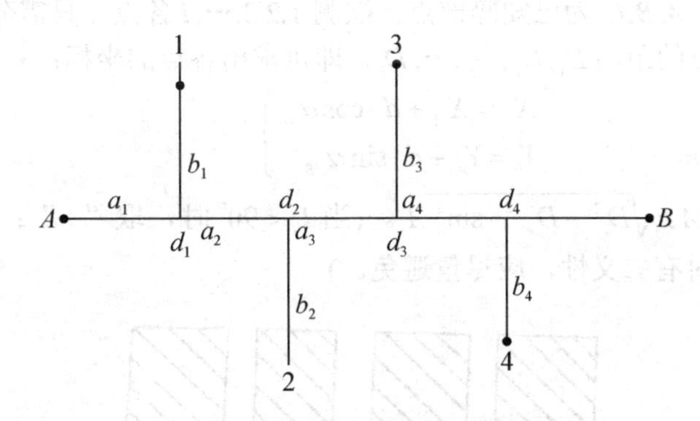

图 4-7　直角坐标法

$$\left.\begin{aligned} X_i &= X_A + D_i \cdot \cos\alpha_i \\ Y_i &= Y_A + D_i \cdot \sin\alpha_i \end{aligned}\right\} \tag{4-10}$$

式中，$D_i = \sqrt{a_i^{\ 2} + d_i^{\ 2}}$；$\alpha_i = \alpha_{AB} \pm \arctan\dfrac{b_i}{d_i}$。(当碎部点位于轴线(AB 方向)的左侧时，取“−”，右侧时取“+”。)

2. 距离交会法

如图 4-8 所示，已知碎部点 A,B，欲测碎部点 P，则可分别量取 P 至 A,B 点的距离 D_1,D_2，即可求得 P 点的坐标。

先根据已知边 D_{AB} 和 D_1,D_2 求出角 α,β：

$$\left.\begin{aligned}\alpha &= \arccos\frac{D_{AB}^{\ 2}+D_1^{\ 2}-D_2^{\ 2}}{2D_{AB}\cdot B_1}\\ \beta &= \arccos\frac{D_{AB}^{\ 2}+D_2^{\ 2}-D_1^{\ 2}}{2D_{AB}\cdot D_2}\end{aligned}\right\}\tag{4-11}$$

再根据戎格公式即可求得 X_P, Y_P。

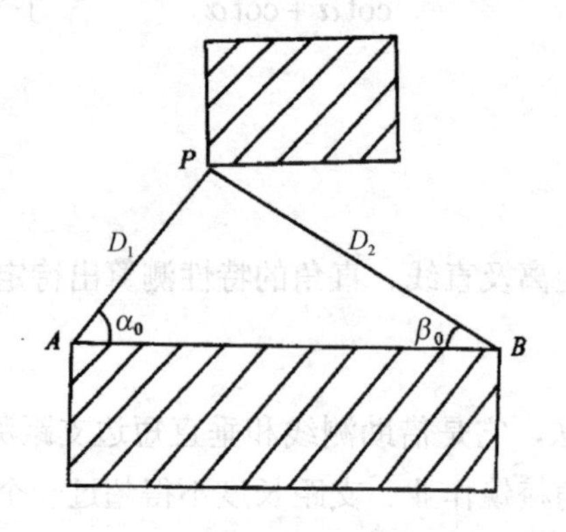

图 4-8　距离交会法

3. 距离直线交会法

如图 4-9 所示，A,B,C 为已知碎部点，欲测 $1,2,3,\cdots,i$ 各点，只需分别读取方向值 L_i，并量取 C 至各待测点的距离 $D_1,D_2,D_3,\cdots,D_i$，即可求出各点的坐标：

$$\left.\begin{aligned}X_i &= X_A + d\cdot\cos\alpha_{AB}\\ Y_i &= Y_A + d\cdot\sin\alpha_{AB}\end{aligned}\right\}\tag{4-12}$$

式中，$d = D_{AC}\cdot\cos A \pm\sqrt{D_i^2 - D_{AC}^{\ 2}\cdot\sin^2 A}$。(当 $L_i < 90^\circ$ 时，取“+”；　当 $L_i > 90^\circ$ 时，取“−”，　L_i 接近 90° 时有二义性，应尽量避免。)

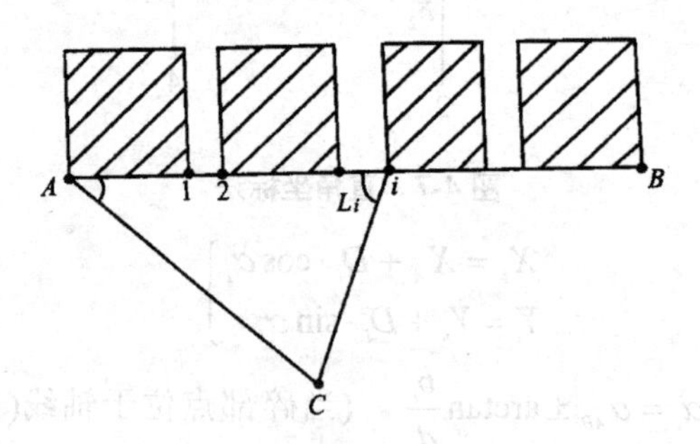

图 4-9　距离直线交会法

4. 直线内插法

如图 4-10 所示，已知 A, B 两点，欲测定 AB 直线上 $1,2,3,\cdots,i$ 各点，可分别量取相邻点间的距离 $D_{A1},D_{12},D_{23}\cdots$，从而求出各内插点的坐标。

$$\left.\begin{aligned}X_i &= X_A + D_{Ai}\cdot\cos\alpha_{AB}\\ Y_i &= Y_A + D_{Ai}\cdot\sin\alpha_{AB}\end{aligned}\right\}\tag{4-13}$$

式中，$D_{Ai}=D_{A1}+D_{12}+\cdots+D_{i-1,i}$。

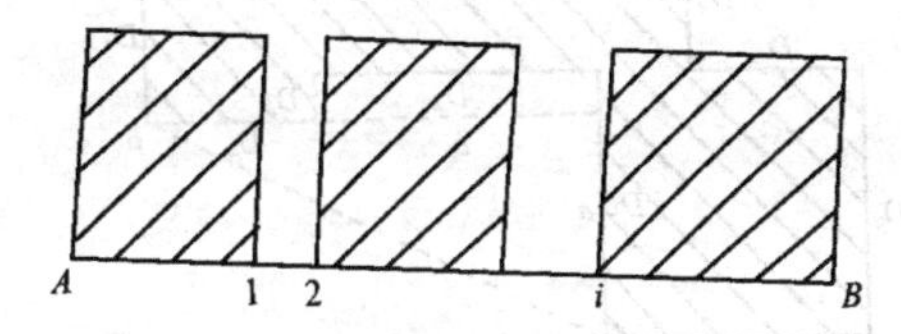

图 4-10　直线内插法

5. 定向直角折线法

如图 4-11 所示，已知 A , B 两点，欲求 $1,2,3,\cdots,i$ 各点，可分别量取各边边长 $D_1,D_2,\cdots,D_i$，即可依次推出各点坐标：

$$\left.\begin{aligned}X_i&=X_{i-1}+D_i\cdot\cos\alpha_i\\Y_i&=Y_{i-1}+D_i\cdot\sin\alpha_i\end{aligned}\right\}\tag{4-14}$$

式中，$\alpha_i=\alpha_{i-2,i-1}\pm90^\circ$，当 i 为左折点时取"-"，如 1 点位于 AB 方向的左侧，称为左折点；2 点位于 $B1$ 方向的右侧，称为右折点。

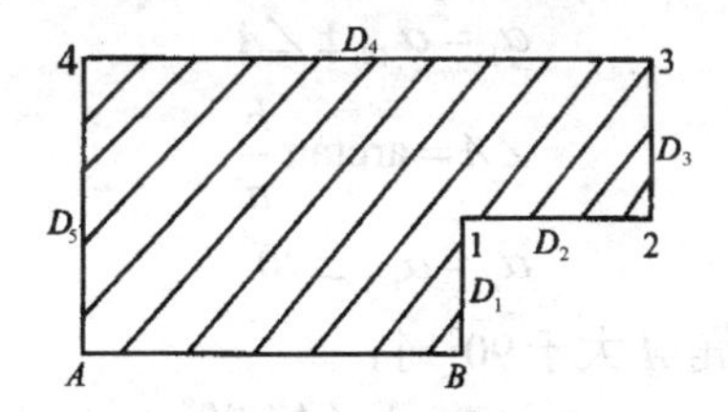

图 4-11　定向直角折线法

若推求点数超过 3 个时，最好计算一下闭合差。

$$\left.\begin{aligned}f_X&=X'_A-X_A\\f_Y&=Y'_A-Y_A\end{aligned}\right\}\tag{4-15}$$

当 f_X,f_Y 在限差内时，计算坐标改正数：

$$\left.\begin{aligned}V_{X_i}&=-\frac{f_x}{\sum D}\cdot D_i\\V_{Y_i}&=-\frac{f_y}{\sum D}\cdot D_i\end{aligned}\right\}\tag{4-16}$$

6. 无定向直角折线法

如图 4-12 所示，已知碎部点 A , B，求其他房角点时，只要丈量出各边的边长，即可求出各角点的坐标。

假设同方向的边长代数和分别为 a , b，其中 a 为 1,3,5,7,9 各边的代数和；b 为 2,4,6,8,10 各边的代数和，则

$$\left.\begin{aligned}a&=D_1-D_3\text{或}a=D_9+D_7-D_5\\b&=D_2+D_4\text{或}b=D_6+D_8-D_{10}\end{aligned}\right\}\tag{4-17}$$

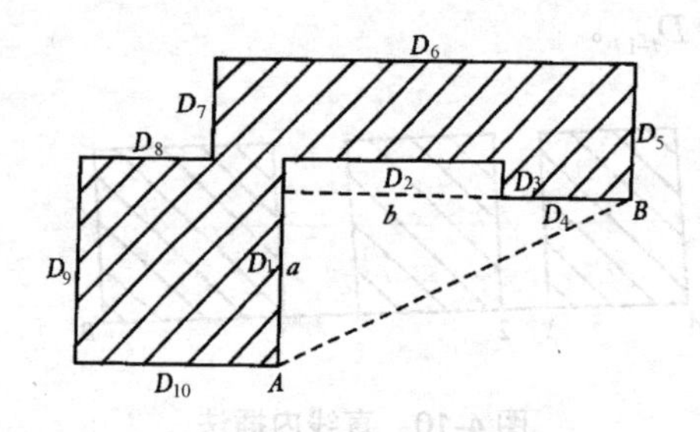

图 4-12　无定向直角折线法

设量距误差的比例因子为Q，则

$$Q=\frac{D_{AB}}{\sqrt{a^2+b^2}} \tag{4-18}$$

消除量距误差影响后，得

$$\left.\begin{aligned}X_i&=X_{i-1}+D_iQ\cdot\cos\alpha_i\\Y_i&=Y_{i-1}+D_i\cdot Q\sin\alpha_i\end{aligned}\right\} \tag{4-19}$$

当第一条边与已知边的夹角A小于90°时，

$$\alpha_1=\alpha_{AB}\pm\angle A$$

$$\angle A=\arctan\frac{b}{a}$$

$$\alpha_i=\alpha_{i-1}\pm 90^\circ$$

当第一条边与已知边的夹角A大于90°时，

$$\alpha_1=\alpha_{AB}\pm\angle A\pm 90^\circ$$

$$\angle A=\arctan\frac{a}{b}$$

$$\alpha_i=\alpha_{i-1}\pm 90^\circ$$

以上各式中，当i点为左折点时取“-”，为右折点时取“+”。

4.2.4　计算法

计算法一般不需要外业观测数据，仅利用图形的几何特性计算碎部点的坐标。

1. 矩形计算法

如图 4-13 所示，已知A,B,C三个房角点，求第四个房角点，可按式(4-20)计算得到：

$$\left.\begin{aligned}X_4&=X_A-X_B+X_C\\Y_4&=Y_A-Y_B+Y_C\end{aligned}\right\} \tag{4-20}$$

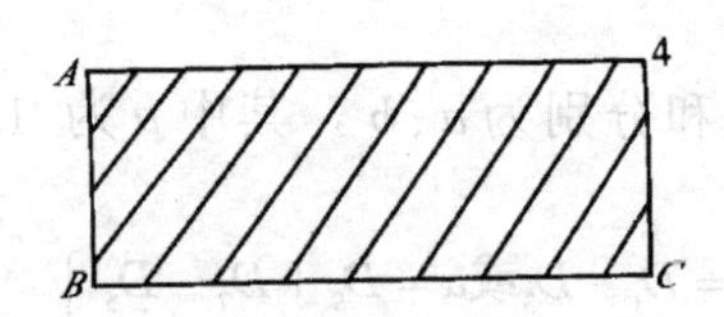

图 4-13　矩形计算法

2. 垂足计算法

如图 4-14 所示，已知碎部点 $A,B,1,2,3,4$，且 $11'\perp AB$，$22'\perp AB$，$33'\perp AB$，$44'\perp AB$，求$1',2',3',4'$各点，则可由式(4-21)计算得到各点坐标：

$$
\begin{aligned}
X_{i'} &= X_A + D_{Ai}\cos r_i \cos\alpha_{AB} \\
Y_{i'} &= Y_A + D_{Ai}\cos r_i \sin\alpha_{AB}
\end{aligned}
\tag{4-21}
$$

式中，$r_i = \alpha_{AB} - \alpha_{Ai}$。

平距 D_{ij} 和坐标方位角 α_{ij} 由坐标反算得到。

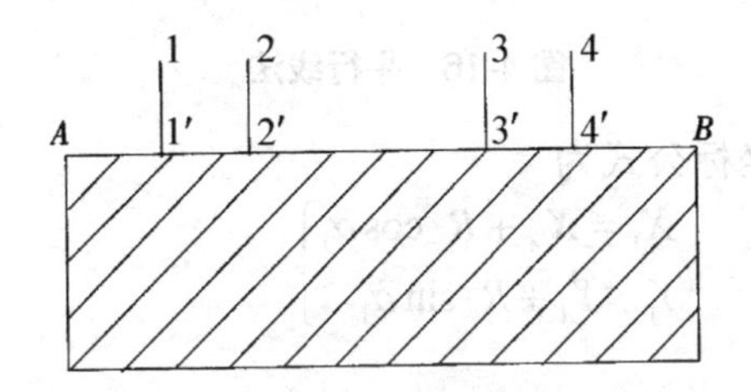

图 4-14 垂足计算法

使用此法确定规则建筑群内楼道口点、道路折点十分有利。

3. 直线相交法

如图 4-15 所示，A,B,C,D 为四个已知碎部点，且 AB 与 CD 相交于 i，则交点 i 的坐标为

$$
\left.
\begin{aligned}
X_i &= \frac{Y_C - Y_A + X_A\cdot k_1 - X_B\cdot X_B\cdot k_2}{k_1 - k_2} \\
Y_i &= Y_A + (X_i + X_A)k_1
\end{aligned}
\right\}
\tag{4-22}
$$

式中，$k_1 = \dfrac{Y_B - Y_A}{X_B - X_A}$，$k_2 = \dfrac{Y_D - Y_C}{X_D - X_C}$。

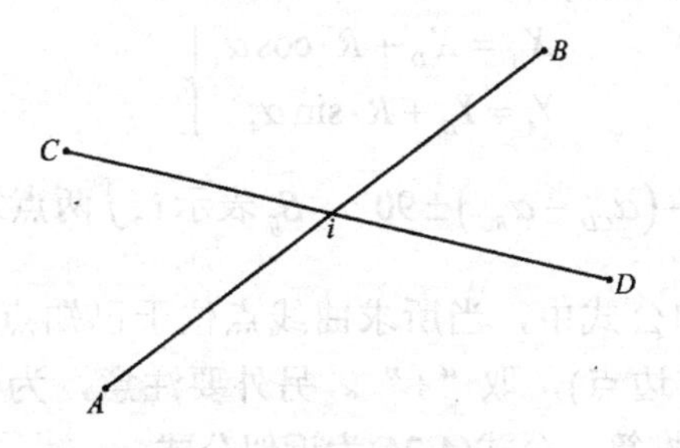

图 4-15 直线相交法

4. 平行线法

如图 4-16 所示，A,B,C,D,E 为曲线 AE 上的已知点，求与该线间距为 R 的曲线上 $1,2,3,4,5$ 各点的坐标。

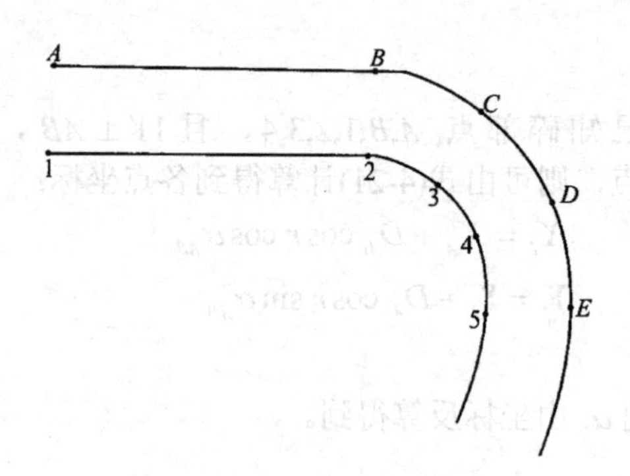

图 4-16　平行线法

① 对于直线部分，其坐标公式为

$$\left.\begin{aligned}X_1 &= X_A + R\cdot\cos\alpha_1\\ Y_1 &= Y_A + R\cdot\sin\alpha_1\end{aligned}\right\} \tag{4-23}$$

式中，$\alpha_1 = \alpha_{BA} \pm 90^\circ$。

$$\left.\begin{aligned}X_2 &= X_B + R\cdot\cos\alpha_2\\ Y_2 &= Y_B + R\cdot\sin\alpha_2\end{aligned}\right\} \tag{4-24}$$

式中，$\alpha_2 = \alpha_{AB} \pm 90^\circ$。

② 对于由直线过渡到曲线的第一个曲线点，坐标公式为

$$\left.\begin{aligned}X_3 &= X_C + R\cdot\cos\alpha_3\\ Y_3 &= Y_C + R\cdot\sin\alpha_3\end{aligned}\right\} \tag{4-25}$$

式中，$\alpha_3 = 2\alpha_{BC} - \alpha_{AB} \pm 90^\circ$。

③ 对于曲线上的其他点，如图 4-16 中的 4,5 两点，可分别由 B,C,D 求第 4 点，由 C,D,E 求第 5 点，依次类推。

例如求第 4 点坐标的公式为

$$\left.\begin{aligned}X_4 &= X_D + R\cdot\cos\alpha_4\\ Y_4 &= Y_D + R\cdot\sin\alpha_4\end{aligned}\right\} \tag{4-26}$$

式中，$\alpha_4 = \alpha_{CD} + \dfrac{S_{CD}}{S_{AC} + S_{CD}}\left(\alpha_{CD} - \alpha_{BC}\right) \pm 90^\circ$，$S_{ij}$ 表示 i , j 两点之间的距离。

上面各计算方位角的公式中，当所求曲线点位于已知点的左边时(称为左边点)，取“−”，在右边时(称为右边点)，取“+”。另外要注意，为了保证精度，对于曲线上的点，一定要由外侧向内侧推算。公式(4-26)为近似公式。

此法用于计算道路(尤其是弯道)另一侧点的坐标是十分便利的。

5. 对称点法

如图 4-17 所示是一轴对称地物，测出 $1,2,3,\cdots,7$ 和 A 点后，再测出 A 点的对称点 B，即可按式(4-27)分别求出各对称点 $1',2',3',\cdots,7'$ 的坐标。

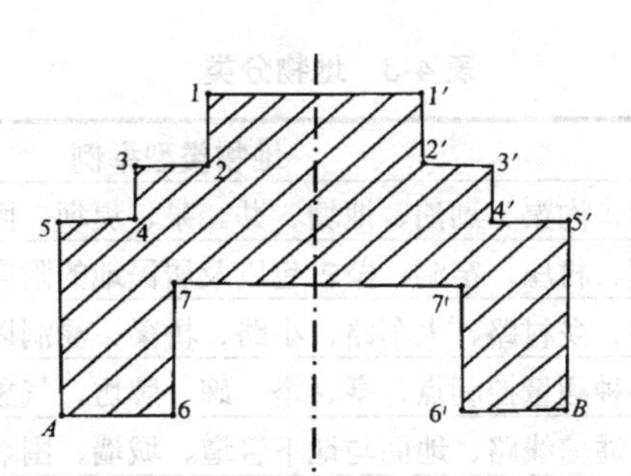

图 4-17　对称点法

$$\left.\begin{aligned} X_{i'} &= X_B + D_i \cdot \cos\alpha_i \\ Y_{i'} &= Y_B + D_i \cdot \sin\alpha_i \end{aligned}\right\} \tag{4-27}$$

式中，$D_i = \sqrt{\Delta X_{Ai}^{\ 2} + \Delta Y_{Ai}^{\ 2}}$；$\alpha_i = 2\alpha_{AB} - \alpha_{Ai} - 180°$。

许多人工地物的平面图形是轴对称图形，运用该法，可大量减少实测点。

6. 平移图形法

如图 4-18 所示，图形 B 与图形 A 全等且方位一致，若已知图形 A 上各点和图形 B 上一个点(如1′)的坐标，就可根据式(4-28)求得图形 B 上各点的坐标。

$$\left.\begin{aligned} X_{i'} &= X_{1'} - X_1 + X_i \\ Y_{i'} &= Y_{1'} - Y_1 + Y_i \end{aligned}\right\} \tag{4-28}$$

该方法用于确定规则建筑群的位置非常有利。

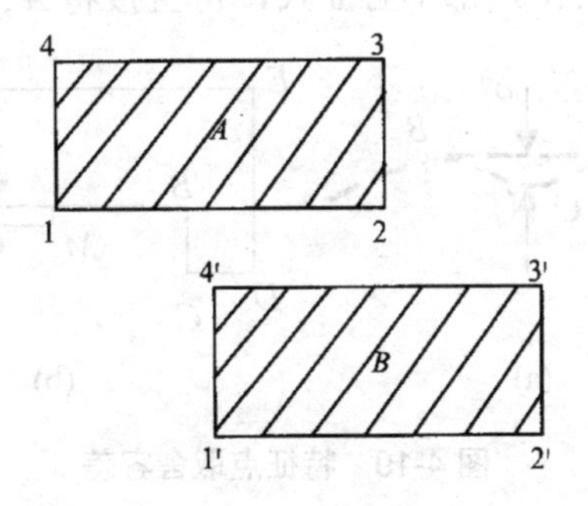

图 4-18　平移图形法

4.3　地物和地貌测绘

4.3.1　地物测绘

地物即地球表面上自然和人造的固定性物体，它与地貌一起总称地形。地物可分为表 4-3 所示的几种类型。

表 4-3　地物分类

地物类型	地物类型举例
水系	江河、运河、沟渠、湖泊、池塘、井、泉、堤坝、闸等及其附属建筑物
居民地	城市、集镇、村庄、窑洞、蒙古包以及居民地的附属建筑物
道路网	铁路、公路、乡村路、大车路、小路、桥梁、涵洞以及其他道路附属建筑物
独立地物	三角点等各种测量控制点、亭、塔、碑、牌坊、气象站、独立石等
管线与垣墙	输电线路、通信线路、地面与地下管道、城墙、围墙、栅栏、篱笆等
境界与界碑	国界、省界、县界及其界碑等
土质与植被	森林、果园、菜园、耕地、草地、沙地、石块地、沼泽等

地物在地形图上表示的原则如下：

凡是能依比例尺表示的地物，则将它们水平投影位置的几何形状相似地描绘在地形图上，如房屋、双线河流、运动场等。或是将它们的边界位置表示在图上，边界内再绘上相应的地物符号，如森林、草地、沙漠等。

对于不能依比例尺表示的地物，在地形图上是以相应的地物符号表示在地物的中心位置，如水塔、烟囱、单线道路、单线河流等。

地物测绘主要是测定地物形状的特征点。所谓地物特征点就是能够反映地物形状的外轮廓上的转折点，或能表示地物位置中心的轴线上的点。测绘地物时应根据地形图图式的要求合理选择地物的特征点。地物轮廓线不外乎折线和曲线，选择特征点时，并不是特征点选得越密越好，通常只要求两特征点的连线与该地物实际轮廓线之间的最大偏差限制在图上的 0.4mm 以内即可。如图 4-19 所示，若(最大偏差)δ小于图上的 0.4mm，则图 4-19(a)中的C点和图 4-19(b)中的M,N点都不必立尺，可直接将A,B连成直线。

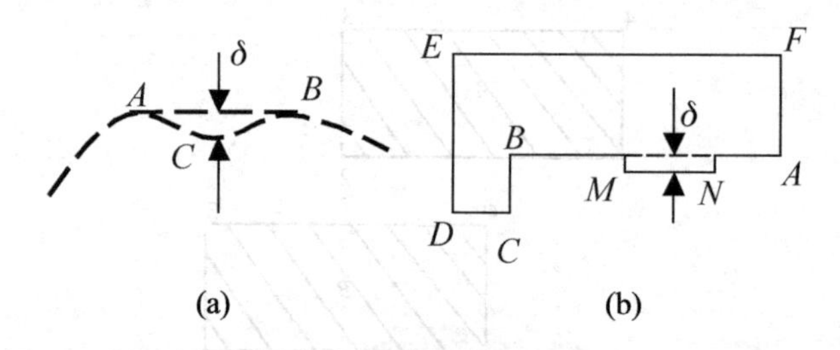

图 4-19　特征点取舍容差

4.3.2　地貌测绘

测绘地貌与测绘地物一样，首先要确定地貌特征点，然后连接地性线，便得到地貌整个骨架的基本轮廓，再对照实地并考虑等高线的性质描绘出等高线。地貌特征点是指山顶、鞍部、山脊、山谷的地形变换点，山坡倾斜变换点，山脚地形变换点，悬崖、陡壁的边缘点等。

地貌测绘的步骤如下。

1. 测定地貌特征点

地貌特征点的测绘方法可以根据测绘用的仪器、地形条件合理选择，一般采用极坐标

法或交会法。特征点在图上的位置用小点表示，并在小点的旁边注记高程，也可以以特征点的位置为高程的小数点。

2. 连接地性线

测定了地貌特征点后，必须先连接地性线，然后描绘等高线。通常以实线连山脊线，虚线连山谷线。地性线的连接情况与实地是否相符，会直接影响等高线的逼真程度，所以地性线应随着碎部点的陆续测定而随时连接，如图 4-20 所示。

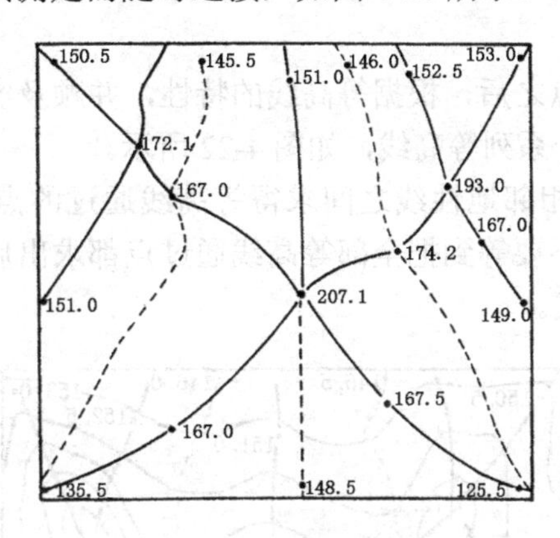

图 4-20　连接地性线

3. 求等高线的通过点

接下来，求等高线的通过点在同一坡度的相邻点之间，内插出等高线通过的点，如图 4-21(a)所示。内插方法可以采用解析法和目估法。如图 4-21(b)所示，设地性线端点 A, B 的高程分别为 42.7m 和 47.6m，设等高距为 1m，则 A, B 两点间必然有高程为 43m,44m,45m, 46m,47m 的五条等高线通过。假设 AB 间的坡度是均匀的，AB 两点的高差为 4.9m，AB 在图上的长度为 49mm，则 A 点到 43m 等高线的高差为 0.3m，B 点到 47m 的等高线的高差为 0.6m，A 点到 43m 等高线和 B 点到 47m 等高线的距离 x_1 和 x_2 可根据相似三角形原理计算：

$$x_1 = (49 \times 0.3) / 4.9 = 3\text{mm}$$

$$x_2 = (49 \times 0.6) / 4.9 = 6\text{mm}$$

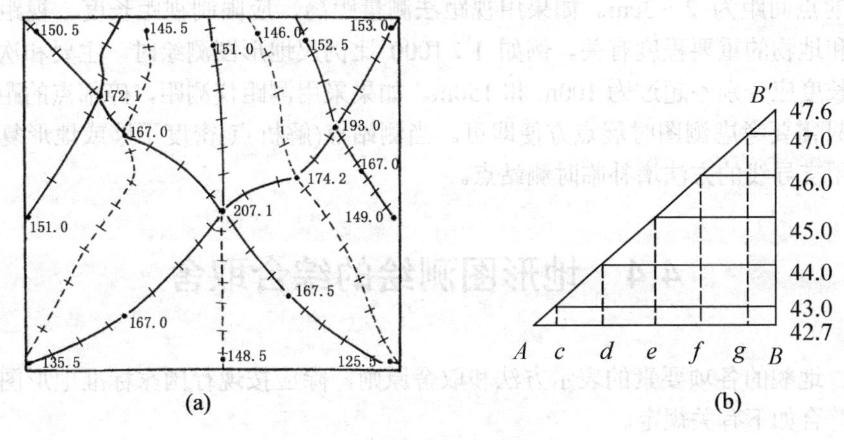

图 4-21　等高线通过点的内插

根据 x_1，x_2 可在 AB 直线上截取 43m 和 47m 等高线所通过的点 c 和点 g，然后再将 c，g 两点之间的距离四等分，就可得到 44m、45m、46m 等高线所通过的点 d、e、f。

实际作业时，如果用解析方法来确定等高线通过的点，就相当麻烦和费时。往往采用目估内插法来确定等高线通过的点。方法是先目估确定靠近两端点等高线通过的点，然后在所确定的等高线点之间目估等分其他等高线通过的点。这种方法十分简单和迅速，但初学者不易掌握，要反复练习，才能熟练、准确。

4. 勾绘等高线

确定了等高线通过的点之后，根据等高线的特性，并顾及实际地貌用光滑曲线连接相邻同高程的各点，便得到一系列等高线，如图 4-22 所示。

值得注意的是，在两相邻地性线之间求得等高线通过的点之后，应立即根据实地情况，将同高的点连起来。不要等到把全部等高线通过点都求出后再勾绘等高线，应该边求等高线通过点边勾绘等高线。

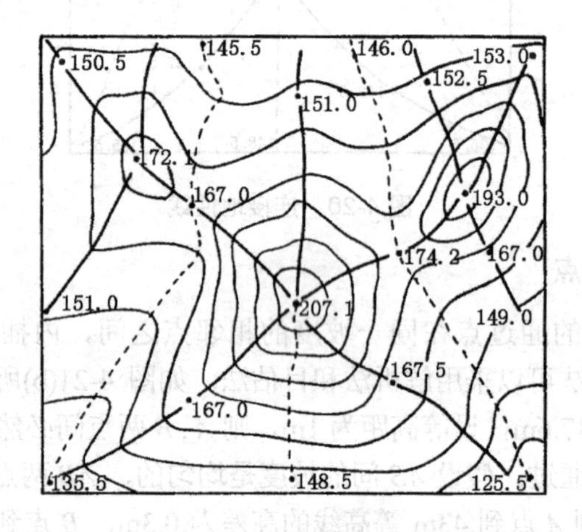

图 4-22　勾绘等高线

在测绘地形图时，除了要考虑地形特征点本身的因素外，还应考虑地形点的密度和最大视距。地形点过密或过稀不仅会使勾绘等高线困难，而且不利于准确表示地貌。一般要求在图上的点间距为 2～3cm。如果用视距法测量距离，应限制视距长度。视距长度与测图比例尺和地物的重要程度有关。例如 1∶1000 比例尺地形图测绘时，主要和次要地物的最大视距长度应分别不超过为 100m 和 150m。如果采用测距仪测距，碎部点的距离一般没有限制，只需要考虑测图时展点方便即可。当测站点(解析点)密度不够或地形复杂和隐蔽时，可采用支导线的方法增补临时测站点。

4.4　地形图测绘的综合取舍

地物、地貌的各项要素的表示方法和取舍原则，除应按现行国家标准地形图图式执行外，还应符合如下有关规定。

1. 测量控制点测绘

测量控制点是测绘地形图和工程测量施工放样的主要依据，在图上应精确表示。各等级平面控制点、导线点、图根点、水准点，应以展点或测点位置作为符号的几何中心位置，按图式规定符号表示。

2. 居民地和垣栅的测绘

(1) 居民地的各类建筑物、构筑物及主要附属设施应准确测绘实地外围轮廓和如实反映建筑结构特征。

(2) 房屋的轮廓应以墙基外角为准，并按建筑材料和性质分类，注记层数。对于 1∶500 地形图，临时性房屋可舍去。

(3) 建筑物和围墙轮廓凸凹在图上小于 0.4mm，简单房屋小于 0.6mm 时，可用直线连接。

(4) 1∶500 比例尺测图，房屋内部天井宜区分表示。

(5) 测绘垣栅应类别清楚，取舍得当。城墙按城基轮廓依比例尺表示；围墙、栅栏、栏杆等可根据其永久性、规整性、重要性等综合考虑取舍。

(6) 台阶和室外楼梯长度大于图上 3mm，宽度大于图上 1mm 的应在图中表示。

(7) 永久性门墩、支柱大于图上 1mm 的依比例实测，小于图上 1mm 的测量其中心位置，用符号表示。重要的墩柱无法测量中心位置时，要量取并记录偏心距和偏离方向。

(8) 建筑物上突出的悬空部分应测量最外范围的投影位置，主要的支柱也要实测。

3. 交通及附属设施测绘

(1) 交通及附属设施的测绘，图上应准确反映陆地道路的类别和等级，附属设施的结构和关系；正确处理道路的相交关系及与其他要素的关系；正确表示水运和海运的航行标志，河流和通航情况及各级道路的通过关系。

(2) 公路与其他双线道路在图上均应按实宽依比例尺表示。公路应在图上每隔 15～20mm 注出公路技术等级代码，国道应注出国道路线编号。公路、街道按其铺面材料分为水泥、沥青、砾石、条石或石板、硬砖、碎石和土路等，应分别以砼、沥、砾、石、砖、碴、土等注记于图中路面上，铺面材料改变处应用点线分开。

(3) 路堤、路堑应按实地宽度绘出边界，并应在其坡顶、坡脚适当测注高程。

(4) 道路通过居民地不宜中断，应按真实位置绘出。高速公路应绘出两侧围建的栅栏(或墙)和出入口，注明公路名称。中央分隔带视用图需要表示。市区街道应将车行道、过街天桥、过街地道的出入口、分隔带、环岛、街心花园、人行道与绿化带绘出。

(5) 桥梁应实测桥头、桥身和桥墩位置，加注建筑结构。

(6) 大车路、乡村路、内部道路按比例实测，宽度小于图上 1mm 时只测路中线，以小路符号表示。

4. 管线测绘

(1) 永久性的电力线、电信线均应准确表示，电杆、铁塔位置应实测。当多种线路在同一杆架上时，只表示主要的。城市建筑区内电力线、电信线可不连线，但应在杆架处绘出线路方向。各种线路应做到线类分明，走向连贯。

(2) 架空的、地面上的、有管堤的管道均应实测，分别用相应符号表示，并注明传输物质的名称。当架空管道直线部分的支架密集时，可以适当取舍。地下管线检修井宜测绘表示。

(3) 污水篦子、消防栓、阀门、水龙头、电线箱、电话亭、路灯、检修井均应实测中心位置，以符号表示，必要时标注用途。

5. 水系测绘

(1) 江、河、湖、水库、池塘、泉、井等及其他水利设施，均应准确测绘表示，有名称的加注名称。根据需要可测注水深，也可用等深线或水下等高线表示。

(2) 河流、溪流、湖泊、水库等水涯线，按测图时的水位测定，当水涯线与陡坎线在图上投影距离小于 1mm 时以陡坎线符号表示。河流在图上宽度小于 0.5mm、沟渠在图上宽度小于 1mm(1∶2000 在形图上小于 0.5mm)的用单线表示。

(3) 水位高及施测日期视需要测注。水渠应测注渠顶边和渠底高程；时令河应测注河床高程；堤、坝应测注顶部及坡脚高程；池塘应测注塘顶边及塘底高程；泉、井应测注泉的出水口与井台高程，并根据需要注记井台至水面的深度。

6. 地貌和土质的测绘

(1) 地貌和土质的测绘，图上应正确表示其形态、类别和分布特征。

(2) 自然形态的地貌宜用等高线表示，崩塌残蚀地貌、坡、坎和其他特殊地貌应用相应符号或用等高线配合符号表示。

(3) 各种天然形成和人工修筑的坡、坎，其坡度在 70° 以上时表示为陡坎，70° 以下时表示为斜坡。斜坡在图上投影宽度小于 2mm，以陡坎符号表示。当坡、坎比高小于 1/2 基本等高距或在图上长度小于 5mm 时，可不表示，坡、坎密集时，可以适当取舍。

(4) 梯田坎坡顶及坡脚宽度在图上大于 2mm 时，应实测坡脚。当 1∶2000 比例尺测图梯田坎过密，两坎间距在图上小于 5mm 时，可适当取舍。梯田坎比较缓且范围较大时，可用等高线表示。

(5) 坡度在 70° 以下的石山和天然斜坡，可用等高线或用等高线配合符号表示。独立石、土堆、坑穴、陡坡、斜坡、梯田坎、露岩地等应在上下方分别测注高程或测注上(或下)方高程及量注比高。

(6) 各种土质按图式规定的相应符号表示，大面积沙地应用等高线加注记表示。

7. 植被的测绘

(1) 地形图上应正确反映出植被的类别特征和范围分布。对耕地、园地应实测范围，配置相应的符号表示。大面积分布的植被在能表达清楚的情况下，可采用注记说明。同一地段生长有多种植物时，可按经济价值和数量适当取舍，符号配置不得超过三种(连同土质符号)。

(2) 旱地包括种植小麦、杂粮、棉花、烟草、大豆、花生和油菜等的田地，经济作物、油料作物应加注品种名称。有节水灌溉设备的旱地应加注“喷灌”、“滴灌”等。一年分几季种植不同作物的耕地，应以夏季主要作物为准配置符号表示。

(3) 田埂宽度在图上大于 1mm 的应用双线表示，小于 1mm 的用单线表示。田块内应测注有代表性的高程。

8. 注记

(1) 要求对各种名称、说明注记和数字注记准确注出。图上所有居民地、道路、街巷、山岭、沟谷、河流等自然地理名称，以及主要单位等名称，均应调查核实，有法定名称的应以法定名称为准，并应正确注记。

(2) 地形图上高程注记点应分布均匀，丘陵地区高程注记点间距为图上 2～3cm。

(3) 山顶、鞍部、山脊、山脚、谷底、谷口、沟底、沟口、凹地、台地、河川湖池岸旁、水涯线上以及其他地面倾斜变换处，均应测高程注记点。

(4) 基本等高距为 0.5m 时，高程注记点应注至厘米；基本等高距大于 0.5m 时可注至分米。

9. 地形要素的配合

(1) 当两个地物中心重合或接近，难以同时准确表示时，可将较重要的地物准确表示，次要地物移位 0.3mm 或缩小 1/3 表示。

(2) 独立性地物与房屋、道路、水系等其他地物重合时，可中断其他地物符号，间隔 0.3mm，将独立性地物完整绘出。

(3) 房屋或围墙等高出地面的建筑物，直接建筑在陡坎或斜坡上且建筑物边线与陡坎上沿线重合的，可用建筑物边线代替坡坎上沿线；当坎坡上沿线距建筑物边线很近时，可移位间隔 0.3mm 表示。

(4) 悬空建筑在水上的房屋与水涯线重合，可间断水涯线，房屋照常绘出。

(5) 水涯线与陡坎重合，可用陡坎边线代替水涯线；水涯线与斜坡脚线重合，仍应在坡脚将水涯线绘出。

(6) 双线道路与房屋、围墙等高出地面的建筑物边线重合时，可以建筑物边线代替路边线，道路边线与建筑物的接头处应间隔 0.3mm。

(7) 地类界与地面上有实物的线状符号重合，可省略不绘；与地面无实物的线状符号(如架空管线、等高线等)重合时，可将地类界移位 0.3mm 绘出。

(8) 等高线遇到房屋及其他建筑物，双线道路、路堤、路堑、坑穴、陡坎、斜坡、湖泊、双线河以及注记等均应中断。

(9) 当图式符号不能满足测区内测图要求时，可自行设计新的符号，但应在图廓外注明。

实训任务——经纬仪测绘法

1. 实训目的

(1) 掌握碎部测量的基本原理；

(2) 熟悉并掌握经纬仪测绘法的基本过程和步骤。

2. 内容与步骤

此实训主要训练经纬仪测绘法的使用，其示意图如图 4-23 所示。

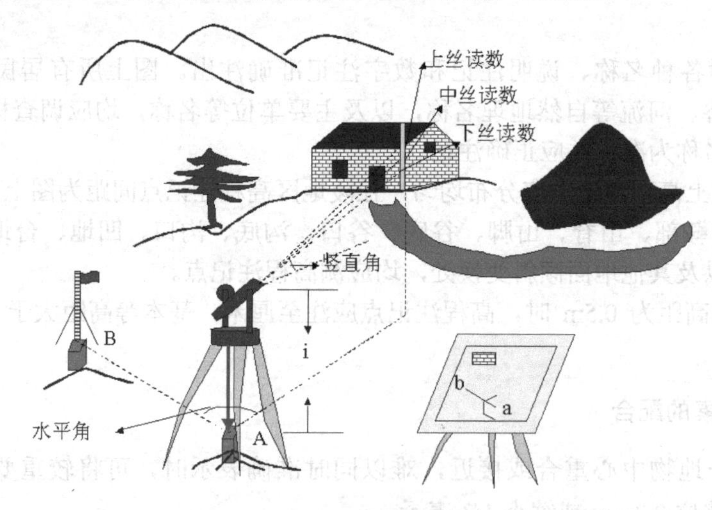

图 4-23 经纬仪测绘法

(1) 如图 4-23 所示，首先将经纬仪置于观测站 *A* 上，对中、整平、量仪器高，以后视附近的一个控制点 *B* 作为起始方向(零方向)。

(2) 小平板置于观测站附近的任意位置，固定测图板，在图上测站点位置插绣花针，并将量角器圆心小孔套在针上，画出测站点至后视点的方向线。

(3) 经纬仪观测碎部点的水平角、立角、视距。

(4) 计算碎部点高程和碎部点至测站点的水平距离。

(5) 用量角器和比例尺，按水平角、水平距离刺点，标注高程。

(6) 重复(3)、(4)、(5)操作，完成其他碎部点测量。

(7) 检查后视方向是否变动，勾绘，巡视检查，本站测量结束。

3. 提交成果

绘制局部地区大比例尺地形简图。

思 考 题

1. 什么是碎部测量？其实质是什么？

2. 常见的碎部点测量方法有哪些？极坐标法测量的原理是什么？

3. 欲测定一房屋角点，由于其附近(3m 内)有障碍物，不能用极坐标法直接测定，可用什么方法测定？

4. 勘丈法包括哪几种作业方法？计算法主要有哪几种方法？如何测算？
5. 地形图上各要素配合表示应遵循什么原则？
6. 简述经纬仪测绘法在一个测站测绘地形图的工作步骤。
7. 简述地貌测绘的基本步骤？

第5章 全站仪野外数据采集

学习目标

掌握全站仪野外数据采集的方法；熟悉草图法的工作流程及草图的绘制方法；了解常见的数据编码方案；掌握简单地物的编码方法；熟悉图形信息码的输入方式。

野外数据采集仪采集碎部点的位置是不能满足计算机自动成图要求的，还必须将地物点的连接关系和地物属性信息记录下来。全站仪野外数据采集模式是用全站仪在野外测量地形特征点的点位，用电子手簿(或内存储器)记录测点的定位信息，用草图或简码记录其他绘图信息，到室内将测量数据传输到计算机，经人机交互编辑成图。

全站仪野外数据采集分为无码作业和有码作业，有码作业需要现场输入野外操作码，无码作业现场不需要输入数据编码，而用草图记录绘图信息，绘草图人员在镜站把所测点的属性及连接关系在草图上反映出来，以供内业处理、图形编辑时用。

5.1 草 图 法

5.1.1 草图法概述

如图 5-1 所示，草图法作业模式就是在全站仪采集数据的同时，绘制观测草图，记录所测地物的形状并注记测点顺序号，内业将观测数据输入至计算机，在测图软件的支持下，对照观测草图进行测点连线及图形编辑。此作业法通常需要一个有较强业务能力的人绘制观测草图，野外采集数据的特点是速度快，作业时间短、效率高。

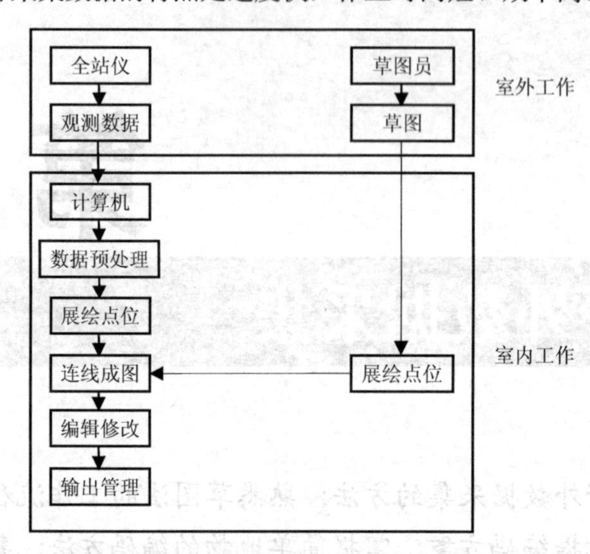

图 5-1 草图法工作流程图

5.1.2 草图法野外数据采集步骤

在用草图法进行野外数据采集之前，应做好充分的准备工作。主要包括两个方面：一是仪器工具的准备，二是图根点成果资料的准备。

仪器工具方面的准备通常有：全站仪、三脚架、棱镜、对中杆、备用电池、充电器、数据线、钢尺(或皮尺)、小钢卷尺(量仪器高用)、记录用具、对讲机、测伞等。同时对全站仪的内存进行检查，确认有足够的内存空间，如果内存不够则需要删除一些无用的文件。

若全部文件无用，可将内存初始化。

图根点成果资料的准备主要是备齐所要测绘范围内的图根点的坐标和高程成果表，必要时也可先将图根点的坐标高程成果传输到全站仪中，需要时调用即可。

全站仪草图法测图时野外数据采集的步骤可归纳如下：

(1) 在高等级控制点或图根点上安置全站仪，完成仪器的对中和整平。

(2) 量取仪器高。

(3) 全站仪开机，完成照明设置，气象改正，加常数改正，乘常数改正，棱镜常数设置、角度和距离测量模式设置等。

(4) 进入全站仪的数据采集菜单，输入数据文件名。

(5) 进入测站点数据输入子菜单，输入测站点的坐标和高程(或从已有数据文件中调用)，输入仪器高。

(6) 进入后视点数据输入子菜单，输入后视点坐标、高程或方位角(或从已有数据文件中调用)，并在作为后视点的已知图根点上立棱镜进行定向。

(7) 进入前视点坐标、高程测量子菜单，将已知图根点当作碎部点进行检核，确认各项设置正确后，方可开始测量碎部点。

(8) 领尺员指挥跑尺员跑棱镜，观测员操作全站仪，并输入第一个立镜点的点号，按键进行测量，以采集碎部点的坐标和高程，第一点数据测量保存后，全站仪屏幕自动显示下一立镜点的点号。

(9) 依次测量其他碎部点。

(10) 领尺员绘制草图，直到本测站全部碎部点测量完毕。在一个测站上所有的碎部点测完后，要找一个已知点重测进行检核，以检查施测过程中是否存在误操作、仪器碰动或出故障等原因造成的错误。

(11) 全站仪搬到下一站，再重复上述过程。

野外数据采集，由于测站离测点可以比较远，观测员与立镜员或领尺员之间的联系离不开对讲机，测站与测点两处作业人员必须时时联络。观测完毕，观测员要及时将测点点号告知领图员或记录员，使草图标注的点号或记录手簿上的点号与仪器观测点号一致。若两者不一致，应查找原因，及时更正。

在野外采集时，能测到的点要尽量测，实在测不到的点可利用皮尺或钢尺量距，将丈量结果记录在草图上；室内用交互编辑方法成图或利用电子手簿的量算功能，及时计算这些直接测不到点的坐标。

若只使用全站仪内存记录，采集数据主要使用极坐标法，再在草图上记录一部分勘丈数据；若使用电子手簿记录，可充分利用电子手簿的测、量、算功能，尽可能多地测量碎部点，以满足内业绘图需要。

在进行地貌采点时，可以用一站多镜的方法进行。一般在地性线上要有足够密度的点，特征点也要尽量测到。例如在山沟底测一排点，也应该在山坡边再测一排点，这样生成的等高线才真实。测量陡坎时，最好坎上坎下同时测点或准确记录坎高，这样生成的等高线才没有问题。在其他地形变化不大的地方，可以适当放宽采点密度。

5.1.3 草图绘制

目前大多数数字测图系统在野外进行数据采集时，都要求绘制较详细的草图。如果测区有相近比例尺的地图，则可利用旧图或影像图并适当放大复制，裁成合适的大小(如 A4 幅面)作为工作草图。在这种情况下，作业员可先进行测区调查，对照实地将变化的地物反映在草图上，同时标出控制点的位置，这种工作草图也可以起到工作计划图的作用。

在没有合适的地图可作为工作草图的情况下，应在数据采集时绘制工作草图。工作草图应绘制地物的相关位置、地貌的地性线、点号、丈量距离记录、地理名称和说明注记等。草图可按地物的相互关系分块绘制，也可按测站绘制，地物密集处可绘制局部放大图。草图上点号标注应清楚正确，并与全站仪内存中记录的点号建立起一一对应的关系，如图 5-2 所示。

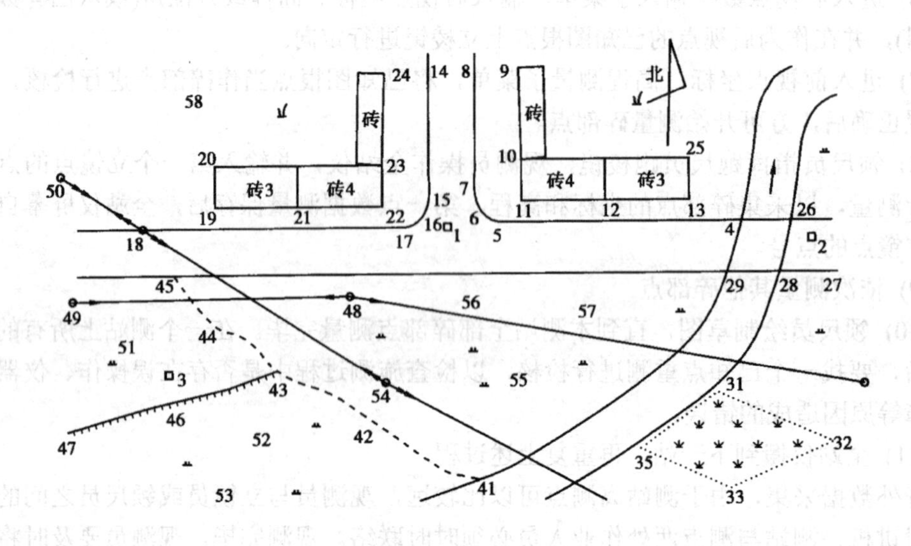

图 5-2　草图局部

1. 绘图前的准备

在草图法大比例尺数字测图过程中，草图绘制是一项很重要的工作。在外业每天测量的碎部点很多，凭测量人员的记忆是不能够完成内业成图的，所以必须在测绘过程中正确地绘制草图。

绘制草图时的准备工作主要有两个方面。一是绘图工具的准备，如铅笔、橡皮、记录板、直尺等。二是纸张的准备，如果测区内有旧的地形图(平面图)的蓝晒图或复印图，或者有航片放大的影像图，就可将它们作为工作底图。

2. 绘图方法

进入测区后，领尺(镜)员首先对测站周围的地形、地物分布情况大概看一遍，认清方向，绘制含有主要地物、地貌的工作草图(若在原有的旧图上标明会更准确)，为便于观测，在草图上标明所测碎部点的位置及点号。

草图法是一种“无码作业”的方式，在测量一个碎部点时，不用在电子手簿或全站仪里输入地物编码，其属性信息和位置信息主要是在草图上用直观的方式表示出来。所以在跑尺员跑尺时，绘制草图的人员要标注出所测的是什么地物(属性信息)及记下所测的点号(位置信息)。在测量过程中，绘制草图的人员要和全站仪操作人员随时联系，使草图上标注的点号和全站仪里记录的点号一致。草图的绘制要遵循清晰、易读，相对位置准确，比例一致的原则。

当然，数字测图过程的草图绘制也不是一成不变的，可以根据自己的习惯和理解绘图。不必拘泥于某种形式，只要能够保证正确地完成内业成图即可。

5.2 编　码　法

5.2.1 数据编码概述

为了实现自动绘图，编码法往往需要在现场输入数据编码。这种用来表示地物属性和连接关系等信息的有一定规则的符号串称为数据编码。数据编码要考虑的问题很多，如要满足计算机成图的需要，野外输入要简单、易记，便于成果资料的管理与开发。编码设计得好坏会直接影响外业数据采集的难易、效率和质量，而且对后续地形(地籍)资料的交换、管理、使用和建立地理信息资料库都会产生很大的影响。

数据编码的基本内容包括：地物要素编码(或称地物特征码、地物属性码、地物代码)、连接关系码(或称连接点号、连接序号、连接线型)、面状地物填充码等。数字测图系统内的数据编码一般在6～11位，有的全部用数字表示，有的用数字、字符混合表示。

《大比例尺地形图机助制图规范》(GB 14912—1994)规定，野外数据采集编码的总形式为“地形码+信息码”。地形码是表示地形图要素的代码。地形码可采用《1∶500，1∶1000，1∶2000 地形图要素分类与代码》(GB 14804—1993)标准中相应的代码，也可采用汉语拼音速写码、键盘菜单以及混合编码等。当采用非标准编码形式时，经计算机处理后，要转换为符合 GB 14804—1993 规定的地形图要素的代码。按照 GB14804—1993，地形图要素分为 9 个大类：测量控制点、居民地和垣栅、工矿建(构)筑物及其他设施、交通及附属设施、管线及附属设施、水系及附属设施、境界、地貌和土质、植被。地形图要素代码由四位数字码组成，从左到右，第一位是大类码，用 1～9 表示，第二位是小类码，第三、四位分别是一、二级代码。由于国标推出比较晚，目前使用的测图系统仍然采用以前各自设计的编码方案，如果要转换为GB14804—1993 规定的编码则通过转换程序进行编码转换。

信息码用于表示某一地形要素测点与测点之间的连接关系。随着数据采集的方式不同，其信息编码的方法各不相同。无论采用何种信息编码，都应遵循有利于计算机对所采集的数据进行处理和尽量减少中间文件的原则。

5.2.2 数据编码方案

目前测绘行业使用的数字测图系统的数据编码方案较多，从结构和输入方式上区分，主要有全要素编码、块结构编码、简编码和二维编码。

1. 全要素编码

全要素编码要求对每个碎部点都要进行详细的说明。全要素编码通常是由若干个十进制数组成。其中每一位数字都按层次分，都具有特定的含义。首先参考图式符号，将地形要素分类。如：1 代表测量控制点；2 代表居民地；3 代表独立地物；4 代表道路；5 代表管线和垣栅；6 代表水系；7 代表境界；8 代表地貌；9 代表植被。然后，再在每一类中进行次级分类，如居民地：01 代表一般房屋；02 代表简单房屋；03 代表特种房屋；等等。另外，再加上类序号(测区内同类地物的序号)、特征点序号(同一地物中特征点连接序号)。如某一碎部点的编码为 20101503，各位数字的含义如下。

第一位数字(2)表示地形要素分类；

第二、第三位数字(01)表示地形要素次级分类；

第四、第五、第六位数字(015)表示类序号；

第七、第八位数字(03)表示特征点序号。

这种编码方式的优点是各点编码具有唯一性，计算机易识别与处理，但外业编码输入较困难，目前很少使用。

2. 块结构编码

块结构编码将整个编码分成点号、地形编码、连接点和连接线型等几部分分别输入。清华山维的 EPSW 测绘系统就是采用这种数据编码。

1) 地形编码

地形编码是参考图式的分类，用 3 位整数将地形要素分类编码。每一个地形要素都赋予一个编码，使编码和图式符号一一对应。如：100 代表测量控制点类；104 代表导线点；200 代表居民地类，又代表坚固房屋；210 代表建筑中的房屋。表 5-1 为部分编码举例。

表 5-1　部分编码举例

编　码	名　称	编　码	名　称
100	天文点	200	一般房屋
101	三角点	201	一般房屋(混凝土)
102	小三角点	202	一般房屋(砖)
103	土堆上三角点	207	简单房屋
104	土堆上小三角点	209	特种房屋
105	导线点	…	…
106	埋石图根点		
107	小埋石图根点		
108	水准点		

由于 3 位编码中的第一位代表大类，每一大类中的符号编码不能多于 99 个。而符号

最多的第 7 类(水系及附属设施)，却有 130 多个。符号最少的第一类(控制点)只有 9 个。此外，测图系统中，一些特殊的线、层等也需要设系统编码；一些制作符号的图元及线型(虚线、点画线……)也需要设编码。因此，在实际测图软件的编码系统中，为了用三位编码概括以上需要，在上述十大类的基础上又做了适当的调整。如在 EPSW 系统中，水系及附属设施的编码就分为两段，由 700～799；再由 850～899。1 类控制点的编码少，就将植被放在 1 类编码中，编码为 120～189，而将绘制符号的图元都放在 0 类。这样每个地物符号都对应一个 3 位地形编码。

对于测量人员，使用编码的主要障碍是难记，但对数字测图及其应用来讲，不论用什么方式、方法，地物编码系统是绝对必要的，编码是计算机自动识别地物的唯一途径。为解决这一矛盾，EPSW 系统采用了“无记忆编码”输入法。即将每一个地物编码和它的图式符号及汉字说明都编写在一个图块里，形成一个图式符号编码表(分主次页)，使用时，只要用鼠标或光笔选取所要的符号，其编码就自动送入测量记录中，用户无须记忆编码，随时可以查找。

数字测图的三位地形编码已被广为应用，但数字地图要为 GIS 服务，GIS 要为各行各业经济、社会管理和规划设计服务，所以，要综合考虑测图与建库等方方面面，尤其对 GIS 来讲，三位编码远远不够，也不十分规则。数字图的编码如何适应 GIS 的要求，如何形成统一的国标，还有待进一步的探讨。

2) 连接信息

连接信息可分解为连接点和连接线型。

当测点是独立地物时，只要用地形编码来表明它的属性，如地形编码为 218，即知道这个地物是蒙古包，应该用符号“⌓”来表示。如果测的是一个线状或面状地物，这时需要明确本测点与哪个点相连，以什么线型相连，才能形成一个地物。如图 5-3 所示的建筑物，测 2 点须与 1 点以直线相连，3 点须与 2 点直线相连，5 点与 4 点、4 点与 3 点则以圆弧相连(圆弧至少需测 3 个点才能绘出)，5 点与 1 点以直线相连。有了点位、编码，再加上连接信息，就可以正确地绘出建筑物(地物)了。

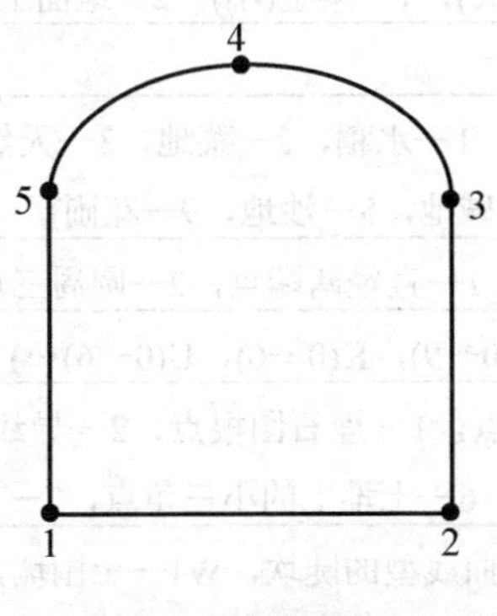

图 5-3　线型相连

为了便于计算机的自动识别和输入，在 EPSW 中规定：1 为直线；2 为曲线；3 为圆弧；空为独立点。连接线只有 4 种，一般是容易区别和记忆的，有时圆或曲线不容易分辨，均可以用曲线处理、对绘图影响不大。

3. 简编码

简编码就是在野外作业时仅输入简单的提示性编码，经内业识别自动转换为程序内部码。CASS 系统的有码作业是一个典型的简编码输入方案，其野外操作码(也称为简码或简编码)具体可区分为类别码、关系码和独立符号码 3 种，每种只由 1～3 字符组成。其形式简单、规律性强，无须特别记忆，并能同时采集测点的地物要素和拓扑关系码。它也能够适应多人跑尺(镜)、交叉观测不同地物等复杂情况。

1) 类别码

如表 5-2 所示，类别码有 1~3 位，第一位是英文字母，大小写等价，它的后面是范围为 0～99 的数字。类别码后面可跟参数，如野外操作码不到 3 位，与参数间应有连接符“-”，如有 3 位，后面可紧跟参数，参数有下面几种：控制点的点名；房屋的层数；陡坎的坎高等。

表 5-2　类别码符号及含义

类　型	符号码及含义
坎类(曲)	K(U) ＋ 数(0—陡坎，1—加固陡坎，2—斜坡，3—加固斜坡，4—垄，5—陡崖，6—干沟)
线类(曲)	X(Q) ＋ 数(0—实线，1—内部道路，2—小路，3—大车路，4—建筑公路，5—地类界，6—乡、镇界，7—县、县级市界，8—地区、地级市界，9—省界线)
垣栅类	W ＋ 数(0,1—宽为 0.5 米的围墙，2—栅栏，3—铁丝网，4—篱笆，5—活树篱笆，6—不依比例围墙，不拟合，7—不依比例围墙，拟合)
铁路类	T ＋ 数(0—标准铁路(大比例尺)，1—标(小)，2—窄轨铁路(大)，3—窄(小)，4—轻轨铁路(大)，5—轻(小)，6—缆车道(大)，7—缆车道(小)，8—架空索道，9—过河电缆)
电力线类	D＋ 数 (0—电线塔，1—高压线，2—低压线，3—通信线)
房屋类	F ＋ 数 (0—坚固房，1—普通房，2—一般房屋，3—建筑中房，4—破坏房，5—棚房，6—简单房)
管线类	G＋ 数(0—架空(大)，1—架空(小)，2—地面上的，3—地下的，4—有管堤的)
植被土质	拟合边界
不拟合边界	H － 数(0—旱地，1—水稻，2—菜地，3—天然草地，4—有林地，5—行树，6—狭长灌木林，7—盐碱地，8—沙地，9—花圃)
圆形物	Y＋ 数(0—半径，1—直径两端点，2—圆周三点)
平行体	P＋(X(0—9)，Q(0—9)，K(0—6)，U(0—6)…)
控制点	C ＋ 数(0—图根点，1—埋石图根点，2—导线点，3—小三角点，4—三角点，5—土堆上的三角点，6—土堆上的小三角点，7—天文点，8—水准点，9—界址点)
例如：K0—直折线型的陡坎，U0—曲线型的陡坎，W1—土围墙，T0—标准铁路(大比例尺)，Y012.5—以该点为圆心半径为 12.5m 的圆	

2) 关系码

关系码(亦称连接关系码)，共有 4 种符号：“+”、“-”、“A$”和“P”配合起来描述测点间的连接关系。其中“+”表示连接线依测点顺序进行；“-”表示连接线依相反

方向顺序进行连接，“P”表示绘平行体；“A$”表示断点识别符，如表 5-3 所示。

表 5-3　连接关系码的符号及含义

符　号	含　义
+	本点与上一点相连，连线依测点顺序进行
–	本点与下一点相连，连线依测点顺序相反方向进行
n+	本点与上 n 点相连，连线依测点顺序进行
n–	本点与下 n 点相连，连线依测点顺序相反方向进行
p	本点与上一点所在地物平行
np	本点与上 n 点所在地物平行
+A$	断点标识符，本点与上点连
-A$	断点标识符，本点与下点连

“+”、“-”符号的意义：“+”、“-”表示连线方向。

1　2　2+　1 (F1)　　1　2　2–　1 (F1)

3) 独立符号码

对于只有一个定位点的独立地物，用 A××表示(见表 5-4)，如 A14 表示水井，A70 表示路灯等。

表 5-4　部分独立地物(点状地物)编码及符号含义

符号类别	编码及符号名称				
水系设施	A00 水文站	A01 停泊场	A02 航行灯塔	A03 航行灯桩	A04 航行灯船
	A05 左航行浮标	A06 右航行浮标	A07 系船浮筒	A08 急　流	A09 过江管线标
	A10 信号标	A11 露出的沉船	A12 淹没的沉船	A13 泉	A14 水　井
土质	A15 石　堆				
居民地	A16 学　校	A17 肥气池	A18 卫生所	A19 地上窑洞	A20 电视发射塔
	A21 地下窑洞	A22 窑	A23 蒙古包		
管线设施	A24 上水检修井	A25 下水雨水检修井	A26 圆形污水箅子	A27 下水暗井	A28 煤气天然气检修井

续表

符号类别	编码及符号名称				
管线设施	A29 热力检修井	A30 电信入孔	A31 电信手孔	A32 电力检修井	A33 工业、石油检修井
	A34 液体气体储存设备	A35 不明用途检修井	A36 消火栓	A37 阀门	A38 水龙头
	A39 长形污水箅子				
电力设施	A40 变电室	A41 无线电杆.塔	A42 电　杆		
军事设施	A43 旧碉堡	A44 雷达站			
道路设施	A45 里程碑	A46 坡度表	A47 路　标	A48 汽车站	A49 臂板信号机
独立树	A50 阔叶独立树	A51 针叶独立树	A52 果树独立树	A53 椰子独立树	
工矿设施	A54 烟　囱	A55 露天设备	A56 地　磅	A57 起重机	A58 探　井
	A59 钻　孔	A60 石油、天然气井	A61 盐　井	A62 废弃的小矿井	A63 废弃的平峒洞口
	A64 废弃的竖井井口	A65 开采的小矿井	A66 开采平峒洞口	A67 开采竖井井口	
公共设施	A68 加油站	A69 气象站	A70 路　灯	A71 照射灯	A72 喷水池
	A73 垃圾台	A74 旗　杆	A75 亭	A76 岗亭.岗楼	A77 钟楼.鼓楼.城楼
	A78 水　塔	A79 水塔烟囱	A80 环保监测点	A81 粮　仓	A82 风　车
	A83 水磨房、水车	A84 避雷针	A85 抽水机站	A86 地下建筑物天窗	

续表

符号类别	编码及符号名称				
宗教设施	A87 纪念像碑	A88 碑.柱.墩	A89 塑　像	A90 庙　宇	A91 土地庙
	A92 教　堂	A93 清真寺	A94 敖包.经堆	A95 宝塔.经塔	A96 假石山
	A97 塔形建筑物	A98 独立坟	A99 坟　地		

4. 二维编码

GB 14804—1993 规定的地形图要素代码只能满足制图的需要，不能满足 GIS 图形分析的需要。因此有些测图系统(如开思创力 SCS G2000 测图系统)在 GB 14804—1993 规定的地形要素代码的基础上进行了扩充，以反映图形的框架线、轴线、骨架线、标识点(Label 点)等。二维编码(亦称主附编码)对地形要素进行了更详细的描述，一般由 6～7 位代码组成。开思的 SCS G200X 测图系统就采用这种二维编码方案。

SCS G200X 系统的二维编码由 5 位主编码和 2 位附编码组成。主编码的 4 位为 GB 14804—1993 规定的地形要素代码，GB l4804—1993 不足 4 位的，用“0”补齐为整形码，主编码后 1 位代码是在 GB14804—1993 的基础上进一步细分类的码，无细分类时，用“0”补齐。附编码(第二维)为景观、图形数据分类代码，二维编码具体定义如下：

(1) 中间注有不按比例尺独立符号和按比例尺地物，其独立符号用“主编码+00”表示，范围边界用“主编码+01”表示。

(2) 有辅助设施的复杂符号，其特征定位线的编码为“主编码+00”，辅助设施符号编码为“主编码+02”。

(3) 有辅助描述符的复杂符号，其特征定位线的编码为“主编码+00”，辅助描述符编码为“主编码+03”。

(4) 表示某地物方向的箭头符号(如水流方向)，编码为“相应需表示方向的地物的主编码+04”。

(5) GIS 作网络分析，表示地物连通性的“双向轴线”(如道路准中心线)的编码为“轴线所描述地物的主编码+05”；表示地物连通性的“单向轴线”(如单行道的准中心线)的编码为“轴线所描述地物的主编码+06”。

(6) Label 点(标识点)均以一点在相应多边形区域中标示，其编码为“所描述多边形的主编码+07”；Label 点标示的多边形将自动提取至 Label 层(原多边形不变)，其编码与 Label 点一致(其区别为一个是点符，一个是线或面符)。

(7) 描述非封闭性面状地物的外形特征(骨架线)，程序生成该地物的框架线的编码为“描述对象的主编码+08”。

(8) 这些线状符号本身不能描述其特征线，程序将生成该符号的骨架线，骨架线的编码为“骨架线描述的地物的主编码+09”，符号本身视为辅助描述符。

(9) 有直接用线形描述的符号(该线即为符号的骨架线)，其编码为“主编码+00”。

(10) 有点符号(独立地物)编码为“主编码+00”。

(11) 文字注记的编码为“该文字说明的符号的主编码+99”。

(12) 框架线、轴线、骨架线、Label点分别作为一个图层管理，如表5-5所示。

表5-5 图层管理

类　　别	图 层 名
框架线	Bound
轴线	Axes
骨架线	Value
Label点与需建拓扑关系的多边形	Label

二维编码没有包含连接信息，连接信息码由绘图操作顺序反映。二维编码数位多，观测员很难记住这些编码，故SCS G2000测图系统的电子平板采用无码作业。测图时对照实地现场利用屏幕菜单和绘图专用工具或用鼠标提取地物属性编码，绘制图形。

5.2.3 图形信息码的输入

输入图形信息码是数字测图数据采集的一项重要工作，如果只有碎部点的坐标和高程，计算机处理时无法识别碎部点是哪一种地形要素以及碎部点之间的连接关系。因此要将测量的碎部点生成数字地图，就必须给碎部点记录输入图形信息码。

图形信息码的输入方式有两种：有码输入方式和无码输入方式。

1. 有码输入方式

有码输入方式就是在野外采集数据过程中直接输入编码，以便自动绘图。不同的测图系统，输入的方式不尽相同，下面重点介绍清华山维EPSW系统的编码输入和南方CASS系统的简码输入。

1) EPSW系统的编码输入

EPSW系统的编码输入，是采用笔记本电脑或PDA掌上电脑，在现场输入编码和连接信息，及时显示图形，这样可现场发现数据采集中的错误。

EPSW系统的编码输入有四种方法：

(1) 默认值，系统自动提取前一点的编码。

(2) 直接用键盘输入。

(3) 利用功能键“回忆”。

(4) 在编码编辑框中输入小写字母“a”，进入编码查询窗口，通过相应的符号图标或菜单逐级索引，在编码表中选择所要的编码，该编码自动进入编码框。

2) CASS系统的简码输入

当地物比较规整时，如图5-4所示，可以采用“简码法”模式，即在采集数据时，在输入点号的同时，输入野外操作码(简码)，连同坐标数据一并存入全站仪的内存中，回到室内后，将数据输入计算机即可自动成图。具体编码规则可参考CASS系统说明。与图5-4对应的各测点的简码如表5-6所示。

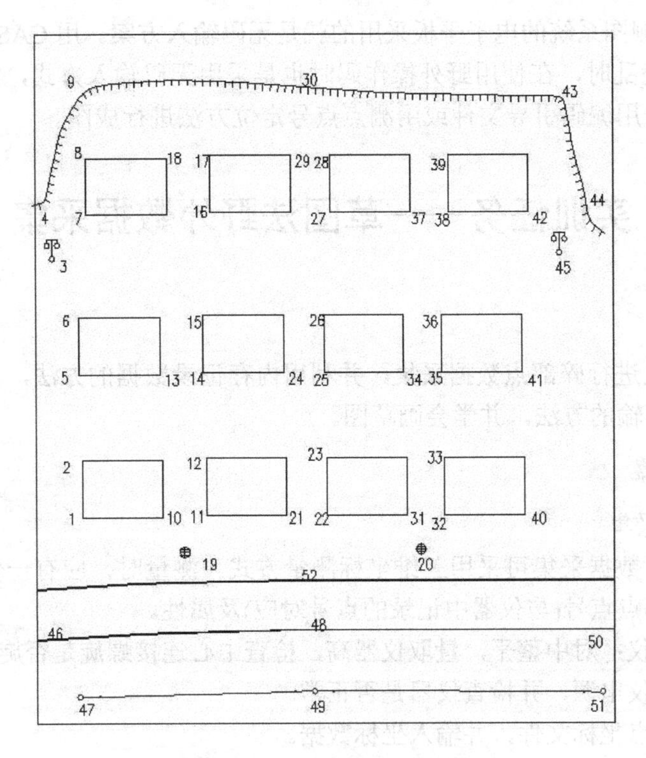

图 5-4　地物比较规整的情况

表 5-6　图 5-4 所示草图的简码表

1	F2	14	F2	27	F2	40	7−
2	+	15	+	28	+	41	5−
3	A70	16	F2	29	11+	42	3−
4	K0	17	+	30	20−	43	12−
5	F2	18	9+	31	8−	44	−
6	+	19	A26	32	F2	45	A70
7	F2	20	A26	33	+	46	X0
8	+	21	9−	34	8-	47	D3
9	4−	22	F2	35	F2	48	1+
10	8-	23	+	36	+	49	1+
11	F2	24	9−	37	9−	50	1+
12	+	25	F2	38	F2	51	1+
13	7−	26	+	39	+	52	1P

2. 无码输入

无码输入就是在野外采集数据时，不输入编码，而是通过一些快捷键和菜单的操作，或根据现场绘制的草图编制“编码引导文件”，由测图系统自动给出测点的数据编码。

SCS G200X 测图系统的电子平板采用的就是无码输入方案。用 CASS 系统的测记法测图，当地物比较凌乱时，在使用野外操作码时也是采用无码输入方式，即数据采集时，现场绘制草图，室内用编码引导文件或用测点点号定位方法进行成图。

实训任务——草图法野外数据采集

1. 实训目的

掌握用全站仪进行碎部点数据采集，并利用内存记录数据的方法，掌握全站仪和计算机之间进行数据传输的方法，并学会画草图。

2. 内容与步骤

1) 野外数据采集

用全站仪进行数据采集可采用三维坐标测量方式。测量时，应有一位同学绘制草图。草图上须标注碎部点点号(与仪器中记录的点号对应)及属性。

(1) 安置全站仪：对中整平，量取仪器高，检查中心连接螺旋是否旋紧。

(2) 打开全站仪电源，并检查仪器是否正常。

(3) 建立控制点坐标文件，并输入坐标数据。

(4) 建立(打开)碎部点文件。

(5) 设置测站：选择测站点点号或输入测站点坐标，输入仪器高并记录。

(6) 定向和定向检查：选择已知后视点或后视方位进行定向，并选择其他已知点进行定向检查。

(7) 碎部测量：测定各个碎部点的三维坐标并记录在全站仪内存中，记录时应注意棱镜高、点号和编码的正确性。

(8) 归零检查：每站测量一定数量的碎部点后，应该进行归零检查，归零差不得大于 1′。

2) 草图绘制

3) 全站仪数据传输

(1) 利用数据传输电缆将全站仪与计算机进行连接。

(2) 运行数据传输软件，并设置通信参数(端口号、波特率、奇偶校验等)。

(3) 进行数据传输，并保存到文件中。

(4) 进行数据格式转换。将传输到计算机中的数据转换成内业处理软件能够识别的格式。

3. 提交成果

1) 采集的坐标数据文件

2) 草图

思　考　题

1. 简要叙述草图法测图的步骤？
2. 什么是数据编码？数据编码主要包括哪些内容？
3. 什么是地形码？GB14804—1993 中将地形图要素分为哪几类？
4. 常用的数据编码方案有哪几种？
5. 图形信息码输入方式有哪几种？

第6章

GPS RTK野外数据采集

学习目标

熟悉GPS RTK定位的基本原理及系统组成；掌握RTK地形测量操作的关键步骤；熟悉基准站观测点位的选择方法；熟悉流动站地形点的测量方法。

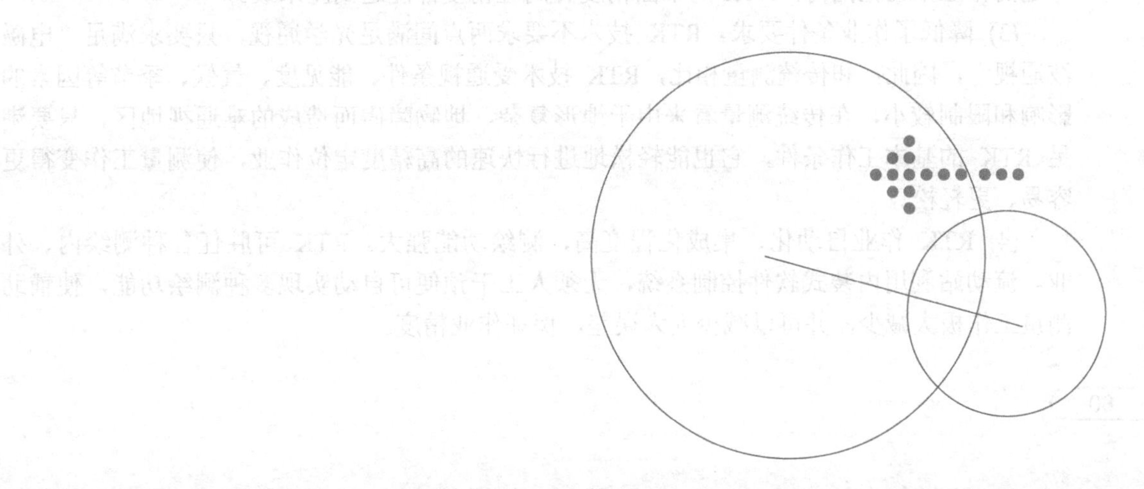

6.1 概　述

6.1.1 GPS RTK 定位概念

基准站实时地将测量的载波相位观测值、伪距观测值、基准站坐标等用无线电传送给运动中的流动站，在流动站通过无线电接收基准站所发射的信息，将载波相位观测值实时进行差分处理，得到基准站和流动站基线向量$(\Delta X, \Delta Y, \Delta Z)$；基线向量加上基准站坐标得到流动站每个点的 WGS-84 坐标，通过坐标转换参数转换得出流动站每个点的平面坐标x, y和海拔高h，这个过程称做 GPS RTK 定位过程，如图 6-1 所示。

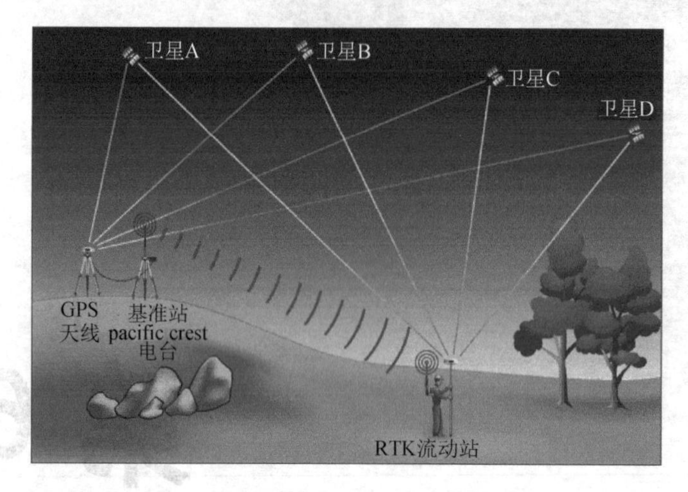

图 6-1　GPS RTK 定位原理

GPS RTK 定位具有以下优点：

(1) 作业效率高。在一般的地形地势下，高质量的 RTK 设站一次即可测完 4km 半径的测区，大大减少了传统测量所需的控制点数量和测量仪器的“搬站”次数，仅需一人操作，在一般的电磁波环境下几秒钟即得一点坐标，作业速度快，劳动强度低，节省了外业费用，提高了劳动效率。

(2) 定位精度高，数据安全可靠，没有误差积累。只要满足 RTK 的基本工作条件，在一定的作业半径范围内，RTK 的平面精度和高程精度都能达到厘米级。

(3) 降低了作业条件要求。RTK 技术不要求两点间满足光学通视，只要求满足“电磁波通视”，因此，和传统测量相比，RTK 技术受通视条件、能见度、气候、季节等因素的影响和限制较小，在传统测量看来由于地形复杂、地物障碍而造成的难通视地区，只要满足 RTK 的基本工作条件，它也能轻松地进行快速的高精度定位作业，使测量工作变得更容易、更轻松。

(4) RTK 作业自动化、集成化程度高，测绘功能强大。RTK 可胜任各种测绘内、外业。流动站利用内装式软件控制系统，无须人工干预便可自动实现多种测绘功能，使辅助测量工作极大减少，并可以减少人为误差，保证作业精度。

(5) 操作简便，容易使用，数据处理能力强。只要在设站时进行简单的设置，就可以边走边获得测量结果坐标或进行坐标放样。数据输入、存储、处理、转换和输出能力强，能方便快捷地与计算机、其他测量仪器通信。

6.1.2　GPS RTK 定位系统的组成

1. 系统组成

(1) GPS 接收机。能够测量到载波相位的 GPS 接收机都能够进行 RTK 定位，但是为了能够快速、准确地求解整周模糊度，双频接收机比较理想。

(2) 无线电数据链。GPS RTK 作业能否顺利进行，关键因素是无线电数据链的稳定性和作用距离是否满足要求。它与无线电数据链电台本身的性能、发射天线类型、参考站的选址、设备架设情况以及无线电电磁环境等有关。一般数据链电台采用 400～480MHz 高频载波发送数据，而高频无线电信号是沿直线传播的，这就要求参考站发射天线和流动站接收天线之间没有遮挡信号的障碍物。这些障碍物在陆地上主要是建筑物、无线电信号发射台等，在海上则主要是地球曲率的影响。

为了尽量避免参考站设备之间的干扰，在 GPS-RTK 作业时，大于 25W 的数据链电台的发射天线，就距离 GPS 接收天线至少 2m，最好在 6m 以上；发射天线与电台的连接电缆必须展开，以免形成新的干扰源。与此同时，电台所使用的频率和电台功率必须经过国家和当地无线电管理部门批准，使用时可能会受到某些限制。

无线电数据链主要由以下三部分组成：

① 基准站发射电台：一般为外置的独立电台。

② 流动站接收电台：可以内置在 GPS 接收机内部，也有外置的独立电台。

③ 中继站电台：可以转发接收站信号，既接收基准站发送的信号又将接收信号发送出去，一般是外置的独立电台。

(3) 电子手簿。为了便于建立测量项目、建立坐标系统，设置测量形式和参数、设置电台参数，实时阅读、存储测量坐标和精度，设计放样坐标或参数、指导放样等，一般都配有手持式的电子手簿。

2. GPS RTK 定位系统结构

GPS RTK 定位系统由一套基准站、至少一套流动站构成，必要时需要中继站电台。

(1) 基准站结构：一套基准站 GPS 接收机及天线；独立的基准站发射电台及天线；电子手簿(如果接收机无显示面板时)。由于基准站的设置次数少，因此一般与流动站共用电子手簿，即使用电子手簿设置完基准站后，再转给流动站使用。

(2) 流动站结构：外业测量作业时，可以使用多台流动站同时作业，每一套流动站的结构为一套流动作业的 GPS 接收机及天线；流动站接收信号的电台(有的厂家可以将其内置于 GPS 接收机)及天线；设置和显示使用的电子手簿。

(3) 中继站电台：为了扩展 GPS RTK 作业范围和距离，必要时可以在基准站和流动站之间设立中继站电台。

6.2 GPS RTK 测量基本原理

GPS RTK 测量过程一般包括基准站选择和设置、流动站设置、中继站的设立等。

6.2.1 基准站的观测点位选择和系统设置

1. 基准站的观测点位选择

GPS RTK 定位的数据处理过程是基准站和流动站之间的单基线处理过程，基准站和流动站的观测数据质量好坏、无线电信号的传播质量好坏对定位结果的影响很大。野外工作时，测站位置的选择对观测数据质量、无线电传播影响很大。但是，流动站作业点只能由工作任务决定观测地点，所以，基准站位置的有利选择非常重要。

为了得到更好的观测数据，在选择基准站观测点位时应注意以下几点：

(1) 为保证对卫星的连续跟踪观测和卫星信号的质量，要求基准站上空应尽可能开阔，让基准站尽可能跟踪和观测到视野中的所有卫星；在基准站 GPS 天线的5°～15°高度角以内不能有成片的障碍物。

(2) 为减少各种电磁波对 GPS 卫星信号的干扰，在基准站周围约 200m 的范围内不能有强电磁波干扰源，如大功率无线电发射设施、高压输电线等。

(3) 为避免或减少多路径效应的发生，基准站应远离对电磁波信号反射强烈的地形、地物，如高层建筑、成片水域等。

(4) 为了提高 GPS RTK 作业效率，基准站应选在交通便利、上点方便的地方。

(5) 基准站应选择在易于保存的地方，以方便日后的应用。

与此同时，为了便于数据链电台传输数据，基准站观测点位的选择还应满足下列条件：

(1) 由于电台信号传播属于直线传播，所以为了基准站和流动站数据传输距离更远，基准站应该选择在地势比较高的测点上。

(2) 基准站电台的功率越大越好：常用功率为 25W、35W 等。

(3) 电台频率应该选择本地区无线电使用较少的频率，并且要求使用频率和本地区常用频率差值较大，所以要到工作区域的无线电管理委员会作调查。

2. 基准站的系统设置

基准站的设置包括建立项目和坐标系统管理、基准站电台频率的选择、GPS RTK 工作方式的选择、基准站坐标的输入以及基准站的工作启动等。

1) 建立项目和坐标系统管理

(1) 建立工作项目的名称、单位的选择等。

(2) 坐标系统管理。具体包括：参考椭球的选择或椭球参数的输入；投影方式和度带选择或建立；大地水准面资料的选择；平面转换参数的输入；高程转换参数的输入等。

2) 基准站电台频率的选择

根据对本地区无线电频率的了解，选择一种理想的频率，流动站和基准站必须使用同

一个频率。基准站电台频率可以在计算机上设置和选择，当基准站电台带有显示面板时，可以通过面板设置。

3) GPS RTK 工作方式的选择

用电子手簿选择 GPS 工作方式为 GPS RTK 作业方式。

4) 基准站坐标的输入

设置本站为基准站，一般将基准站置于坐标已知的控制点上，所以可以输入已知点的点名、平面坐标和海拔高(如需要时也可以输入其他坐标系统坐标)以及 GPS 天线高度。

5) 基准站工作启动

以上设置完成后，可以启动 GPS RTK 基准站，开始测量并通过电台发送数据。

6.2.2 流动站 GPS 的设置及定位原理

流动站 GPS 的设置包括：建立项目和坐标系统管理、流动站电台频率的选择、有关坐标的输入、GPS RTK 工作方式的选择、流动站 GPS RTK 工作启动及定位原理、使用 RTK 流动站测量地形点等。

1. 建立项目和坐标系统管理

(1) 建立工作项目的名称、单位的选择等。

(2) 坐标系统管理：参考基准站坐标系统管理。

(3) 从带有绘图软件的 PC 中将存有各种图形要素代码的属性库文件输入电子手簿。属性是关于要素代码的一条描述信息，在野外采集的每个要素代码都会有各自的属性值。

2. 流动站电台频率的选择

根据对本地区无线电频率的了解，选择一种理想的频率，流动站和基准站必须使用同一个频率。流动站电台频率可以在计算机上设置和选择，也可以通过电子手簿设置。

3. 有关坐标的输入

在电子手簿中输入其他控制点的坐标，以供求解坐标转换参数或作为地形测量过程中的检查点使用。

4. GPS RTK 工作方式的选择

用电子手簿选择 GPS 工作方式为 GPS RTK 作业方式。

5. 流动站 GPS RTK 工作启动及定位原理

以上设置完成后，可以启动 GPS RTK 流动站，开始按 RTK 流动站工作方式进行实时载波相位差分定位，并通过坐标转换参数转换为用户坐标系统下的坐标。

由于 GPS RTK 定位的数据处理过程属于计算基准站和流动站之间基线向量(坐标差)的过程，不存在网平差处理，所以精度评定跟静态测量基线处理的精度评定相似，一般使用以下指标。

1) 载波相位的整周模糊度是否固定

GPS RTK 测量规范规定流动站距离基准站的距离不能超过 15km。因为在 15km 之内 RTK 数据处理的载波相位的整周模糊度能够得到固定解，这样定位精度才能达到厘米级。

2) 均方根 RMS(Root Mean Square)

RMS 在这里表示 RTK 定位点的观测值精度，它是包括大约 70%的定位数据的误差圆的半径。RTK 测量中一般用距离单位(m)表示 RMS。

只有点位观测值精度达到要求时，载波相位的整周模糊度才能得到固定解，坐标精度才能满足精度要求。一般使用平面和高程两种均方根表示坐标的定位精度。

6. 使用 RTK 流动站测量地形点

地形点的测量一般有以下两种方式。

1) 连续测量地形点

一般用于测量等高线点或连续曲线点(如湖、水库、围墙等的边线)的坐标，这些测点的图形属性一样。

测量时要设置测点的精度限差要求，设置测点按时间间隔或距离间隔测量的间隔时间或间隔距离，然后输入起点点号、图形属性后开始测量。等到观测精度满足精度限差时，电子手簿按时间间隔或距离间隔记录坐标数据和测点图形属性。

2) 非连续地形点测量

一般用于图形属性不同、精度要求不同、无法连续测量的测点(如电线杆、下水井或上水井等)。

测量时，一般设置测点的精度限差要求、观测时间，记录测量坐标的次数(用于平均计算最终坐标)，然后开始测量，等到测量次数满足时，将坐标的均值、精度及图形属性记录在电子手簿中。

采用以上两种方式可以完成所有地形点的测量工作。

6.2.3 中继站电台的设立

由于工作环境的复杂性，基准站和流动站之间往往无法避免障碍物对电台通信的影响，这时中继站电台可以起到比较好的补救作用：一是因为它可以接收来自基准站的信号，又可以将其发送出去供流动站使用；二是因为中继站电台只转发信号，所以不必安排在已知点上，完全可以按需要随时任意安排位置。

1. 中继站电台点位选择

一般将中继站电台设置在基准站和流动站之间地势较高、可以尽可能覆盖工区的地方。中继站电台所处位置应保证其既能收到基准站发射的信号，同时其发出的信号也能被流动站接收到。

2. 中继站电台设置

(1) 频率要与基准站、流动站匹配。

(2) 功能设置为：REPEATER(转发器)。

(3) 灵敏度：没有电子干扰时设置为 High；有电子干扰时设置为中或者低。

信号传播过程中会因为损耗而使信号强度变弱，所以，在基准站和流动站之间使用的中继站电台个数一般不超过两台。

6.3　GPS RTK 测量操作流程

在 GPS RTK 测量工作中，电台用来传输数据，GPS 接收机用来观测和计算数据，它们的功能、工作方式、参数等是通过电子手簿来指挥、设置和记录数据的。所以，GPS RTK 测量操作主要集中在电子手簿上。下面以 Trimble 公司的 TSC2 为例介绍 GPS RTK 的具体工作过程。

RTK 地形测量操作过程可大致归纳为以下几个步骤。

(1) 建立新工作项目。

(2) 对工作项目进行配置。

(3) 设置 RTK 基准站。

(4) 设置 RTK 流动站。

(5) 地形点测量。

(6) 结束测量。

(7) 在电子手簿中阅读测量数据。

6.3.1　建立新工作项目

如图 6-2 所示，TSC2 软件共包含六大菜单：文件、键入、配置、测量、坐标几何和仪器。

Trimble 新建任务有两种方法：键入参数和无投影/无基准。这里着重介绍常用的键入参数法。

第一步：输入任务名称，如图 6-3 所示。

图 6-2　TSC2 主屏幕菜单

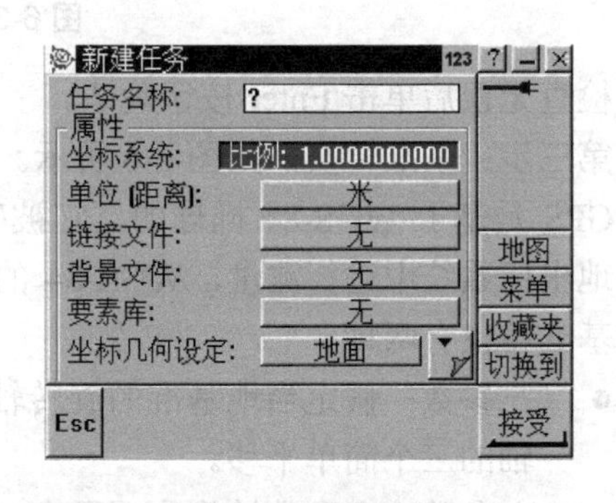

图 6-3　新建任务

第二步：定义坐标系统。

单击坐标系统对应的按钮后，选择键入参数，如图 6-4 所示。

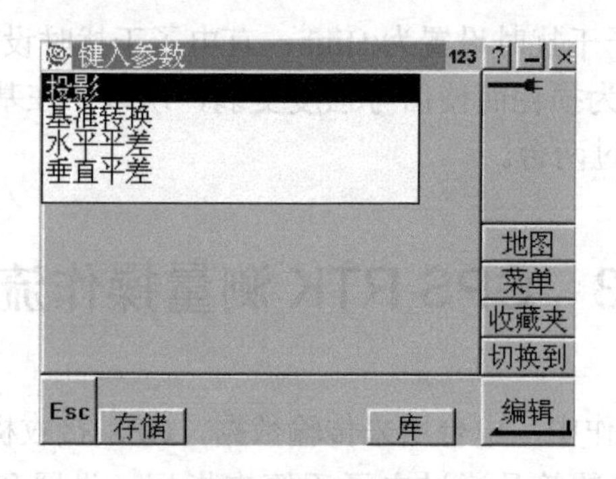

图 6-4　键入参数

单击“投影”，对投影方法进行选择。

对投影进行编辑，单击后选择投影方法(参见图 6-5)。我国采用横轴墨卡托投影。

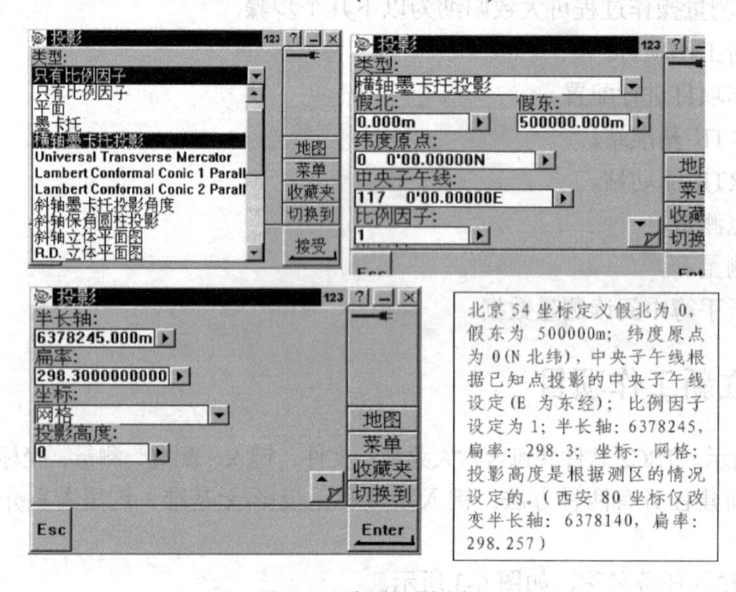

图 6-5　选择投影方法

检查无误后单击 Enter 按钮确认。

第三步：基准转换，如图 6-6 所示。

GPS 是基于 WGS-84 椭球的，它被确定了大小和位置，以便更好地表示整个地球。要在当地坐标系统中进行测量，WGS-84 的 GPS 位置须采用基准转换法转换到当地椭球，常用的基准转换有两种。

- 三参数：假定当地基准的旋转轴与 WGS-84 旋转轴平行，转换涉及在 *X*、*Y* 和 *Z* 轴的三个简单平移。
- 七参数：七参数转换应用了在 *X*、*Y* 和 *Z* 轴中的 3 个平移因子、3 个旋转因子和一个比例因子。获取参数的通行做法是：在工作区内找三个以上的已知点，利用已知点的 BJ54 坐标和所测的 WGS84 坐标，通过一定的数学模型，求解七参数。基准转换一般采用三参数(3 个平移因子)即可满足测量要求，而将旋转因子及比例因子都视为 0，所以三参数只是七参数的一种特例。

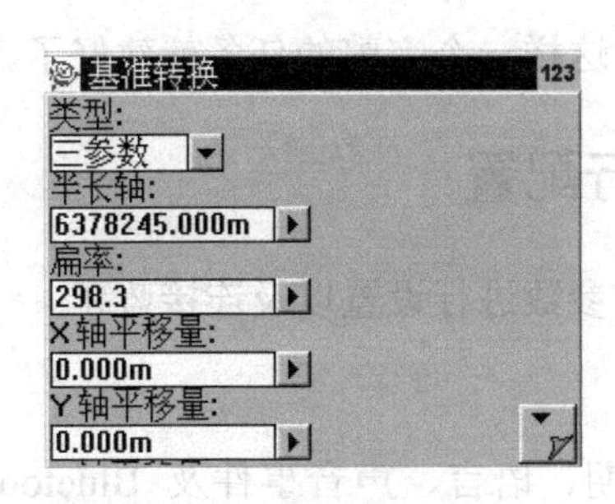

图 6-6　基准转换

第四步：在水平平差里选择无平差，如图 6-7 所示。

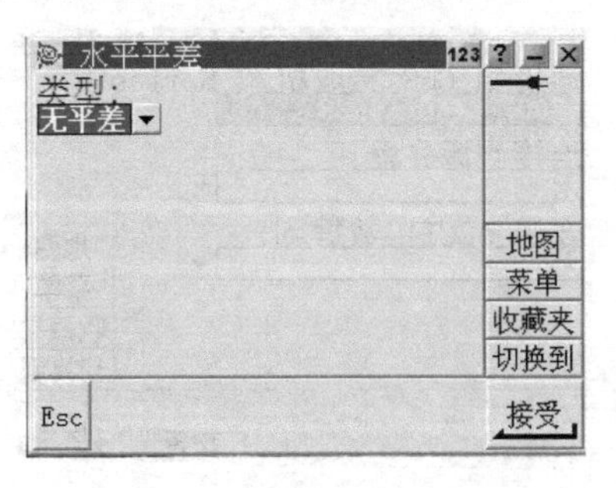

图 6-7　水平平差参数设置

第五步：在垂直平差里选择无平差，如图 6-8 所示。

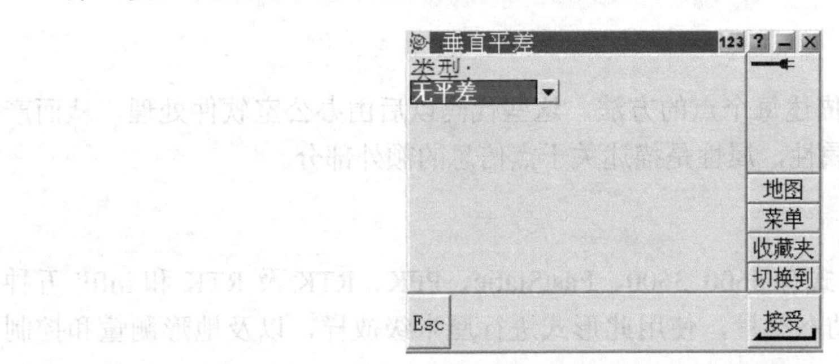

图 6-8　垂直平差参数设置

然后单击“接受”按钮即可。

第六步：将坐标几何设定为“网格”，如图 6-9 所示。

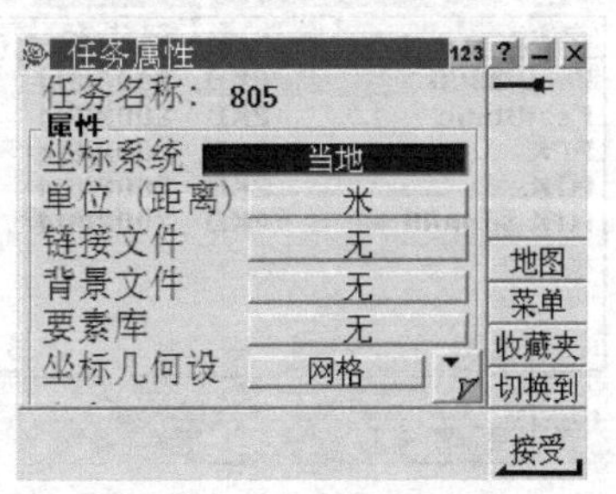

图 6-9　坐标几何设定

最后单击“接受”按钮，这样一个完整的任务就建好了。

6.3.2 对工作项目进行配置

配置选项主要是对仪器的参数进行设置以及连接蓝牙。

1. 控制器

控制器选项包含时间/日期、语言、声音事件及 Bluetooth(蓝牙)。其中前三项用户根据需要来选择。使用 R8/5800 流动站时，通过 Bluetooth 实现与接收机的连接，如图 6-10 所示。

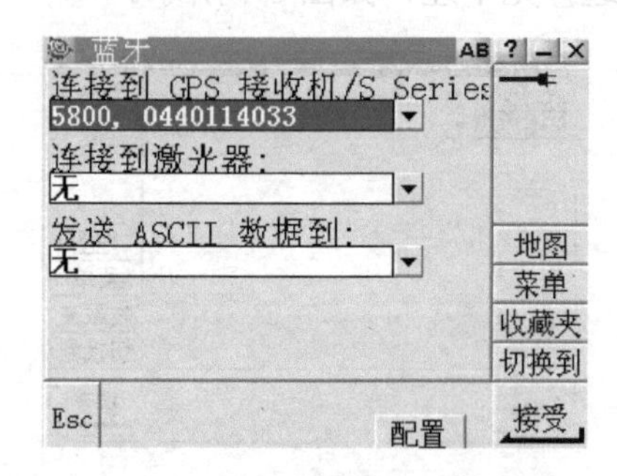

图 6-10 蓝牙连接 GPS 接收机

第一次与接收机连接时应先扫描，然后手簿才能找到对应的 GPS 接收机设备。

2. 要素和属性库

要素编码是用字母代码描述每个点的方法。这些代码以后由办公室软件处理，从而产生图样。某些要素代码也有属性，属性是描述关于点信息的额外部分。

3. 测量形式

如图 6-11 所示，测量形式有 5600 3600、FastStatic、PPK、RTK 及 RTK 和 infill 五种选项，其中：RTK 为实时动态测量，使用此形式进行厘米级放样，以及地形测量和控制测量。

RTK 和 infill 为实时动态及后处理，该形式在做实时动态差分的同时也记录原始数据，支持后处理差分。

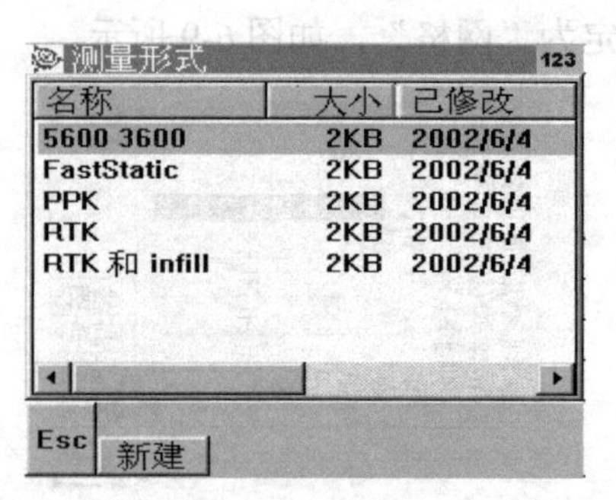

图 6-11 测量形式

6.3.3 配置 RTK 基准站

在做 RTK 时首先要配置基准站，然后输入天线高、选择天线类型和相应的测量到。

1. 基准站选项

根据是 R8 或者 5800 进行如图 6-12 所示的基准站选项设置，选择天线类型(如图 6-13 所示)和是否双星(如图 6-14 所示)，5800 不支持 L2C 和 GLONASS。

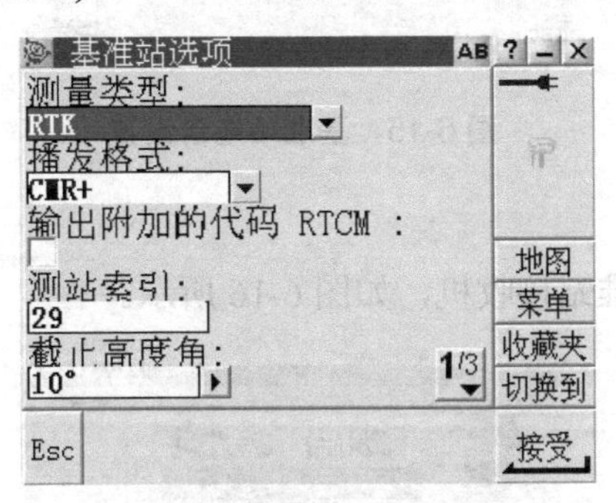

图 6-12 基准站选项

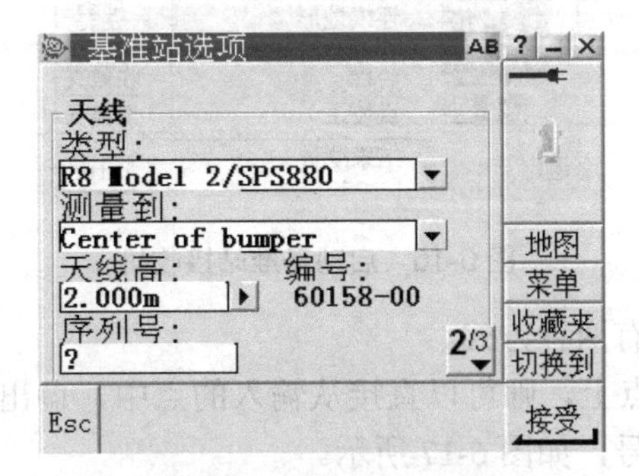

图 6-13 选择天线类型

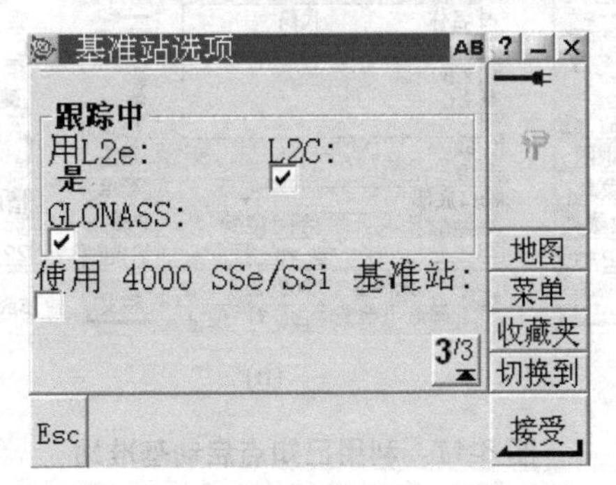

图 6-14 选择是否双星

2. 基准站无线电

类型选择 Trimble HPB450，控制器端口选 COM1，接收机端口选“端口 1”，波特率为 9600，设置完成后，单击“接受”按钮，退出配置，如图 6-15 所示。

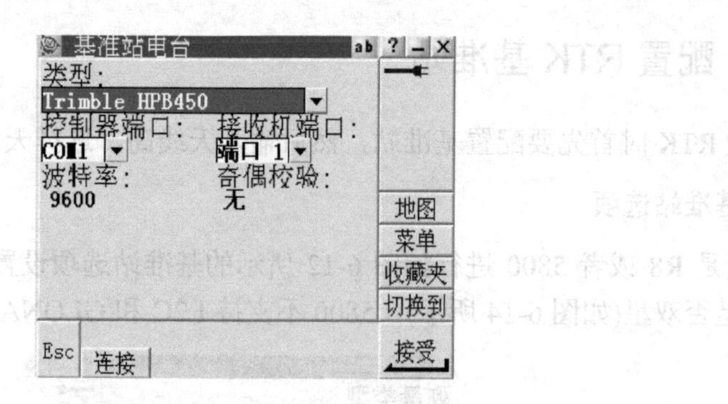

图 6-15　基准站电台设置

3. 进入测量

单击 RTK 选择启动基准站接收机，如图 6-16 所示。

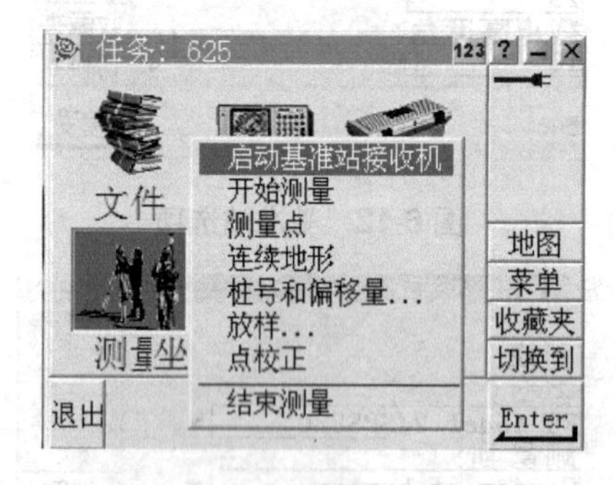

图 6-16　启动基准站接收机

启动基准站接收机时有两种方式。

(1) 基准站架在已知点上，则可以直接从输入的点中，调出已知点，单击对应的已知点后开始发送差分改正信号，如图 6-17 所示。

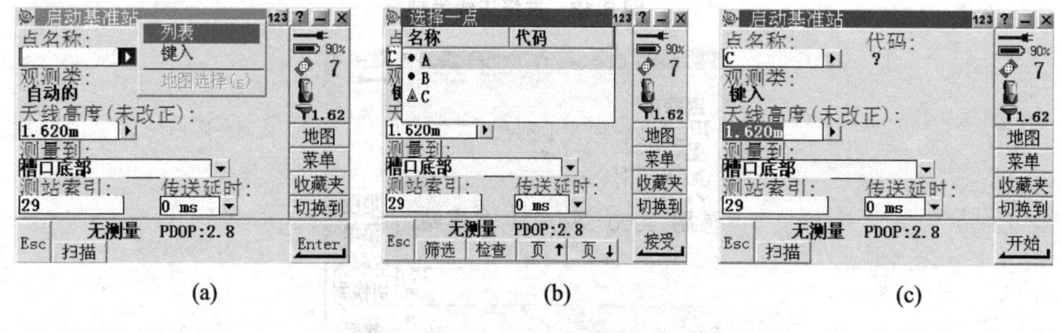

(a)　(b)　(c)

图 6-17　利用已知点启动基准站

(2) 基准站任意架设。单击“点名称”方框右边的箭头选择输入，在屏幕下方单击“此处”按钮则 GPS 通过自主定位测得该点坐标，然后在“点名称”框中给该点设置名称即可，如图 6-18 所示。保存此点坐标，单击“开始”按钮发送差分信号。

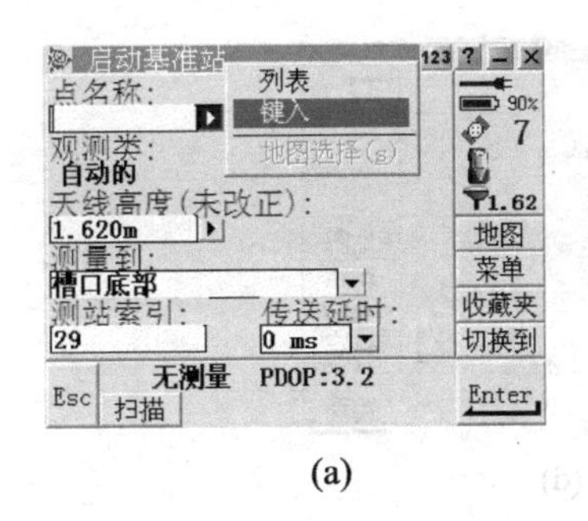

(a)

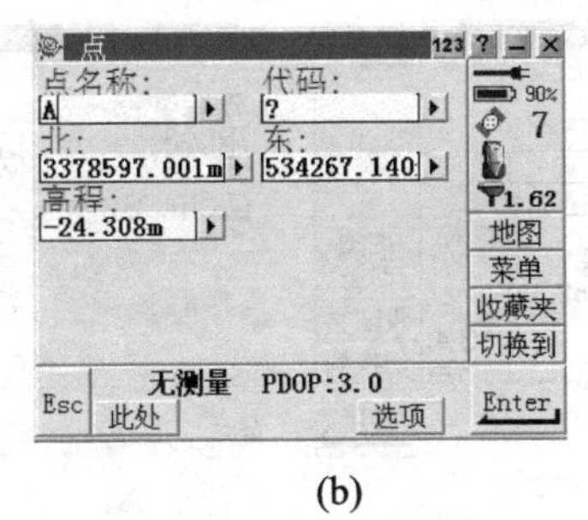

(b)

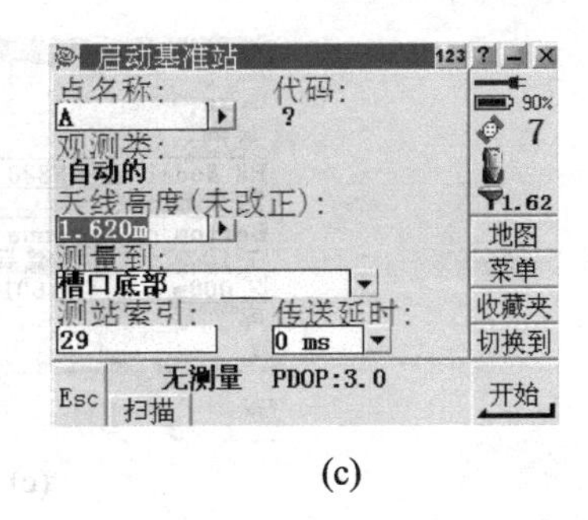

(c)

图 6-18　基准站任意架设

基准站设置完成后，查看电台中间的“TX”灯是否在闪烁，若闪烁就说明基准站发送差分信号成功。若未闪烁则需要检查基准站连线和设置是否正确，检查无误后，再次启动基准站。

6.3.4　配置 RTK 流动站

1. 配置流动站选项

如图 6-19(a)所示，“测量类型”为“RTK”，“播发格式”选择 CMR+或其他，“使用测站索引”选择“任何”，不选中“提醒测站索引”复选框，单击“接受”按钮继续配置流动站选项。

如图 6-19(b)所示，“卫星差分”为“关”，不选中“忽略健康”复选框，“截止高度角”可设置为 10°～15°，“PDOP 限制”值默认为 6，不推荐修改，单击“接受”按钮继续配置流动站选项。

如图 6-19(c)所示，“天线类型”选择接收机所使用天线的类型，“测量到”选择正确的量高方式，“天线高”是临时参数，后续操作中可以更改，但是建议在此处填入正确的数值，否则每测一点就需要改正，“序列号”可以不填写，单击“接受”按钮继续配置流动站选项。

如图 6-19(d)所示，在“跟踪中”选项组选中 L2C 和 Glonass 复选框。如果接收机能够使用该功能可以选中，否则尽量不要选中，以免影响接收机的正常使用，单击“接受”按钮完成流动站选项配置。

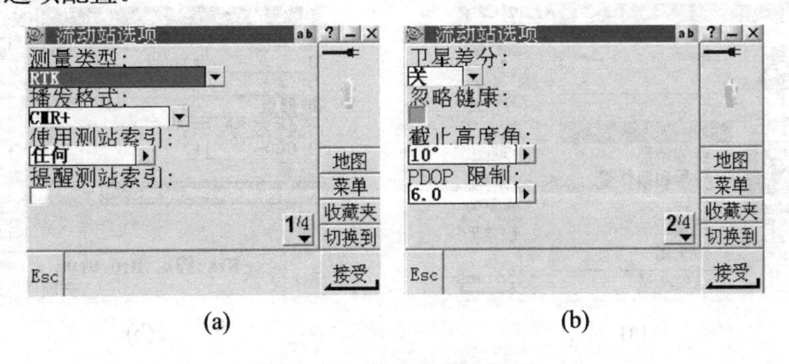

图 6-19　配置流动站选项

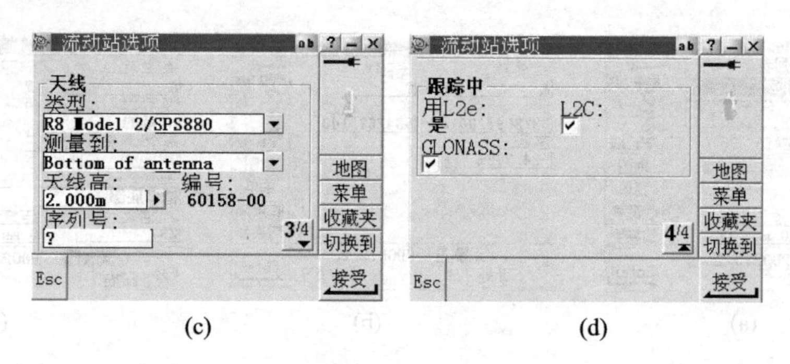

(c)　　　　　　　　(d)

图 6-19 (续)

2. 配置流动站无线电

流动站无线电的频点和无线电传输模式设置一定要与基准站电台一致，否则流动站接收不到无线电信号。通常使用的 Trimble 接收机都有内置电台，如图 6-20 所示，选择 Trimble internal(内置无线电)，单击“连接”按钮，进入如图 6-21 所示的流动站电台配置对话框，“频率”选择对应基准站的频率值，“基准站无线电模式”的选择要与基准站对应，通常默认值为 TT450s at 9600bps，单击“接受”按钮，存储后退出配置。

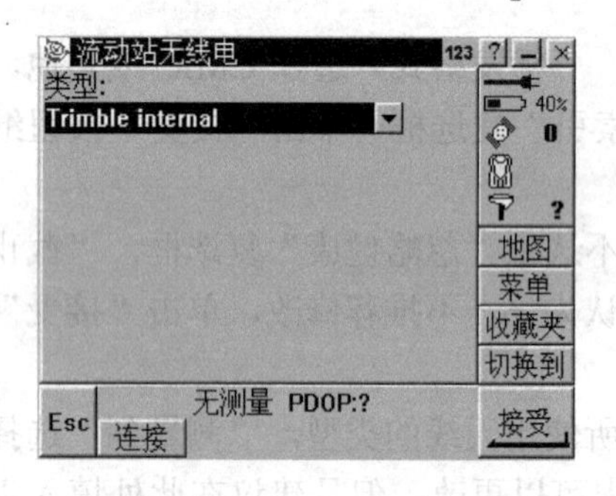

图 6-20　流动站无线电设置

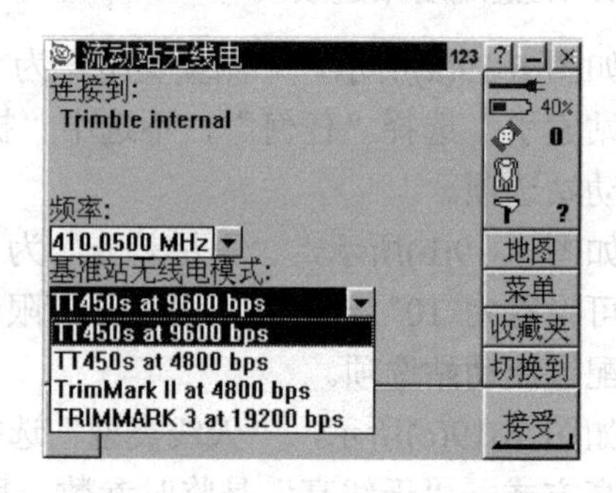

图 6-21　选择频率和传输模式

6.3.5　点测量

选择 RTK 点击开始测量，如图 6-22 所示。

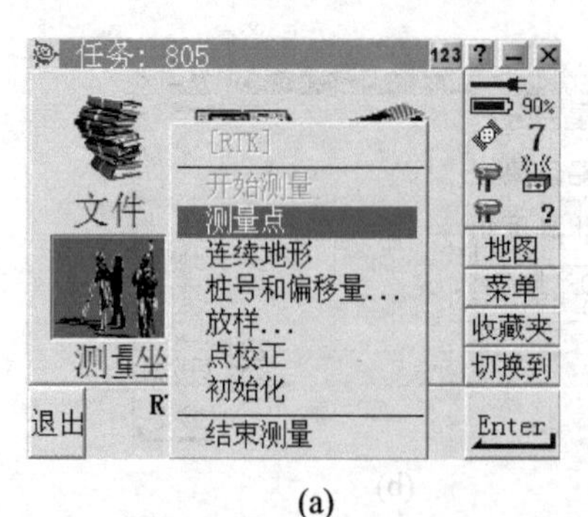

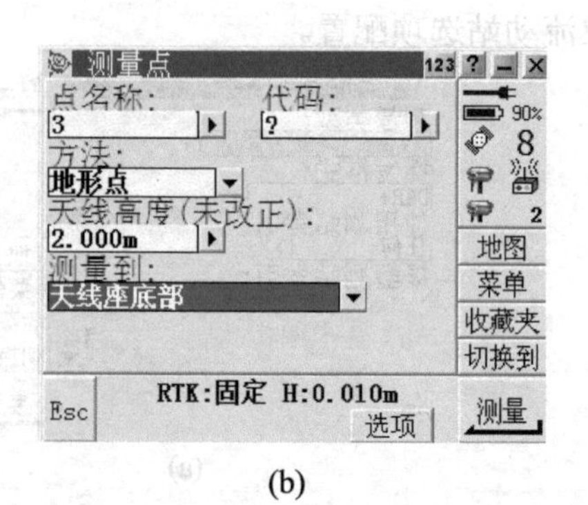

(a)　　　　　　　　(b)

图 6-22　点测量

6.3.6　点校正

在 GPS RTK 测量工作中，可以在内业或外业进行点校正工作。点校正的目的是求解由 WGS-84 坐标转换为用户所使用坐标所需的转换参数。

1. 外业校正

流动站获得初始化后，找到用作点校正的已知控制点。在“测量点”界面的“方法”中选择校正点，从“网格点名称”的列表中调出输入的已知点，WGS-84 坐标可通过实测得到，测量完毕后自动显示在校正界面，进行点校正，如图 6-23 所示。

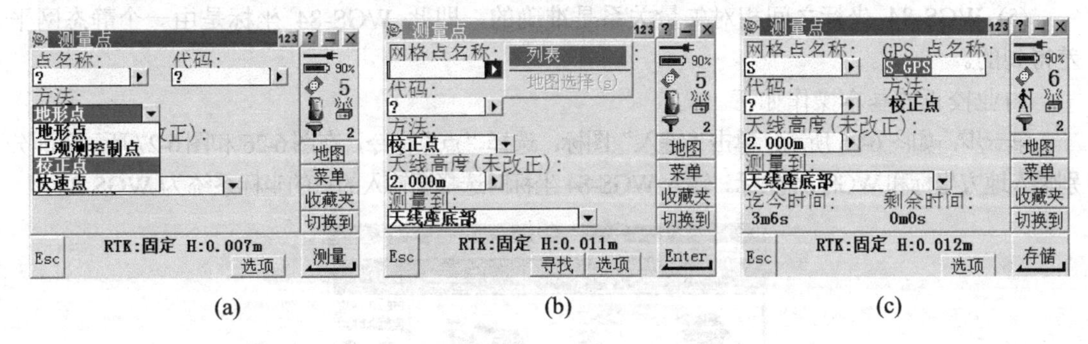

图 6-23　外业点校正

此时 GPS 点名称将自动变为在网格点名称后加后缀_GPS 的形式，在已知点上测 3 分钟后便能测得该点的 WGS-84 坐标，这样有了两套坐标系统我们就可以进行点校正了。

三分钟后校正点精度达到要求，点击存储，会出现点校正界面。Trimble 平面要求至少 3 个已知平面点对应进行点校正才能看到水平残差，高程至少要求 4 个已知高程点对应进行点校正才能看到垂直残差。在进行完 3 个或 3 个以上平面点校正后若最大水平残差小于 0.05m，则我们认为此平面点校正的精度完全能够达到厘米级测量的要求。同样在使用 4 个或 4 个以上高程点校正后，若最大垂直残差小于 0.08m，则我们认为此高程点校正的精度完全能够达到厘米级测量的要求，如图 6-24 所示。

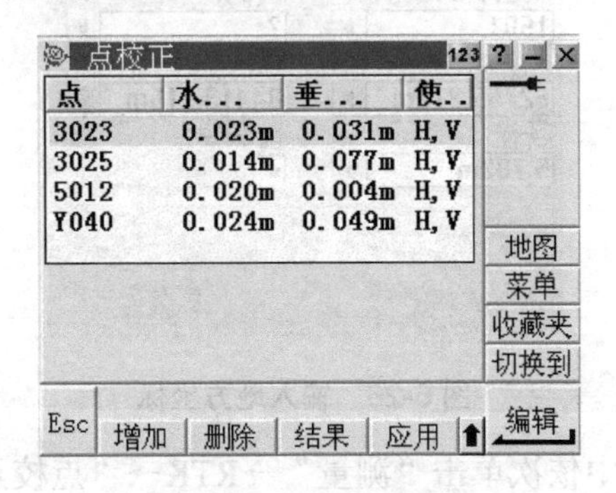

图 6-24　点校正界面

单击“应用”按钮，则 RTK 的点校正就完成了，此时 GPS 的坐标系统就已经转换为当地的坐标系统了。

2. 内业校正

内业校正前提要求：

(1) Trimble 强烈建议应当已知至少 3 个控制点的三维已知地方平面坐标和相对独立的 WGS-84 坐标。

(2) 控制器中建立的坐标系统为 WGS-84 坐标系统，即无项目/无水准，表示直接求取 WGS-84 坐标系统到地方坐标系统的所有参数。

(3) 根据校正内容可以选择网格坐标中的只有平面、只有高程或全部。

(4) 选择的已知控制点将测区包围起来。

(5) WGS-84 坐标之间相对矢量关系是准确的，即此 WGS-84 坐标是由一个静态网平差得到的。

内业校正的基本操作如下。

第一步：如图 6-25 所示，单击“键入”图标，选择“点”命令，在图 6-26 和图 6-27 所示界面分别输入地方坐标和 WGS-84 坐标。输入 WGS-84 坐标时选择要输入的点的坐标系统为 WGS-84。

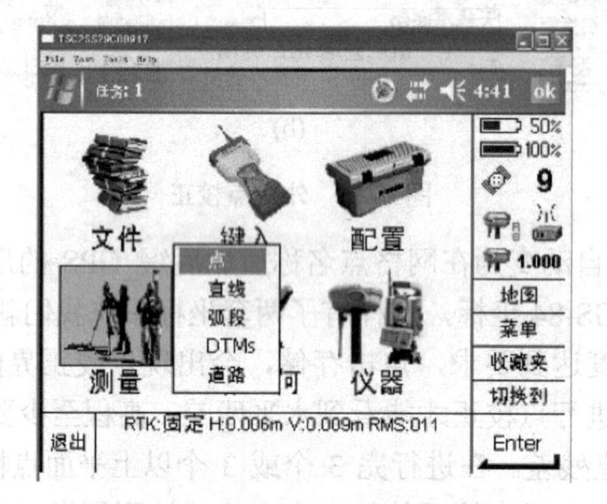

图 6-25　TSC2 软件主界面

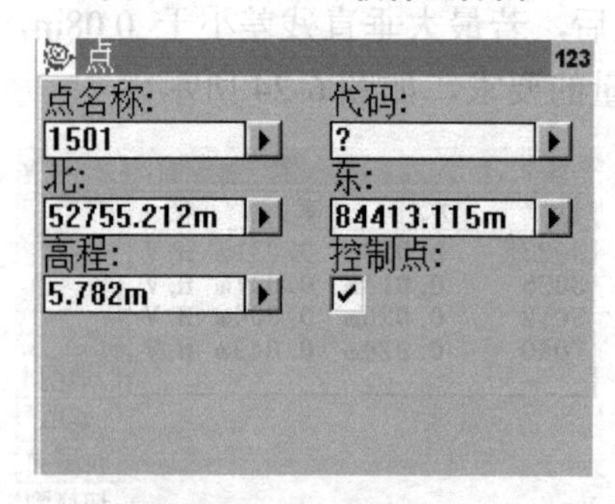

图 6-26　输入地方坐标

第二步：在图 6-22(a)中依次单击“测量”→RTK→“点校正”，增加点校正。按照上述方法，依次添加各个控制点，在图 6-28 所示界面可以看到平面残差和高程残差(注意：至少要有 3 个平面点才可以显示平面残差，有 4 个高程点才显示高程残差，所以建议进行点校正的时候最好提供 4 个平面坐标和 5 个高程，这样除了可以利用残差检查外，还可以有一个控制点进行检核已知点的点位精度，从而保证测量的精度)。

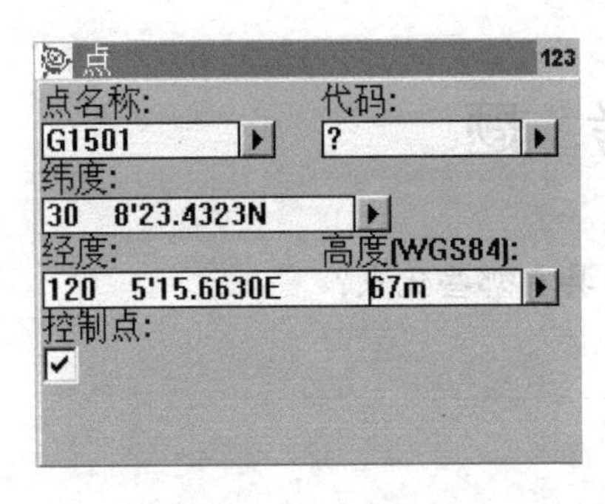

图 6-27　输入 WGS-84 坐标

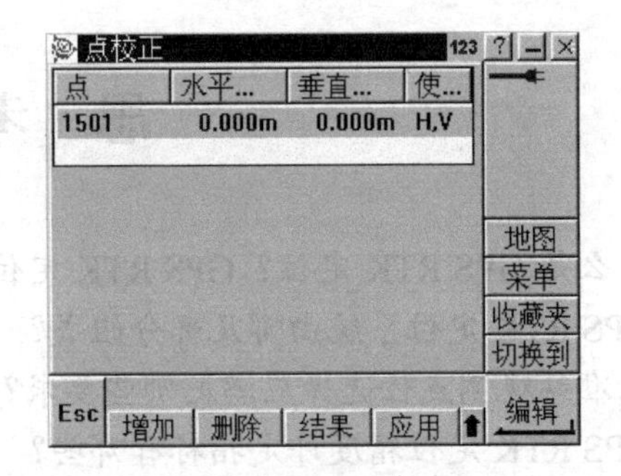

图 6-28　点校正

第三步：单击“应用”按钮，此时已完成点校正，在局部范围(指控制点能控制的范围)内就可以正常测量和放样了。

实训任务——GPS RTK 地形测量

1. 实训目的

(1) 熟悉 GPS RTK 系统组成及各部件的连接方法；

(2) 掌握用 GPS RTK 进行地形测量的作业方法。

2. 内容与步骤

1) 内容

(1) GPS RTK 基准站和流动站的架设和设置；

(2) RTK 特征点的测量；

(3) RTK 连续运动测量地形的方法；

(4) 测量数据的质量分析。

2) 步骤

(1) 安装基准站；

(2) 配置坐标系统；

(3) 新建任务；

(4) 设置基准站；

(5) 安装流动站；

(6) 设置流动站；

(7) 点校正；

(8) 测量。

3. 提交成果

RTK 地形测量数据成果。

思 考 题

1. 什么是 GPS RTK 定位？GPS RTK 定位具有哪些优点？
2. GPS RTK 定位系统由哪几部分组成？
3. 基准站观测点位选择应满足哪些要求？
4. GPS RTK 定位精度评定指标有哪些？
5. RTK 流动站地形点测量一般有哪几种方式？
6. RTK 地形测量操作过程大致可归纳为哪几个步骤？
7. 点校正的目的是什么？对于内业校正来讲，应满足哪些前提条件？

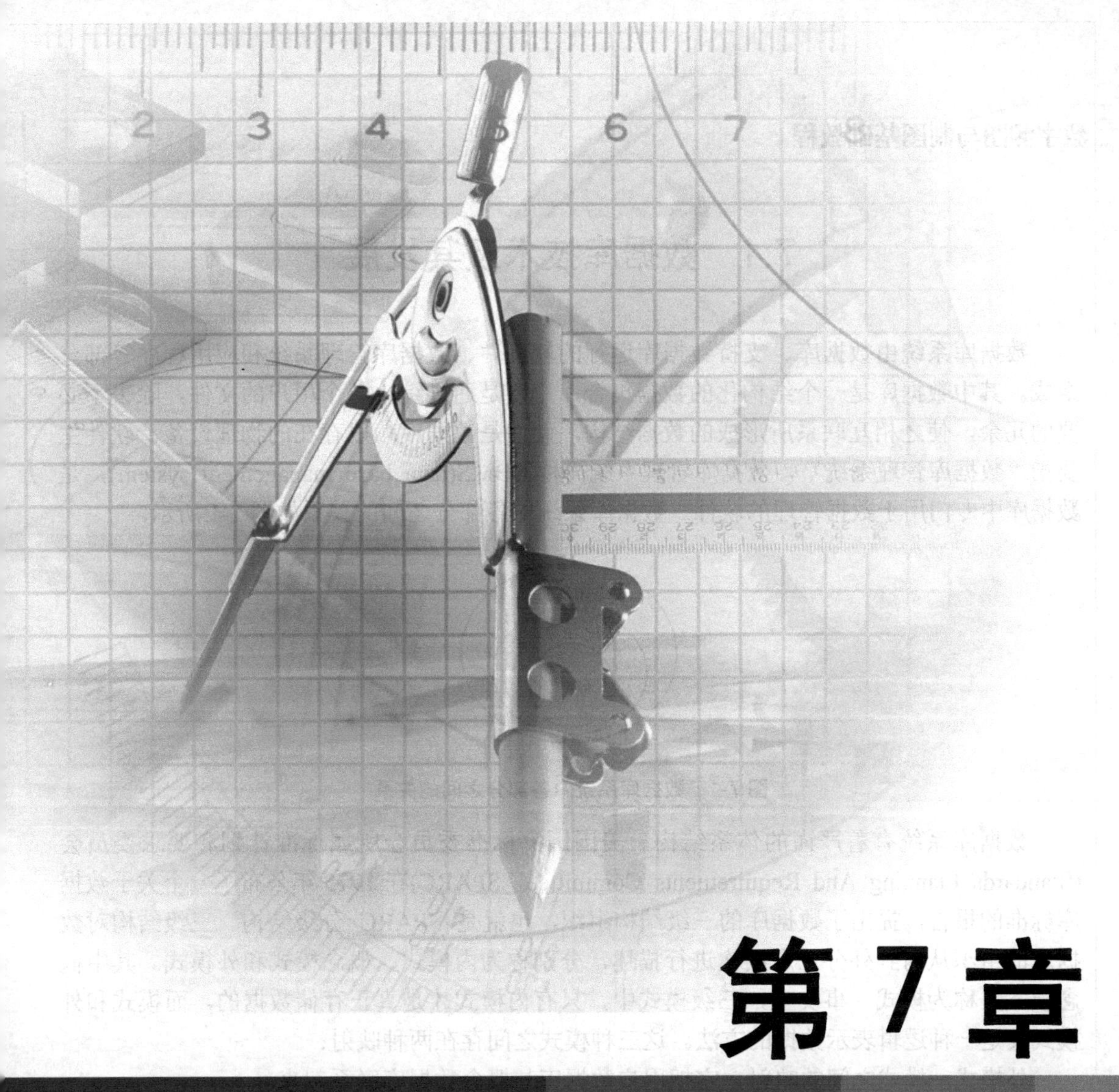

第7章 大比例尺矢量地形图数据库设计

学习目标

了解数据库的三级结构组织及数据模型的三个发展阶段；掌握地形图数据库的概念、功能及特点；熟悉地形图数据库建立的主要流程；掌握地形图数据库要素分层方法；熟悉地形图要素数据字典的结构设计；熟悉地形图符号库和元数据库的设计方法。

7.1 数据库技术及其发展

数据库系统由数据库、支持数据库运行的软硬件、数据库管理系统和应用程序等部分组成。其中数据库是一个结构化的数据集合，主要是通过综合各个用户的文件，除去不必要的冗余，使之相互联系所形成的数据结构。硬件是数据库赖以存在的物理设备，软件主要指“数据库管理系统”，数据库管理系统简称DBMS(data base management system)，是数据库中专门用于数据管理的软件。数据库系统中各部分之间的关系如图7-1所示。

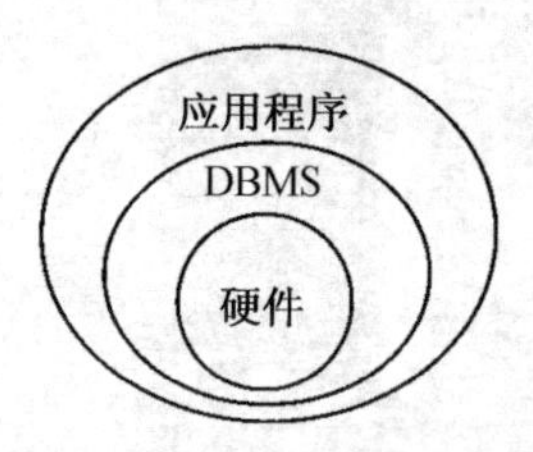

图7-1　数据库系统中各部分之间的关系

数据库系统有着严谨的体系结构。美国国家标准委员会所属标准计划和要求委员会(Standards Planning And Requirements Committee，SPARC)在1975年公布了一个关于数据库标准的报告，提出了数据库的三级结构组织，也就是SPARC分级结构。三级结构对数据库的组织从内到外分三个层次进行描述，分别称为内模式、概念模式和外模式。其中概念模式又称为模式。事实上，三级模式中，只有内模式才是真正存储数据的，而模式和外模式仅是一种逻辑表示数据的方法。这三种模式之间存在两种映射：

外模式—模式之间的映射，它把用户数据库与概念数据库联系起来。

模式—内模式之间的映射，它把概念数据库与物理数据库联系起来。

数据库技术最初产生于20世纪60年代中期，根据数据模型的发展，可以划分为三个阶段：第一代的网状、层次数据库系统；第二代的关系数据库系统；第三代的以面向对象模型为主要特征的数据库系统。

第一代数据库的代表是1969年IBM公司研制的层次模型的数据库管理系统IMS和20世纪70年代由美国数据库系统语言协会CODASYL下属数据库任务组DBTG提议的网状模型。层次数据库的数据模型是有根的定向有序树，而网状模型对应的是有向图。这两种数据库奠定了现代数据库发展的基础。这两种数据库具有如下共同点：①支持三级模式(外模式、模式、内模式)，保证数据库系统具有数据与程序的物理独立性和一定的逻辑独立性；②用存取路径来表示数据之间的联系；③有独立的数据定义语言；④导航式的数据操纵语言。

第二代数据库的主要特征是支持关系数据模型(数据结构、关系操作、数据完整性)。关系模型具有以下特点：①关系模型的概念单一，实体和实体之间的联系用关系来表示；②以关系数学为基础；③数据的物理存储和存取路径对用户不透明；④关系数据库语言是非过程化的。

第三代数据库产生于 20 世纪 80 年代，随着科学技术的不断进步，各个行业领域对数据库技术提出了更多的需求，关系型数据库已经不能完全满足需求，于是产生了第三代数据库。该数据库主要有以下特征：①支持数据管理、对象管理和知识管理；②保持和继承了第二代数据库系统的技术；③对其他系统开放，支持数据库语言标准，支持标准网络协议，有良好的可移植性、可连接性、可扩展性和互操作性等。第三代数据库支持多种数据模型(比如关系模型和面向对象的模型)，并和诸多新技术相结合(比如分布处理技术、并行计算技术、人工智能技术、多媒体技术、模糊技术)，广泛应用于多个领域，由此也衍生出多种新的数据库技术。

分布式数据库允许用户开发的应用程序把多个物理分开的、通过网络互联的数据库当作一个完整的数据库看待。并行数据库通过 cluster 技术把一个大的事务分散到 cluster 中的多个节点去执行，提高了数据库的吞吐和容错性。多媒体数据库提供了一系列用来存储图像、音频和视频的对象类型，可以更好地对多媒体数据进行存储、管理、查询。模糊数据库是存储、组织、管理和操纵模糊数据的数据库，可以用于模糊知识处理。

7.2　地形图数据库及其特点

地形图数据库是存储和管理地形图数据的空间数据库，它是城市地理信息系统的基础数据库，并具有以下特点：

(1) 与其他非空间数据库相比，地形图数据库不仅要存储和管理包括众多文本的属性数据，还必须存储和管理地形图的空间图形数据。

地形图空间图形数据包括各种制图要素的空间位置图形数据和对应的专题属性数据两大类。前者可以归纳为点、线、面三种图形特征数据，其中线是最基本的，点可看成是具有一个坐标点的线，面是由线围成的。它们之间的关系可以概括为弧段节点模型。每一个点、线、面图形特征的属性数据都具有二维表特性。点特征的二维表中包括点序号、用户识别号以及其他对应的专题属性数据项；线特征的二维表中包括线序号、用户识别号、起始节点号、终止节点号、线的长度以及对应的专题属性数据项；面特征的二维表中包括多边形序号、用户识别号、周长、面积以及其他对应的专题属性数据项。地形图数据模型是复合型的，称为关系网络模型。在目前开发的可适用于地图数据库的管理系统中，通常以关系数据库系统为内核，外套一个网状数据库，并有专门的接口实现两种数据管理方式之间的联系和转换。

(2) 在地理信息系统中，地形图数据库是地理数据库的重要组成部分和其他专题地理数据的定位基础。

数据是 GIS 的血液，地形图数据是所有专题地理数据的定位基础。其他各类专题地理数据在地形图数据背景下进行统一的空间定位。

(3) 与其他空间数据库相比，地形图数据库的图形信息更多更复杂，而属性信息则相对较少。

由于地形图表示地球表面的各种地物要素的图形信息，既包括呈点、线分布的简单地物，也包括呈面状分布的复杂地物；因此相对于点状分布的人口分布、点线分布的交通线路、面状分布的土地利用等空间数据来说，地形图数据库包括的图形信息更为广泛和复杂，相反，其属性信息只表示名称、性质等简单属性。

(4) 与其他空间数据库相比，地形图数据库数据的时态信息弱于土地利用、地籍等人文空间信息，强于非爆发式运动的地壳、改道的河流等自然空间信息。

7.3 地形图数据库设计

地形图包括的要素信息主要有空间信息和非空间信息，其中空间信息又包括其自身的空间位置、范围信息和与周围地物之间的拓扑关系信息，非空间信息主要包括自身的性质和一些数量指标信息。地形图数据库不同于其他需要表示众多数量指标的专题数据库，其重点在于图形的表达，属性要素居于次要和从属的地位。在设计地形图数据库时，地形图数据库中要素的几何类型设计要与地形图上该要素的几何类型相一致。同时，地形图数据库的要素属性表应设计足够多的字段以保证地形图信息的完整性。

地形图数据库的建立主要包括用户需求分析、环境准备、数据库设计以及数据字典建立等几个步骤。其中，用户需求分析包括确立建库范围和使用目标、查询方式、数据库大致规模和完成日期；环境准备是指在确定的系统规模和数据量估算基础上，准备必需的系统硬件(如计算机、绘图仪等)和配套软件(如数据采集软件、GIS 建库软件、计算机地图制图系统软件等)；地形图数据库设计的内容包括确定地图数据库的要素层、图形特征层、分区和命名、文件索引结构，建立控制点文件，形成数据库的基本框架；数据字典的建立是指建立数据字典数据文件，规定出每个图形特征层属性表中每个数据项的名称、数据类型、宽度(包括小数点后面位数)、别名、图式符号等。

7.3.1 用户需求分析

在设计地形图数据库时需要确立建库范围和使用目标、查询方式、数据库的大致规模和建库完成期限等内容。

地形图数据库的使用目标大致分为两种：一种是单纯的测绘部门地形图输出使用，GIS 发展初期此种使用目标较多，这种地形图数据库一般是全要素地形图数据库；另一种是除满足测绘部门地形图输出使用外，还要为其他专业部门提供 GIS 基础数据，GIS 产业发展成熟以后此种使用目标较多，这种地形图数据库一般既包括全要素地形图数据库，也包括多要素地形图数据库，前者是测绘部门自用，后者是为其他专业部门做背景定位或专题数据加工。

根据地形图数据库的建库范围和地形图数据库采集数据的内容，可大致估计出地形图数据库的数据量。

从本质上讲，地形图数据库的查询方式有两种：空间查询和属性查询。具体来讲，空间查询是指通过给定一个空间范围，搜索出与该范围有关的空间要素，包括按地理坐标查询(具体可到点、线、面)、按图幅号查询、按地名查询；属性查询是指通过给出属性项的

值或属性项逻辑表达式的值搜索出与满足条件有关的空间要素。

地形图数据库的功能分为不带更新维护功能和带更新维护功能。地理信息系统发展初期的地形图数据库一般不带更新维护功能，后期的地形图数据库一般带更新维护功能。

地形图数据库的完成期限应依据用户的要求及实际建库的工作量确定。

7.3.2　地形图要素的分层设计

1. 地形图数据库要素分层的必要性

根据 GB/T 13923—2006《基础地理信息要素分类与代码》，城市地形图表达的地物种类有八大类，共计四五百种。从语义上讲，地形图要素表示的信息既有自然的也有人文的；从几何特征上讲，地形图要素表示的信息既有点状分布的也有呈线状或面状分布的；从地物的生命周期来讲，短的如植被、人工设施等可以是数月到数年，长的如河流、地貌等可以是十几年至上百年甚至数千年。另外，从目前的技术条件来看，将地形图要素放在一层管理是不可能的，例如目前业界最常用的 Esri 公司的 ArcGIS 软件就要求只能是具有相同几何特征的地形图要素分在一层，不同几何特征的地形图要素不能在同一层内存放。从使用的方便角度来讲，地形图要素放在一层不利于数据的查找和存取。因此，对地形图要素进行分层存放是必需的也是必要的。

2. 地形图数据库要素分层的原则

城市地形图数据库要素分层设计时应遵循分层数量适宜的原则，语义、几何特征类型和生命周期相同的原则。

分层数量适宜的原则是指地形图要素分层的数量既不能过多也不能过少。分层数量过多，数据采集时各层数据之间会产生大量的公共边，数据的一致性维护将发生困难，而且可能导致一些数据层要素数量过少；分层数量过少，会造成数据查找和存取效率低的弊端。地形图数据库要素分层的数量一般在 10～60 种较为适宜，具体应用时可结合实际情况作适当调整。

语义相同是指在同一层内的各地形图要素在语义上应属同一种类型，如道路层内不能出现河流要素等。语义相同是地形图数据库要素分层设计时最基本和优先考虑的原则。

几何特征类型相同是指在同一层内，地形图要素的几何类型相同，如线状的单线河与面状的双线河要分开存储，线状的道路中线和面状的道路面要分开存储等。几何特征类型相同是一些 GIS 软件数据分层操作时的基本要求。

生命周期相同是指尽量把生命周期相同的地形图要素分在一层，以便于地形图要素的更新和存取。生命周期是指地形图要素所代表地物的生命区间，如建筑物的寿命等。当地形图数据库要素分层较细时，应把生命周期较短的临时性建筑与生命周期较长的永久性建筑分开。

3. 地形图数据库要素分层的方法

根据地形图数据库要素分层的原则，地形图要素的分类可以有两种方法，先语义后几何特征的方法和先几何特征后语义的方法，实际工作中一般采用前一种方法。

根据先语义后几何特征的方法，参照《基础地理信息要素分类与代码》(GB 13923—2006)，城市地形图要素可分为九个大的要素层：测量控制点、居民地和垣栅、工矿建(构)筑物及其他设施、交通及附属设施、管线及附属设施、水系及附属设施、境界、地貌和土质、植被，其中每个要素层可包括点、线、面三种几何特征中的若干个几何特征层。考虑到大比例尺地形图输出等问题，可增加地图注记层和地图符号辅助线层(也可包括点、线、面三种几何特征中的若干个几何特征层)。

7.3.3 地形图要素数据字典的结构设计

数据字典是以数据库中的数据基本单元为单位，按一定顺序排列，对其内容作详细说明的数据集。本节以《基础地理信息要素数据字典第一部分：1∶500、1∶1000、1∶2 000 基础地理信息要素数据字典》(GB/T 20258.1—2007)为例，介绍地形图要素数据字典结构内容。

数据字典采用表格形式，描述内容包括要素名称、要素描述、要素分类代码、要素属性表、几何表示、几何表示示例与制图表示示例、相关要素和关系等。

1. 要素名称与要素分类代码

要素名称是指要素的正式名称，它与要素分类代码可参照《基础地理信息要素分类与代码》(GB 13923—2006)和《1∶500，1∶1000，1∶2 000 地形图要素分类与代码》(GB 14804—1993)中的各要素名称与分类代码。

2. 要素描述

要素描述是对要素形态、功能或特征等方面的描述，用于区分或界定要素。

3. 要素属性表

要素属性表列出了要素的有关属性项，内容包括属性名称、属性描述、数据类型和字段要求、属性值域或示例、约束和条件以及备注等几个方面。属性名称是要素属性项的名称，属性描述是属性含义的解释。有计量的必须标明单位。数据类型和字段宽度规定属性项的数据类型和字段要求。数据类型分为字符型、整型、长整型、浮点型、日期型等。属性值域为该属性项可能取值的范围。属性项的取值可以通过简单枚举全部列出的，列出其全部取值，并用“/”分隔；不能通过简单枚举全部列出的，列举出典型示例，示例值放在双引号(“”)中。约束和条件规定该属性项为要素的必选属性或条件可选属性。备注注出需特别加以说明的内容。

4. 几何表示

要素的几何表示可以说明要素的几何特征、图形代码、表示方法和关联的属性。要素根据其几何特征分为点要素、线要素、面要素和复合要素四种类型。点要素用来表示没有面积和长度的地理要素，或在一定的地图比例尺上用点表示的要素。线要素用来表示具有一定长度但没有面积的地理要素，或在一定的地图比例尺上用线表示的要素。面要素用来表示具有一定长度和面积的地理要素，或在一定的地图比例尺上用面表示的要素。复合要素由点要素、线要素、面要素及辅助制图要素组合而成。辅助制图要素是指为了保证地图

符号化表示时的正确性而增加的辅助点、线、面。要素根据其地理尺度可以有一种或多种几何表示形式，如河流根据具体情况可以用线要素或者多边形要素来表示。

可以分别采用数字 1、2、3、4 作为点要素、线要素、面要素和辅助制图要素的图形代码，用户也可根据实际需要自行确定。

点要素的表示方法有三种形式：标注点、定位点和有向点。标注点是指无实体对应的点要素的表现形式，如高程点、比高点、特殊高程点等。定位点是指有实体对应的点要素的表现形式，如灯塔、盐井等。有向点是指具有方向性的点要素的表现形式，如泉、里程碑等，应在属性表中定义“方向”属性项。

线要素的表示方法有三种形式：线、中心线和有向线。线是指无实体对应的线要素的表现形式，如等高线、地类界、境界线等。中心线是指有实体对应的线要素的表现形式，如地铁、机耕路、溜索桥、隧道等。有向线是指具有方向性的线要素的表现形式，是要求依照一定方向采集的线，如单线河、田坎、路堑、沟堑、路堤、自然文化保护区界等。

面要素的表示方法有两种形式，轮廓线构面和范围线构面。轮廓线构面用于表示具有明确边界的面要素，如单幢房屋。范围线构面用于表示不具有明确边界的面要素，如湖泊、自然和文化保护区域等。

复合要素由点、线、面要素或辅助制图要素的点、线、面组合而成。

5. 几何表示示例与制图表示示例

几何表示示例给出了所表示要素或所表示要素与其他相关要素几何相互关系表示的示例。

制图表示示例给出了所表示要素或所表示要素与其他相关要素制图表示时的示例。制图表示可参照国家基本比例尺地图图式。

6. 相关要素和关系

相关要素描述与所表示要素有拓扑关系的要素。关系则描述需进行数据处理的连接、重叠、包含关系。

7.3.4　地形图符号库的设计

建设地形图数据库的目的之一就是输出和使用地形图。只有将地形图数据符号化再配上图例，地形图数据才能变成读者可以理解、阅读的真正意义上的地形图。否则，地形图数据只是一些令人费解的点、线、多边形线划。

1. 地形图符号库的设计原则

根据《地图符号库建立的基本规定》(CH/T 4015—2001)，地图符号库的设计必须遵循完备性、可扩充性、通用性、灵活性、精确性和易用性的原则。具体要求如下：

(1) 地图符号库应是一个结构、功能完整的专用软件系统，或其他地理信息系统和计算机制图系统的组成部分，应能提供地图符号的创建、组织、检索、管理和应用，以及符号的增加、删除、修改等功能。

(2) 地图符号库应能管理和制作所有现行的地形图符号，也可根据需要制作各种专题地图符号。

(3) 地图符号库应可根据不同的条件和图式变化具有可扩充、更新和调整的能力。

(4) 地图符号库在设计和建立时，应建立和保留各种详细的文档资料，以便系统维护和更新时使用。

(5) 地图符号库应有通用的数据格式和接口。

(6) 地图符号库所管理和制作的符号须具有高度的灵活性，符号的色彩、大小、旋转、平面位置等参数变量应为外部变量。

(7) 地图符号的设计和制作必须满足地图的精度要求，应具有明确的地图定位且符号的放大、缩小、旋转不会引起变形。

(8) 地图符号库须为用户提供方便的工具和良好的用户界面。

2. 地形图符号库的分类与定义

根据《地图符号库建立的基本规定》(CH/T 4015—2001)，地图符号一般应根据符号的几何特征、实现方法或操作方法，以及地图符号库所支持的软件平台的功能进行分类。根据符号的几何特征，地图符号可以分为点状符号、线状符号和面状符号。

1) 点状符号

点状符号用于描述独立地物，一般包括多个图元和参数，也可用其描述复杂线状符号和面状符号中出现的各种图元。

点状符号的定义格式为

```
*符号类别：编码
定位点坐标；参数 1，参数 2，…
<定义体>*
```

其中，*为起始标识符和结束标识符；符号类别为 D；定义体可以有多行，其基本格式如下所示：

```
图元名 1，参数 1，参数 2，…
图元名 2，参数 1，参数 2，…
  ⋮
```

图元名及其编码如表 7-1 所示。

表 7-1　点状符号的图元名及其编码

图 元 名	编 码	图 元 名	编 码
直线	ZX	三角形	SJ
矩形	JX	圆弧	YH
水平平行线	SP	多段折线	DD
椭圆	TY	弦	X
圆	Y	扇形	SX
折线	XZ	多边形	DB

2) 线状符号

线状符号用于描述呈线状分布的地物，包括简单的线状符号和由若干图元组合的线状符号。

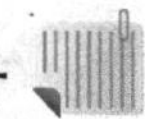

线状符号的定义格式有两种，其中线状符号的第一种定义格式为

```
*符号类别：编码
线型；参数 1，参数 2，…，*
```

其中，符号类别为 L_1；用于绘制简单线状符号，只规定实部长、虚部长、线宽、线长等线状符号，线型名及线型号如表 7-2 所示。

表 7-2　线状符号的线型名及线型号

线 型 名	线 型 号	线 型 名	线 型 号
实线	0	点划线	3
虚线	1	双点划线	4
点线	2	空线	5

线状符号的第二种定义格式为

```
*符号类别：编码
参数 1，参数 2，…
<定义体>*
```

其中，符号类别为 L_2；用于绘制组合线状符号；定义体可以有多行，每行可按需要重复出现，其基本格式为

```
图元名 1，参数 1，参数 2，…
图元名 2，参数 1，参数 2，…
…
```

线状符号的图元根据表 7-2 中基本图元制作并编号，它应包括可以组成复杂线状符号的所有图元。

3) 面状符号

面状符号用作面状地物的填充模式，其定义格式为

```
*符号类别；编码；
边界线型号；参数 1，参数 2，…
<定义体>*
```

其中，符号类别为 H；边界线型号按表 7-2 执行；定义体可以有多行，定义格式为

```
填充图元 1，参数 1，参数 2，…
填充图元 2，参数 1，参数 2，…
…
```

面状符号中填充的图元为线状或点状符号，填充图元编码见地图符号的编码的有关内容，线编码为表 7-2 中的线型号。

4) 其他类符号

其他类符号包括用于绘制以多点定位表示的符号(其符号结构一定，但符号尺寸可变，且取决于定位点的位置)；半依比例尺符号等。其他类符号的定义格式为

```
*符号类别；编码
<定义体>*
```

其中，符号类别为 Y。这类符号一般由专用程序绘制，其定义体自行确定。

3. 地形图符号的编码

根据《地图符号库建立的基本规定》(CH/T 4015—2001)，地形图符号库应根据编码来组织，使用时主要根据编码来查找相应的图示符号或符号绘制方法。

地形图符号的编码原则上应与相应比例尺的地形图要素分类编码一致。编码原则为

×	××××××
比例尺标识码	地形图要素分类编码

其中，1∶500、1∶1000、1∶2000 比例尺地形图标识码为 A，1∶5000、1∶10000 比例尺地形图标识码为 B，地形图要素分类编码按 GB/T 13923—2006 执行。

用于描述线状符号和面状符号的图元应统一编制且不得重复，其编码原则为 G××。其中，G 为图元标识符，××为两位顺序数字码。用于描述面状符号中出现的各种图元中的点状符号的编码应与相应的点状符号保持一致。

4. 地图符号和图元的参数

根据《地图符号库建立的基本规定》(CH/T 4015—2001)，地图符号和图元的参数可根据需要自行选取、设定其参数值。参数值的长度单位为毫米，角度单位为度(°)，符号和图元的默认比例为 1。

1) 地图符号的参数

图示编号应采用相应图示的标准编号，符号名称用汉字表示，线性控制选用直线、曲线或任意。

线状符号单元长度是指构成线状符号时重复配置的符号单元的长度。线状符号在符号单元重复配置时，符号单元长度需逐渐变长，其起始单元长度与终末单元长度之比为符号的变长倍数。重复配置参数有两个选项：重复配置和不重复配置(指个别线状符号全程仅用一个符号配置)。

定位线各节点处的图元表示也有两个选项：定位线各节点处无须表示图元和节点处需要表示图元(个别线状符号要求图元定位于节点或虚线的实部经过节点)。

点状符号的旋转有两个选项：不可旋转(一个定位点)和可旋转(一个定位点加一个定向点，或一个定位点加旋转角度)。点状符号还有一个缩放参数，可按比例尺放大或缩小。

线状符号有平行线间距参数，表示所绘制符号与定位点、线关系的定位点、线方位参数以及线状符号图元的插入参数。线状符号图元的插入有六种情况：

(1) 在一条连续的线间按一定规律插入图元。

(2) 图元间连线或不连线。

(3) 仅在中点上插入图元或两端点插入图元或中间点和两端点均插入图元。

(4) 插入图元时随连线方向旋转或不旋转。

(5) 插入符号时离开插入点的距离。

(6) 中间线的颜色号。

面状符号有各行、列中心距离的行距、列距参数，表示填充晕线方向与 X 轴的逆时针夹角的晕线倾角参数，填充晕线的线间距参数，填充图元排列方式参数。填充图元排列方

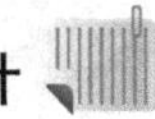

式参数有晕线或矩形网状、菱形格网状、不规则(散列)和普染(填实)。

2) 图元的参数

图元的参数包括可否变形、定位点坐标、相对于端点的定位方式、线宽、变粗倍数、填充色或线划色、填充方式、可伸长性、重复配置状况和相对位置可变性十个参数。其中，可否变形有不可变形和可变形两个选项，不可变形是指图元在配置时不能切割或变形，但可绕其定位点旋转。可变形是指图元在配置时，能随定位线弯曲变形、拉伸，或在定位线两端被切齐。图元相对于端点的定位方式有相对于左端点或右端点定位两种方式。变粗倍数仅用于线状符号，指线划逐渐变粗的程度，也就是最终线粗与起始线粗之比。填充方式仅指图元中闭合图形的填充，分为填实、不填实、水平晕线、垂直晕线、右斜晕线、横竖正交晕线、斜向正交晕线。可伸长性是指图元随符号放大，在两定位点间伸长或图元长度不变。重复配置情况是指图元可以或不可以在符号绘制中重复出现。相对位置可变性是指图元绘制时可相对定位点变化或不可变化。

7.3.5　地形图元数据库的结构设计

元数据是说明数据内容、质量、状况和其他有关特征的数据。元数据库是地形图数据库的有机组成部分，元数据库的设计应包括数据集的标识信息、数据质量信息、数据源和处理说明、数据内容摘要、数据空间参照系统、数据分类、数据分发信息和限制信息，以及其他有关信息。

建立元数据库的目标是数据共享，描述最基本的对象是数据集，可以扩展为数据集系列和数据集内的要素和属性。其存储形式是格式化的文本和关系型数据库表。与地形图有关的元数据标准目前颁布了两个：《基础地理信息数字产品元数据》(CH/T 1007—2001)和《地理信息元数据》(GB/T 19710—2005)，前者是一个行业标准，它的元数据文件是一个纯文本文件，采用左边为元数据项，右边为元数据值的存储结构，主要存放有关数据源、数据分层、产品归属、空间参考系、数据质量(数据精度、数据评价)、数据更新、数据接边等方面的信息。元数据以图幅为单位进行记录，并应根据数据生产、建库、分发等不同阶段分别进行记录。后者是一个国家标准，是基于 ISO/TC 211 的《地理信息元数据》(ISO 19115—2003)，并对其进行修改和补充而成。依据元数据的使用范围，它可分成全集元数据和核心元数据，全集元数据充分定义、评价、提取、使用和管理地理信息所需的元数据。核心元数据则标识一个数据集，拥有基本的、最少量的元数据元素。核心元数据元素主要包括数据集名称、数据集引用日期、数据集负责单位、数据集地理位置(由地理边界坐标或地理标识符确定)、数据集采用的语种、数据集采用的字符集、数据集专题分类、数据集空间分辨率、数据集摘要说明、分发格式、数据集覆盖范围补充信息(垂向的和时间的)、空间表示类型、参照系、数据志、在线资源、元数据文件标识符、元数据标准名称、元数据标准版本、元数据采用的语种、元数据采用的字符集、元数据联系方、元数据创建日期。

实际工作中，《基础地理信息数字产品元数据》(CH/T 1007—2001)容易掌握，为多数用户使用。由于这个标准的数据项仍然较多，而且多为空项，一些地方在使用时对其又进行了简化，如北京市的地形图元数据文件只有 61 个数据项。

7.3.6 地形图数据库的功能设计

根据《基础地理信息城市数据库建设规范》要求，地形图数据库系统应包括数据库安全管理、管理与维护、数据的输入输出、数据处理、数据表达、查询检索与统计等功能。

1. 数据库安全管理功能

数据库安全管理功能应包括系统用户管理、权限管理、日志管理、数据库备份与恢复。用户管理包括增加新用户和删除已有用户等；权限管理包括更改已有用户的权限(如扩大权限或缩小权限或更改成不同类型权限等)和密码信息；日志管理包括对日志的导入、导出、检索浏览等。

数据库备份分为数据的备份和系统软件的备份。备份可采用全备份或增量备份方式。数据库恢复分为系统恢复和数据恢复，利用备份可以恢复数据库环境和数据现场。

2. 数据库管理与维护功能

数据库管理与维护功能应包括软硬件升级和维护、性能调整改进，数据的维护更新与历史数据管理，以及数据字典、符号库、索引库、数据库元数据的管理与维护等。

数据的维护更新包括已有数据的编辑(包括编辑对象编辑前信息导入历史库和编辑后信息在现状库的保存)，新增数据的导入等。

历史数据管理包括历史数据的追溯和恢复等。

数据字典、符号库、数据库元数据的管理与维护主要包括对其基本存储单元的增加、修改、删除等编辑操作。索引库的管理与维护包括建立新的数据索引和删除已有数据索引。应根据不同类型数据的特点建立空间索引或关键字索引，指明空间索引方式和索引块大小，或索引关键字的字段。索引可采用国家标准分幅、任意矩形、规则格网等形式，空间索引的范围应等于或大于数据体的覆盖范围。同一数据库应采用同一种空间索引方式。

3. 数据的输入输出功能

数据的输入功能应包括对入库数据的检查、录入、添加和确认。数据的输出功能应包括按照产品标准或用户需求所进行的产品制作、输出和分发。其中数据的输出应满足按图幅、按图层或按条件进行数据输出。

4. 数据处理功能

数据处理功能应包括坐标及投影变换、高程换算、数据切割和拼接，空间数据格式转换、属性数据格式转换以及影像数据的对比度、灰度(色彩)、饱和度一致性调整。其中坐标及投影变换应提供常用坐标系、地图投影间的相互转换，空间数据格式转换功能提供的数据格式应包括国家地球空间数据交换格式。数据拼接应包括地图接边功能。

5. 数据表达功能

数据表达功能应包括数据的组合、叠加、符号化显示和浏览。数据的组合、叠加包括空间数据的叠置分析，同一区域矢量数据和影像的叠加显示等。符号化显示和浏览包括支持多种符号库的创建和显示，提供放大、缩小、漫游等数据浏览工具。

6. 查询检索与统计功能

查询检索与统计功能应包括以不同的查询条件对各种数据进行单独的、组合的、相互的查询与检索，并能依据查询结果提取数据和对数据进行统计。常用的查询条件包括地名(街巷、行政区划和兴趣点等)、图幅号、建筑物的高度或楼层数等。

实训任务——基于 ArcGIS 的城市空间数据库设计

1. 实训目的

掌握城市地形图数据库设计的基本流程和方法。

2. 内容与步骤

1) 城市空间数据库功能分析

2) 概念设计

采用一体化的空间数据和属性数据组织方法，按图幅方式进行水平方向的数据组织，分图层进行垂直方向的数据组织。

(1) 空间数据库的分层和各层的数据模型。

空间数据分以下几类：

JZWS	建筑物类
DLSJ	道路类
SXSJ	水系类
XZJJ	行政境界类
…	…

数据格式通过 Arc/Info 的 Coverage 格式转入 SDE(Spatial Database Engine，空间数据库引擎)，空间信息部分的存储由 Arc/Info 本身定义和管理。各层数据模型规定如下：

要素层名称	要素类型
建筑物 JZWS	Polygon
道路中心线 DLZX	Line
水系 SXSJ	Polygon
行政境界 XZJJ	Line
…	…

(2) 属性数据库的划分。

属性数据库的设计及其包含的数据表划分如下。

序　号	数据库名称	数据库标识	备　注
1	建筑物属性数据库	JZWDB	
2	道路属性数据库	DLSDB	
3	水系属性数据库	SXSDB	
…	…	…	

3) 逻辑设计

根据总体设计的功能与子系统的划分，对概念设计提出的空间分层方案进行进一步的设计，具体每层的附加属性字段如下。

要素层名称	附加属性
JZWS 层(建筑物)	UserID、CODE、层数、高程、类型、所属村庄
DLZX 层(道路中心线)	UserID、CODE、宽度、通往城镇
SXSJ 层(水系层)	UserID、CODE、名称、宽度、流域概况、平均比降、五年一遇洪水位、五十年一遇洪水位、百年一遇洪水位、最高通航水位、备注
…	…

4) 物理设计

采用客户/服务器体系。所有数据存储在服务器中，用户通过网络向 SDE 服务器发出各种服务请求，由 SDE 针对众多用户进行协调，实现不同用户不同权限的身份确认，并应具有在后台数据库进行查询、修改数据等具体功能。

属性数据库存储在数据服务器的 Oracle 数据库管理系统中。

3. 提交成果

空间数据库设计模型。

思　考　题

1. 简述数据库发展的三个主要阶段。
2. 什么是地形图数据库？地形图数据库具有哪些特点？
3. 简述建立地形图数据库的基本流程。
4. 地形图数据库的使用目标分为哪几种？
5. 为什么进行地形图数据库要素分层？地形图数据库要素分层应遵循哪些原则？
6. 地形图要素根据几何特征可分为哪几种类型？试简要说明。
7. 线状符号图元的插入分为哪几种情况？
8. 地形图数据库系统应具备哪些功能？试简要说明。

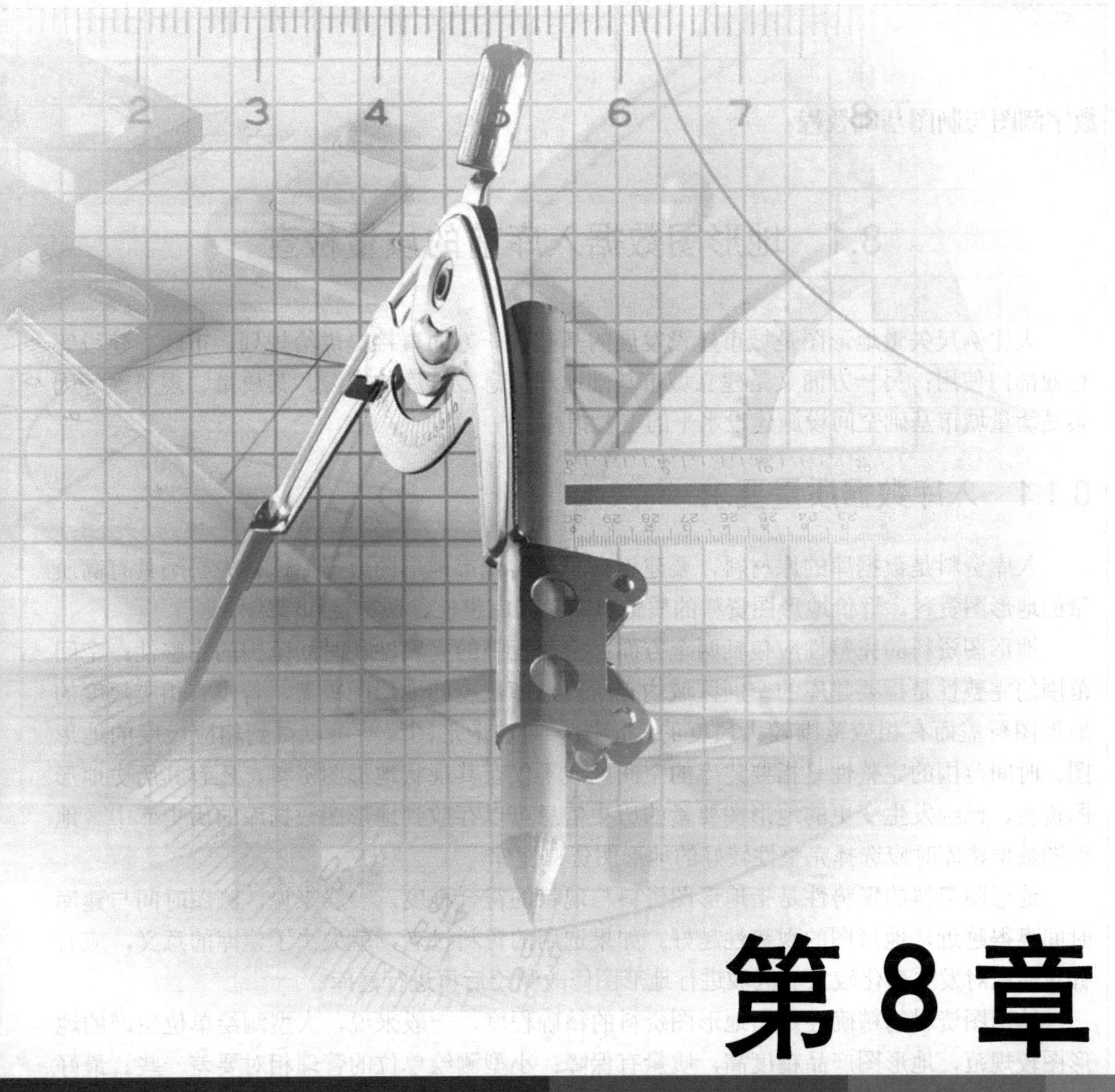

第8章 矢量地形数据处理与入库

学习目标

掌握地形图资料质量的评价标准及城市 DLG 数据的质量要求；掌握数据质量检查与预处理的内容与方法；掌握地形图数据入库的主要方法及步骤；熟悉跨图幅地形图线、面要素合并的基本思路和方法；熟悉入库地形图数据后处理的内容和方法；了解城市地形图数据归档的具体要求。

8.1 地形图数据入库前的质量检查

大比例尺矢量地形图是城市建设发展的基础，一方面直接提供给规划、市政、建设等行业部门使用；另一方面又是建立城市基础地理信息数据库的来源。其质量、现势性等因素是衡量城市基础空间设施建设水平的重要指标。

8.1.1 入库数据质量要求

入库资料是数据库的原材料，要建设高质量的城市地形图数据库，首先必须具有高质量的地形图资料。评价地形图资料的质量可参考其完整性、现势性和精确性。

地形图资料的完整性应包括两个方面：空间范围的完整性和时间范围的完整性；空间范围的完整性是指要建库的空间区域均有所要建库尺度的地形图覆盖，若没有相应尺度的地形图覆盖而有相应范围较大尺度的地形图，通过地形图编绘可以得到相应尺度的地形图。时间范围的完整性是指要建库的空间区域不仅有其现状地形图资料，还有其历史地形图资料。已经发生变更的地形图要素的历史信息可以存放到地形图数据库的历史库中。地形图数据建库时应选择完整性较好的地形图资料建库。

地形图资料的现势性是指地形图资料与现状的符合程度，一般来说，测图时间与建库时间离得越近，地形图的现势性越好。如果选用的资料过老，就失去了建库的意义，应有针对性地对发生变化较大的区域进行地形图修改测绘后再进行建库。

地形图资料的精确性是指地形图资料的精确程度，一般来说，大型测绘单位生产的地形图较规范，地形图产品精度高，质量有保障；小型测绘单位的管理相对要差一些。最好选用大型测绘单位生产的地形图产品进行数据建库。

DLG 数据是城市地形要素的主要表达形式，城市 DLG 数据的质量应符合下列要求。

1. 几何精度应符合下列要求

(1) 城市 DLG 数据的平面精度、基本等高距和高程精度应符合现行行业标准《城市测量规范》CJJ8 的相应要求。

(2) 相邻存储单元要素的几何位置应接边，接边误差不应大于 2 倍中误差。

2. 图形质量应符合下列要求

(1) 数据的图形表示应正确并符合现行图式的规定。

(2) 由 DLG 数据生成的可视化图形应整洁、清晰、美观、无遗漏、无明显变形。

3. 属性精度应符合下列要求

(1) 地形要素的分类编码应正确无误。

(2) 地形要素的属性信息应完整、正确。

(3) 相邻存储单元同一要素的属性信息应一致。

4. 逻辑一致性应符合下列要求

(1) 面状区域应闭合，属性应一致。

(2) 节点匹配应准确，线段相交应无悬挂点或过头现象。

(3) 要素应具有唯一性，几何类型和空间拓扑关系应正确。

(4) 相关要素处理应正确。

5. 完整性应符合下列要求

(1) 地形要素应符合现行行业标准《城市测量规范》(CJJ8)规定的取舍要求，无遗漏。

(2) 地形要素的几何描述应完整。

(3) 数据的分层与组织应正确，不得有重复或遗漏。

(4) 注记应完整、正确。

8.1.2 入库地形数据检查与预处理

数据质量的优劣直接关系到地理信息系统中基础信息的准确性和正确性。数据质量检查与预处理是指数据采集结束，数据入库前的一些数据处理过程，它是确保数据质量的一道重要工序。根据《数字测绘成果质量检查与验收》(GB/T 18316—2008)标准，地形图数据必须检查其空间参考系、位置精度、属性精度、完整性、逻辑一致性、时间精度、表征质量和附件质量八个质量元素方面的内容。

1) 空间参考系

空间参考系质量元素包括大地基准、高程基准、地图投影和图幅分幅四个质量子元素。具体应检查坐标系统、高程基准和地图投影各参数是否符合要求，此外还要检查图廓角点坐标、内图廓线坐标、千米网线坐标是否符合要求。

2) 位置精度

位置精度质量元素包括平面精度质量子元素和高程精度质量子元素。平面精度质量子元素应检查平面位置中误差、检查控制点平面坐标处理不符合要求的个数，检查要素几何位置偏移超限的个数，此外还要检查要素几何位置接边错误的个数。

高程精度质量子元素应检查等高距是否符合要求，检查高程注记点和等高线高程的中误差，此外还应检查控制点高程值处理不符合要求的个数。

3) 属性精度

属性精度质量元素包括分类正确性质量子元素和属性正确性质量子元素，分类正确性质量子元素应检查包括属性值不接边错误在内的要素分类代码值错漏个数。

属性正确性质量子元素应检查包括属性值不接边在内的属性值错漏个数。

4) 完整性

要素完整性质量要素包括多余质量子元素和遗漏质量子元素。多余质量子元素应检查要素多余的个数(包括非本层要素，即要素放错层)。

5) 逻辑一致性

逻辑一致性质量要素包括概念一致性、格式一致性、拓扑一致性三个质量子元素。

概念一致性质量子元素应检查属性项定义是否符合要求(如名称、类型、长度、顺序数等)和数据集(层)定义是否符合要求。

格式一致性质量子元素应检查数据文件存储组织、数据文件格式和数据文件名称是否符合要求，此外，还应检查数据文件是否有缺失、多余、数据无法读出等问题。

拓扑一致性质量子元素应检查拓扑关系是否符合要求，此外，还应检查不重合错误个数、重复要素个数、要素未相接错误个数(如错误的悬挂点现象等)、要素不连续的错误个数(如错误的伪节点现象等)、未闭合要素的错误个数、要素未打断的错误个数(如相交应打断而未打断等现象)。

6) 时间精度

时间精度质量元素包括现势性质量子元素，具体地说，应检查原始资料和成果数据的现势性。

7) 表征质量

表征质量元素包括几何表达、地理表达、符号、注记、整饰五个质量子元素，具体应检查内图廓外的注记及整饰、内图廓线、千米网线、经纬网线等是否符合要求。此外，还应检查要素几何类型点、线、面表达错误的个数，要素几何图形异常的个数(如极小的不合理面或极短的不合理线，折刺、回头线、黏连、自相交、抖动等)，要素取舍错误的个数，图形概括错误的个数(如地物地貌局部特征细节丢失、变形)，要素错误的个数，要素方向特征错误的个数，符号规格(图形、颜色、尺寸、定位等)错误的个数，符号配置不合理的个数，注记规格(字体、字大、字色等)错误的个数，注记内容错漏的个数，注记配置不合理的个数。

8) 附件质量

附件质量元素包括元数据、图历簿、附属文档质量子元素。具体应检查成果附属资料的完整性、正确性、权威性，此外，还应检查元数据项、元数据各项内容和图历簿各项内容的错漏个数。

8.2 地形图数据入库的常用方法

地形图数据入库的方法主要有两种：分幅批量入库或分层批量入库。分幅批量入库适于面积较大、地形图图幅数较多(如数百幅甚至数千幅)的大中城市。有些城市地形图数据的组织单位是街坊，也可列入此类入库方法。分层批量入库方法适于面积较小、图幅数较少(如不足百幅)的小城市。在进行地形图数据库增量更新时，也可采用分层批量入库方法。数据入库可选用手动添加或程序批量入库。数据入库后应记录数据入库日志。

分幅地形图数据是地形图数据组织的基本单位，也是地形图入库的一种基本方法。分幅组织的地形图数据在经过数据接边和数据质量检查后，在地形图数据库的框架结构基础上，可进行地形图数据的分幅批量入库。具体步骤如下：

(1) 按照地形图数据分幅存储目录字符排列顺序，打开某个图幅的地形图数据目录；将本目录内的各数据层依据其名称排列顺序依次导入地形图数据库。

(2) 顺序转入下一个地形图数据分幅存储目录，重复(1)的操作，直至所有地形图数据分幅存储目录的所有地形图图层全部导入地形图数据库。

(3) 对于入库时出现问题不能正常入库的图层，应记录图层目录及图层名、出错原因等。认真检查该数据质量，并进行编辑修改，直到正确无误能导入地形图数据库为止。

分层批量入库可看成是图幅数为 1 的分幅批量入库情况，相关技术或操作可参照分幅批量入库执行。

8.3　入库地形图数据的后处理

地形图数据经过采集、质量检查和入库后，只是完成了数据由分散到结构化集中的过程，还没有完成跨图幅地形图线、面要素的合并及其唯一代码编制工作。为方便使用及后续地形图更新需要，还应完成下述工作。

8.3.1　跨图幅地形图线、面要素的合并

虽然在地形图数据在采集过程中，有过地形图线面要素的接边，但这种接边只是逻辑上的接边，尽管人的肉眼看不到同一目标在图幅结合处的缝隙(而且其属性也相同)，但实际上它们在不同的图幅上依然是独立的目标，也就是说还不是同一个目标，没有实现真正意义上的物理接边。要实现真正意义上的物理接边，必须找出跨图幅的线、面要素的各个部分，在相关 GIS 平台软件的支持下，将同一目标的不同部分(可能包括很多部分：如较长的城市街道或河流等)合并成同一个目标。该项工作实现的主要思路如下：

(1) 分层找出需要进行合并的要素。通过找出与地形图图廓相交的线、面要素就找出了需要进行合并的要素。

(2) 逐个找出需要合并要素的各个部分，并进行连接排序。对于需要进行合并要素的每个部分，提取其两个端点坐标和各项属性值，找出分别与端点坐标和各项属性值相同的其他需要合并的要素部分并进行连接排序。

(3) 需要合并要素各个部分的合并。在相关 GIS 平台下对需要合并的要素各个部分依次进行要素合并，直到将需要合并要素各个部分合并为一个完整要素，完成需要合并要素各个部分的合并。

8.3.2　唯一代码编制

为便于地形图要素的更新及变化要素的识别，在完成地形图要素的接边合并后还需给每个地形图要素一个唯一代码。这样做的目的是使地形图每个要素都有唯一标识，当其输出到外业修测时，通过对比修测前后的数据，可以很方便地找到输出要素的图形属性信息变化情况。

唯一代码的构成一般是：分区代码+分类代码+顺序号。分区代码可以选择图幅号或政区代码或街坊代码、流域代码等。不同图层可选用不同代码，如点状要素采用图幅号，建

筑物采用街坊代码，河流采用流域代码等，其原则主要是保持分区的连续性和要素的完整性。分类代码可选用《基础地理信息要素分类与代码》(GB/T 13923—2006)，顺序号可选用5～10位数字表示。

8.3.3 入库数据检查

跨图幅地形图线、面要素的唯一代码编制工作一般通过编制相应程序自动化完成，跨图幅地形图线、面要素的合并工作有可能半自动化配合手工合并完成。工作完成后需检查各步工作的正确性。如地形图要素编码的正确性，数据是否存放在规定的数据表中，入库后数据是否完整，数据是否重复入库和数据拼接是否无缝等。

8.4 地形图数据归档

根据《基础地理信息城市数据库建设规范》(GB/T 21740—2008)，城市地形图数据归档应满足下列要求：

(1) 归档数据应满足相关产品标准规定的产品质量要求。

(2) 归档数据应满足数据库建库设计的要求。

(3) 归档数据应至少复制两份，异地存放，确保其数据安全。

(4) 归档数据中的文档应填写完整、正确、整洁、清晰，并需要保存为模拟和电子两种形式。

(5) 归档资料中的图件、图面应整洁无损。

(6) 数据文件和电子文档应选用高品质磁盘、光盘或磁带等作为存储介质。

(7) 归档数据以数据、文档、图件的清单以及必要的说明作为包装标签。

(8) 数据归档应满足国家有关档案管理和保密的规定。

实训任务——基于南方CASS的全要素地形图数据入库整理

1. 实训目的

基于南方CASS软件实现对全要素地形图数据的加工整理。

2. 内容与步骤

(1) 熟悉南方 CASS 软件的处理命令、处理菜单，熟悉分层方案、点线面等实体划分及处理方式。

(2) 地物批量修改。

若图中编码正确，但图层、线形、图块名、线形参数、图块参数不正确，可用“编码转图层”、“编码转线形”等方法以一个编码对应的所有地物为整体进行批量转换。

若某一图块、图层对应唯一地物，可先用“图块转编码”或“图层转编码”批量转换成正确编码，再用“编码转图块”、“编码转线形”、“编码转图层”等命令转换成标准格式。

(3) 图形分幅。

首先进行“图框设置”，正确填写测绘单位、成图日期、坐标系等；第二步建立格网体系，选择分幅图的尺寸，然后将形成的格网中的图幅号替换成相应的图幅名称，没有图幅名称的则不用修改。在地形图图幅名称输入完成后，选择“批量输出到文件”命令，将所有的分幅图保存到指定的文件夹下。

(4) 分幅编辑与处理。

① 图形特征检查与处理。主要包括实体图层检查、特征一致性检查(检查图形要素中图层、颜色、编码、线型、实体类型与数据标准的一致性)、面封闭性检查等。

② 图形拓扑检查与处理。主要包括线面中重复点删除处理、回头曲线检查、微短线处理、空注记处理、多义线抽稀处理、自相交检查、完全重叠检查、面实体交叉检查、悬挂线检查、伪节点检查等。

③ 属性检查与处理。主要包括高程点值与高程注记一致性检查、高程点冗余检查、扩展属性完整性检查(缺少扩展属性、属性项不完整)、扩展属性正确性检查与处理(取值范围、取值标准化)、扩展属性值与编码一致性及扩展属性值与注记一致性检查等。

④ 接边检查与处理。主要是保证图形、编码、图层、属性等内容的正确衔接。

(5) 成果、资料整合提交。

3. 提交成果

矢量地形图数据库文件。

思　考　题

1. 如何衡量地形图资料的质量？
2. 简述城市 DLG 数据的质量要求。
3. 数据质量检查与预处理具体包括哪些内容？
4. 地形图数据入库的常见方法有哪些？试简要说明其具体步骤及各自的适用范围？
5. 如何实现跨图幅地形图线、面要素的合并？
6. 简述地形图数据归档的具体要求。

第9章 计算机绘图原理

学习目标

掌握用计算机绘制直线、圆等基本几何图形的算法与原理；了解字符的属性及点阵字符和矢量字符的显示方式；熟悉直线裁剪和多边形裁剪的基本算法和步骤；掌握独立符号、线状符号和面状符号在计算机绘图中的实现方法；掌握网格法和三角网法绘制等高线的基本原理和步骤；熟悉图形分层显示方法。

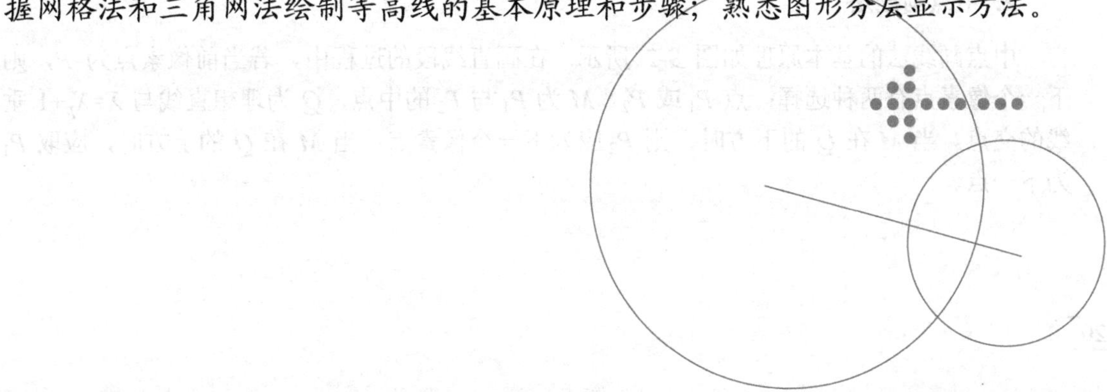

9.1 基本图形的绘制

9.1.1 直线

数学上，理想的直线是由无数个点构成的集合，没有宽度。用计算机绘制直线是在显示器所给定的有限个像素组成的矩阵中，确定最佳逼近该直线的一组像素，并且按扫描线的顺序，对这些像素进行写操作，实现显示器绘制直线，即通常所说的直线的扫描转换，或称直线光栅化。

由于一个图形中可能包含成千上万条直线，所以要求绘制直线的算法应尽可能地快。下面介绍一个像素宽直线的常用算法：数值微分法(DDA)、中点画线法和Bresenham算法。

1. DDA(数值微分)算法

DDA 算法的原理如图 9-1 所示，已知过端点 $p_0(x_0, y_0), p_1(x_1, y_1)$ 的直线段 p_0p_1；直线斜率 $k=\dfrac{y_1-y_0}{x_1-x_0}$，从 x 的左端点 x_0 开始，向 x 右端点步进画线，步长=1(个像素)，计算相应的 y 坐标 $y=kx+B$；取像素点 [x ,round(y)] 作为当前点的坐标。计算 $y_{i+1}=kx_{i+1}+B=k(x_i+1)+B=kx_i+k+B=kx_i+B+k=y_i+k$，当 $x=1$, $y_{i+1}=y_i+k$，即当 x 每递增 1，y 递增 k(即直线斜率)。

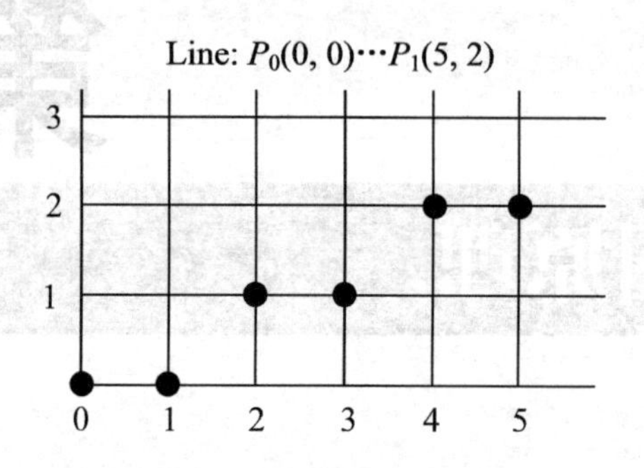

图 9-1　DDA 方法扫描转换连接两点

注意： 上述分析的算法仅适用于 $k\leqslant 1$ 的情形。在这种情况下，x 每增加 1, y 最多增加 1。当 $k\geqslant 1$ 时，必须把 x、y 地位互换，y 每增加 1，x 相应增加 $1/k$。

2. 中点画线法

中点画线法的基本原理如图 9-2 所示。在画直线段的过程中，若当前像素点为 P，则下一个像素点有两种选择：点 P_1 或 P_2。M 为 P_1 与 P_2 的中点，Q 为理想直线与 $X=X_p+1$ 垂线的交点。当 M 在 Q 的下方时，则 P_2 应为下一个像素点；当 M 在 Q 的上方时，应取 P_1 为下一点。

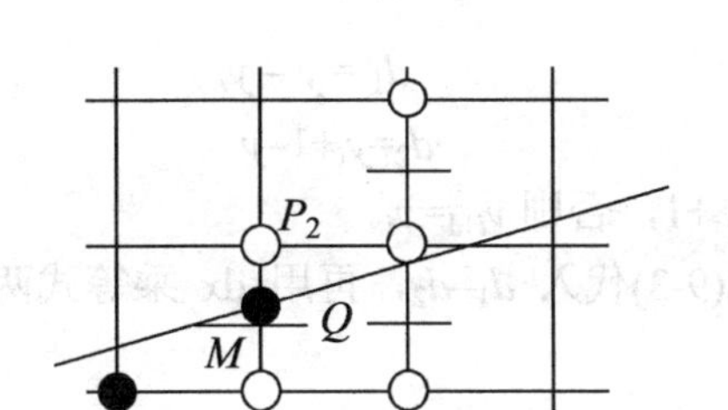

图 9-2 中点画线法每步迭代涉及的像素和中点示意图

中点画线法的实现：令直线段为 $L[\ p_0(x_0,y_0), p_1(x_1,y_1)]$，其方程式 $F(x, y)=ax+by+c=0$。

其中，$a=y_0-y_1, b=x_1-x_0, c=x_0y_1-x_1y_0$，点与 L 的关系如下：

在直线上，$F(x, y)=0$；

在直线上方，$F(x, y)>0$；

在直线下方，$F(x, y)<0$。

把 M 代入 $F(x, y)$，判断 F 的符号，可知 Q 点在中点 M 的上方还是下方。为此构造判别式 $d=F(M)=F(x_p+1, y_p+0.5)=a(x_p+1)+b(y_p+0.5)+c$。

当 $d<0$，L(Q 点)在 M 上方，取 P_2 为下一个像素。

当 $d>0$，L(Q 点)在 M 下方，取 P_1 为下一个像素。

当 $d=0$，选 P_1 或 P_2 均可，取 P_1 为下一个像素。

其中 d 是 x_p, y_p 的线性函数。

3. Bresenham 算法

Bresenham 算法是计算机图形学领域使用最广泛的直线扫描转换算法。由误差项符号决定下一个像素取右边点还是右上方点。

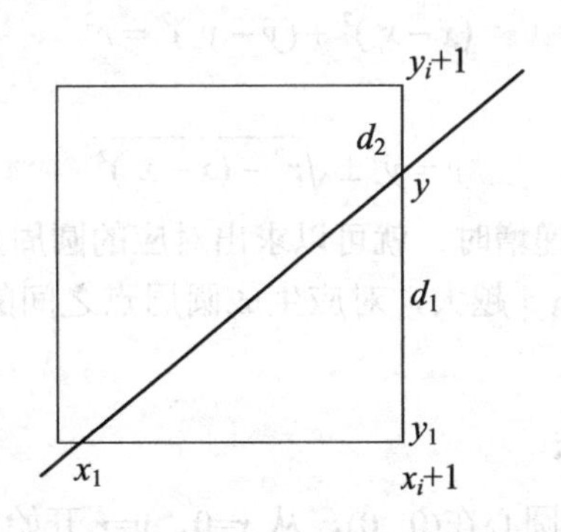

图 9-3 第一象限直线光栅化 Bresenham 算法

设直线从起点(x_1, y_1)到终点(x_2, y_2)。直线可表示为方程 $y = mx+b$，其中 $b=y_1-mx_1$，$m = (y_2-y_1)/(x_2-x_1)=\mathrm{d}y/\mathrm{d}x$；此处讨论的直线方向限于第一象限，如图 9-3 所示，当直线光栅化时，x 每次都增加 1 个单元，设 x 像素为(x_i, y_i)。下一个像素的列坐标为 x_i+1，行坐标为 y_i 或者递增 1 为 y_i+1，由 y 与 y_i 及 y_{i+1} 的距离 d_1 及 d_2 的大小而定。计算公式为

$$y = m(x_i + 1) + b \tag{9-1}$$

$$d_1 = y - y_i \tag{9-2}$$

$$d_2=y_i+1-y \tag{9-3}$$

如果 $d_1-d_2>0$，则 $y_{i+1}=y_i+1$，否则 $y_{i+1}=y_i$。

将式(9-1)、式(9-2)、式(9-3)代入 d_1-d_2，再用 dx 乘等式两边，并以 $P_i=(d_1-d_2)$，dx 代入上述等式，得

$$P_i = 2x_i\mathrm{d}y-2y_i\mathrm{d}x+2\mathrm{d}y+(2b-1)\mathrm{d}x \tag{9-4}$$

d_1-d_2 用以判断符号的误差。由于在第一象限，dx 总大于 0，所以 P_i 仍旧可以用做判断符号的误差。P_{i+1} 为

$$P_{i+1} = P_i+2\mathrm{d}y-2(y_{i+1}-y_i)\mathrm{d}x \tag{9-5}$$

求误差的初值 P_1，可将 x_1、y_1 和 b 代入式(9-4)中的 x_i、y_i，得

$$P_1 = 2\mathrm{d}y-\mathrm{d}x$$

综述上面的推导，第一象限内的直线 Bresenham 算法思想如下：

(1) 画点(x_1, y_1)，$\mathrm{d}x=x_2-x_1$，$\mathrm{d}y=y_2-y_1$，计算误差初值 $P_1=2\mathrm{d}y-\mathrm{d}x$，$i=1$。

(2) 求直线的下一点位置 $x_{i+1} = x_i + 1$，如果 $P_i>0$，则 $y_{i+1}=y_i+1$，否则 $y_{i+1}=y_i$。

(3) 画点(x_{i+1}, y_{i+1})。

(4) 求下一个误差 P_{i+1}，如果 $P_i>0$，则 $P_{i+1}=P_i+2\mathrm{d}y-2\mathrm{d}x$，否则 $P_{i+1}=P_i+2\mathrm{d}y$。

(5) $i=i+1$；如果 $i<\mathrm{d}x+1$ 则转到步骤(2)；否则结束操作。

9.1.2 圆

给出圆心坐标(x_c, y_c)和半径 r，逐点画出一个圆周的公式有下列两种。

1. 直角坐标法

直角坐标系的圆的方程为

$$(x-x_c)^2+(y-y_c)^2=r^2$$

由上式导出：

$$y=y_c\pm\sqrt{r^2-(x-x_c)^2}$$

当 $x-x_c$ 从 $-r$ 到 r 做加 1 递增时，就可以求出对应的圆周点的 y 坐标。但是这样求出的圆周上的点是不均匀的，$|x-x_c|$ 越大，对应生成圆周点之间的圆周距离也就越长。因此，所生成的圆不美观。

2. 圆的 Bresenham 算法

设圆的半径为 r，先考虑圆心在(0, 0)，从 $x=0$、$y=r$ 开始的顺时针方向的 1/8 圆周的生成过程。在这种情况下，x 每步增加 1，从 $x=0$ 开始，到 $x=y$ 结束，即有 $x_{i+1} = x_i + 1$；相应的，y_{i+1} 则在两种可能中选择：$y_{i+1}=y_i$ 或者 $y_{i+1} = y_i - 1$。选择的原则是考察精确值 y 是靠近 y_i 还是靠近 y_i-1(见图 9-4)，计算式为

$$y^2= r^2-(x_i+1)^2$$

$$d_1 = y_i^2-y^2 = y_i^2-r^2+(x_i+1)^2$$

$$d_2 = y^2-(y_i-1)^2 = r^2-(x_i+1)^2-(y_i-1)^2$$

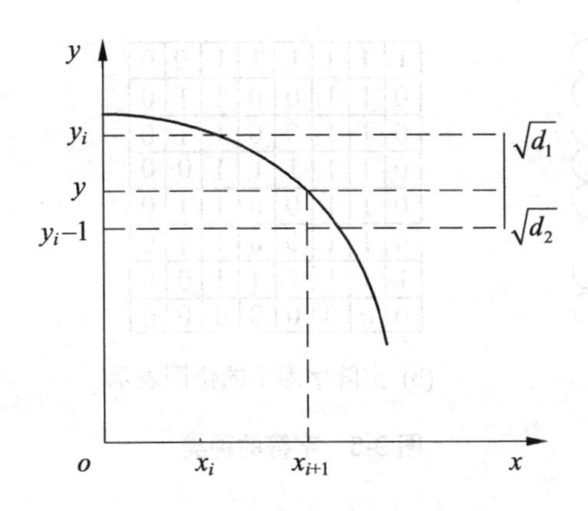

图 9-4　确定 y 的位置

令 $p_i=d_1-d_2$，并代入 d_1、d_2，则有

$$p_i = 2(x_i+1)^2 + y_i^2 + (y_i - 1)^2 - 2r^2 \tag{9-6}$$

p_i 称为误差。如果 $p_i<0$，则 $y_{i+1}=y_i$，否则 $y_{i+1}=y_i - 1$。

p_i 的递归式为

$$p_{i+1} = p_i + 4x_i + 6 + 2(y_i^2 + 1 - y_i^2) - 2(y_i + 1 - y_i) \tag{9-7}$$

p_i 的初值由式(9-6)代入 $x_i=0$，$y_i=r$，得

$$p_1 = 3-2r \tag{9-8}$$

根据上面的推导，圆周生成算法思想如下：

(1) 求误差初值，$p_1=3-2r$，$i=1$，画点$(0, r)$。

(2) 求下一个光栅位置，其中 $x_{i+1}=x_i+1$，如果 $p_i<0$ 则 $y_{i+1}=y_i$，否则 $y_{i+1}=y_i - 1$。

(3) 画点(x_{i+1}, y_{i+1})。

(4) 计算下一个误差，如果 $p_i<0$ 则 $p_{i+1}=p_i+4x_i+6$，否则 $p_{i+1}=p_i+4(x_i - y_i)+10$。

(5) $i=i+1$，如果 $x=y$ 则结束，否则返回步骤(2)。

9.1.3　字符的生成

字符是指数字、字母、汉字等符号。计算机中的字符由一个数字编码唯一标识。国际上最流行的字符集是《美国信息交换用标准代码集》，简称 ASCII 码。它是用 7 位二进制数进行编码表示 128 个字符，包括字母、标点、运算符以及一些特殊符号。我国除采用 ASCII 码外，还另外制定了汉字编码的国家标准字符集《信息交换用汉字编码字符集　基本集》(GB 2312－1980)。该字符集分为 94 个区，94 个位，每个符号由一个区码和一个位码共同标识。区码和位码各用一个字节表示。为了能够区分 ASCII 码与汉字编码，采用字节的最高位来标识：最高位为 0 表示 ASCII 码；最高位为 1 表示汉字编码。为了在显示器等输出设备上输出字符，系统中必须装备有相应的字库。字库中存储了每个字符的形状信息，字库分为矢量和点阵型两种形式，如图 9-5 所示。

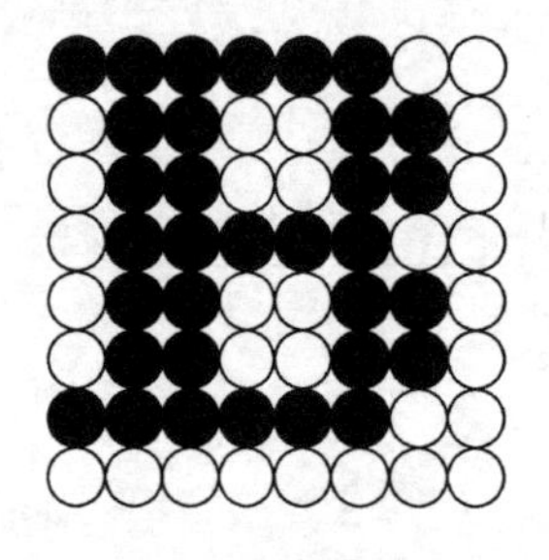

(a) 点阵字符

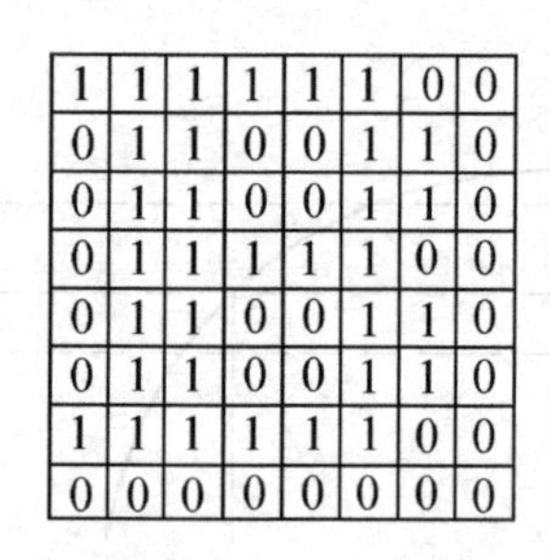

(b) 点阵字库中的位图表示

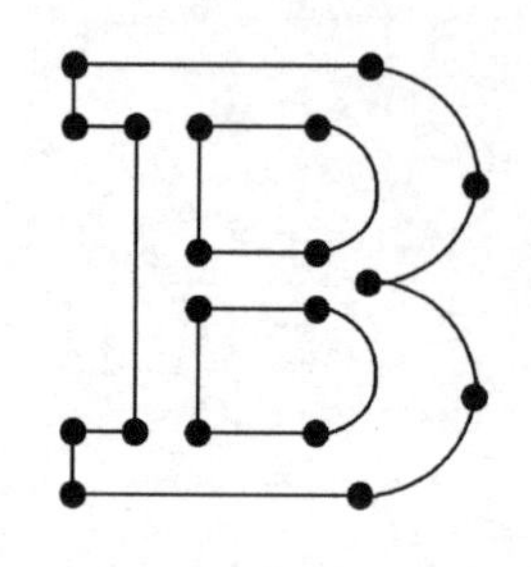

(c) 矢量轮廓字符

图 9-5 字符的种类

1. 点阵字符

在点阵字符库中，每个字符由一个位图表示。该位为 1 表示字符的笔画经过此位，对应于此位的像素应置为字符颜色。该位为 0 表示字符的笔画不经过此位，对应于此位的像素应置为背景颜色。在实际应用中，有多种字体(如宋体、楷体等)，每种字体又有多种大小型号，因此字库的存储空间是很庞大的。解决这个问题一般采用压缩技术。如黑白段压缩、部件压缩、轮廓字形压缩等。其中，轮廓字形法压缩比大，且能保证字符质量，是当今国际上最流行的一种方法。轮廓字形法采用直线或二/三次贝塞尔曲线的集合来描述一个字符的轮廓线。轮廓线构成一个或若干个封闭的平面区域，轮廓线定义加上一些指示横宽、竖宽、基点、基线等的控制信息就构成了字符的压缩数据。

点阵字符的显示分为两步，首先从字库中将它的位图检索出来，然后将检索到的位图写到帧缓冲器中。

2. 矢量字符

矢量字符记录字符的笔画信息而不是整个位图，具有存储空间小、美观、变换方便等优点。对于字符的旋转、缩放等变换，点阵字符的变换需要对表示字符位图中的每个像素进行变换；而矢量字符的变换只要对其笔画端点进行变换就可以了。矢量字符的显示也分为两步，首先从字库中找到它的字符信息，然后取出端点坐标，对其进行适当的几何变换，再根据各端点的标识显示出字符。

3. 字符属性

字符属性一般包括字体、字高、字宽因子(扩展/压缩)、字倾斜角、对齐方式、字色和写方式等。字符属性的内容如下。

(1) 字体：如仿宋体、楷体、黑体、隶书。

(2) 字倾斜角：如倾斜。

(3) 对齐：如左对齐、中心对齐、右对齐。

(4) 字色：如红色、绿色、蓝色。

(5) 写方式：替换方式时，对应字符掩模中空白区被置成背景色。写方式时，这部分区域颜色不受影响。

9.1.4 图形裁剪

在使用计算机处理图形信息时，计算机内部存储的图形往往比较大，而屏幕显示的只是图的一部分。因此需要确定图形中哪些部分落在显示区之内，哪些落在显示区之外，以便只显示落在显示区内的那部分图形。这个选择过程称为裁剪。最简单的裁剪方法是把各种图形扫描转换为点之后，再判断各点是否在窗内。但那样太费时，一般不可取。这是因为有些图形组成部分全部在窗口外，可以完全排除，不必进行扫描转换。所以一般采用先裁剪再扫描转换的方法，多边形裁剪示意图如图 9-6 所示。

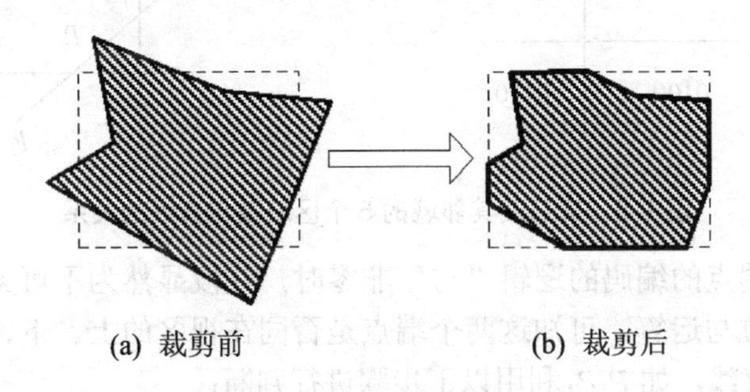

图 9-6 多边形裁剪示意图

1. 线裁剪

1) 直线和窗口的关系

直线和窗口的关系如图 9-7 所示，可以分为如下 3 类。

(1) 整条直线在窗口内。此时，不需剪裁，显示整条直线。

(2) 整条直线在窗口外。此时，不需剪裁，不显示整条直线。

(3) 部分直线在窗口内。部分直线在窗口外。此时，需要求出直线与窗框的交点，并将窗口外的直线部分剪裁掉，显示窗口内的直线部分。

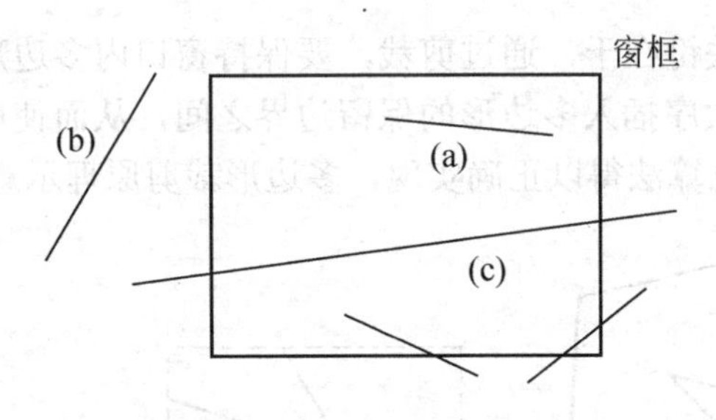

图 9-7 直线与窗口的关系

直线剪裁算法有两个主要步骤。首先将不需剪裁的直线挑出，即删去在窗外的直线；然后，对其余直线，逐条与窗框求交点，并将窗口外的部分删去。

2) Cohen-Sutherland 直线剪裁算法

以区域编码为基础，将窗口及其周围的 8 个方向用 4 位的二进制数进行编码。如图 9-8 所示的编码方法将窗口及其邻域分为 5 个区域。

(1) 内域：区域(0000)。

(2) 上域：区域(1001,1000,1010)。

(3) 下域：区域(0101, 0100, 0110)。

(4) 左域：区域(1001, 0001, 0101)。

(5) 右域：区域(1010, 0010, 0110)。

1001	1000	1010
0001	0000	0010
0101	0100	0110

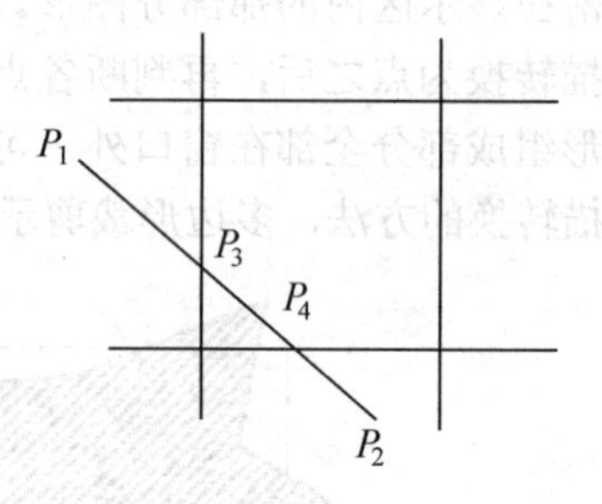

图 9-8　窗口及其邻域的 5 个区域及与直线的关系

当线段的两个端点的编码的逻辑“与”非零时，线段显然为不可见的。对某线段的两个端点的区号进行位与运算，可知这两个端点是否同在视区的上、下、左、右。算法的主要思想是，对每条直线，如 P_1P_2 利用以下步骤进行判断：

(1) 对直线两端点 P_1、P_2 编码分别记为 $C_1(P_1)=\{a_1, b_1, c_1, d_1\}$，$C_2(P_2)=\{a_2, b_2, c_2, d_2\}$，其中，$a_i$、$b_i$、$c_i$、$d_i$ 的取值范围为 $\{1, 0\}$，$i\in\{1, 2\}$。

(2) 如果 $a_i=b_i=c_i=d_i=0$，则显示整条直线，取出下一条直线，返回步骤(1)；否则，进入步骤(3)。

(3) 如果$|a_1-a_2|=1$，则求直线与窗上边的交点，并删去交点以上部分。如果$|b_1-b_2|=1$，$|c_1-c_2|=1$，$|d_1-d_2|=1$，进行类似处理。

(4) 返回步骤(1)判断下一条直线。

2. 多边形裁剪

多边形裁剪算法的关键在于，通过剪裁，要保持窗口内多边形的边界部分，而且要将窗框的有关部分按一定次序插入多边形的保留边界之间，从而使剪裁后的多边形的边仍然保持封闭状态，以便填色算法得以正确实现，多边形裁剪原理示意图如图 9-9 所示。

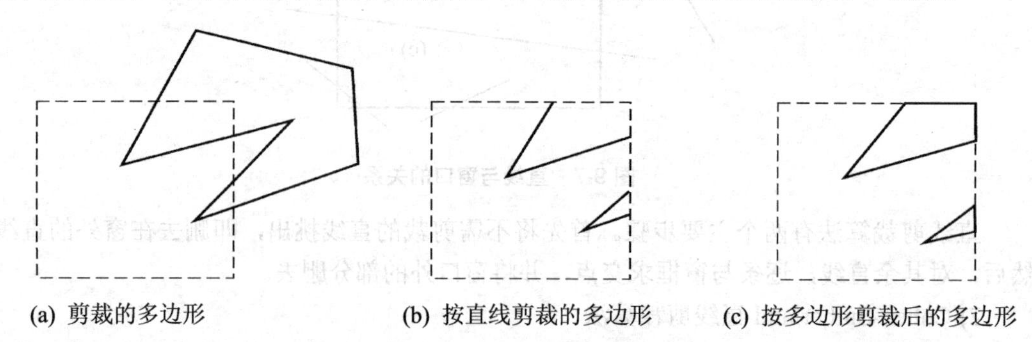

(a) 剪裁的多边形　(b) 按直线剪裁的多边形　(c) 按多边形剪裁后的多边形

图 9-9　多边形裁剪原理示意图

多边形裁剪的基本原理是将多边形的各边先相对于窗口的某一条边界进行裁剪，然后将

裁剪结果再与另一条边界进行裁剪，如此重复多次，便可得到最终结果。其具体步骤如下：

(1) 取多边形顶点 $P_i(i=1,2,\cdots,n)$，将其相对于窗口的第一条边界进行判别，若点 P_i 位于边界的靠窗口一侧，则把 P_i 记录到要输出的多边形顶点中，否则不记录。

(2) 检查点 P_i 与点 P_{i-1}(当 i=1 时，检查点 P_1 与点 P_n)是否位于窗口边界的同一侧。若位于窗口边界同一侧，则点 P_i 记录与否随点 P_{i-1} 是否记录而定；若位于窗口边界两侧，则计算出 P_iP_{i-1} 与窗口边界的交点，并将交点记录到要输出的多边形的顶点中。

(3) 如此判别所有的顶点 $P_1,P_2,\cdots,P_n$ 后，得到新的多边形，然后用新的多边形重复上述步骤(1)、(2)，依次对窗口的第二、第三和第四条边界进行判别，判别完后得到的多边形即为裁剪的最终结果。

9.2　地物符号的自动绘制

地形图上的各种地形要素是用相应的地图符号来表示的。地图地物符号按图形特征可以分为独立符号、线状符号和面状符号。下面分别讨论这三类符号在计算机地图绘图中的实现方法。

9.2.1　独立符号的自动绘制

独立符号以点定位，在一定比例尺范围内，图上的大小是固定的，如各种控制点符号。它们常常不能用某一固定的数学公式来描述，必须首先建立表示这些符号特征点信息的符号库，才能实现计算机的自动绘制。

绘制独立符号的数据采集，是将图式上的独立符号和说明符号放大 20 倍绘在毫米格网纸上，进行符号特征点的坐标采集，采集坐标时均以符号的定位点作为坐标原点。对于规则符号，可直接计算符号特征点的坐标；对于圆形符号，采集圆心坐标和半径；对于圆弧线，则采集圆心坐标、半径、起始角和终点角；对于涂实符号，则采集边界信息，并给出涂实信息。图 9-10 所示为放大后的亭状符号，表 9-1 中列出了特征点的坐标值。表中，第 2 栏为两位数，前 1 位的 1 表示连续线段的起点，0 表示连续线段点，后 1 位为特征点所在象限。第 3 栏为四位数，前 2 位为 x 坐标值，后 2 位为 y 坐标值。

表 9-1　特征点坐标

特征点代码	分类特征码	定位信息
1	11	1600
2	01	1630
3	11	3030
4	01	0060
5	02	3030
3	01	3030
6	12	1630
7	02	1600

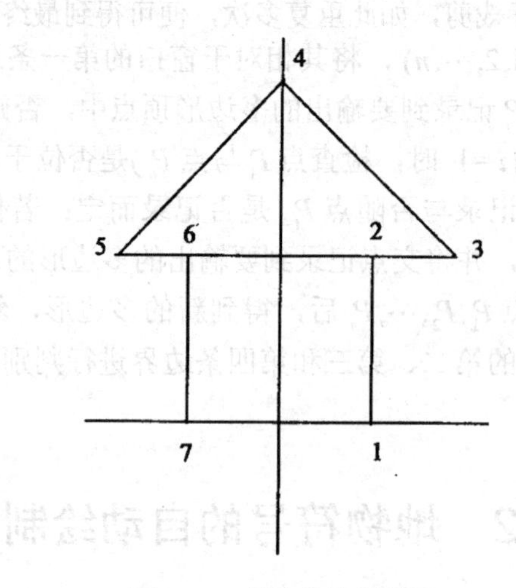

图 9-10　放大的亭状符号

独立符号的特征点信息存放在独立符号库中，根据符号的代码，可以在独立符号库中读取符号的信息数据。符号图形显示时，可按照地图上要求的位置和方向将独立符号信息数据中的坐标恢复至原符号大小，并进行平移和旋转，然后绘制该独立符号。

9.2.2　线状符号的自动绘制

1. 基本线型的绘制

地形图符号的基本线型有很多种，如实线、虚线、点线和点画线等，但归结起来，它们可以用以下绘图参数来表示：定位点个数 N 和定位点坐标 $(x_i, y_i)(i=1,2,3,\cdots,N)$，实步长 D_1，虚步长 D_2 和点步长 D_3。当虚步长 D_2=0 时，即为点画线；当点步长 D_3=0 时，即为虚线；当实步长和点步长都为 0 时即为点线。通过给定不同的步长值，即可设置不同的线型。它们的绘制方法是：对于虚线即 D_3=0，如图 9-11(a)所示，根据给定的步长 D_1 和 D_2，沿着定位线的路径和方向，分别计算其对应的两个端点坐标，然后连接实步长部分；对于点画线即 D_2=0，如图 9-11(b)所示，根据给定的步长 D_1 和 D_3，计算 D_1 对应的两端点坐标后再连接，计算 D_3 对应的中点坐标作为点部的定位点，然后画点。

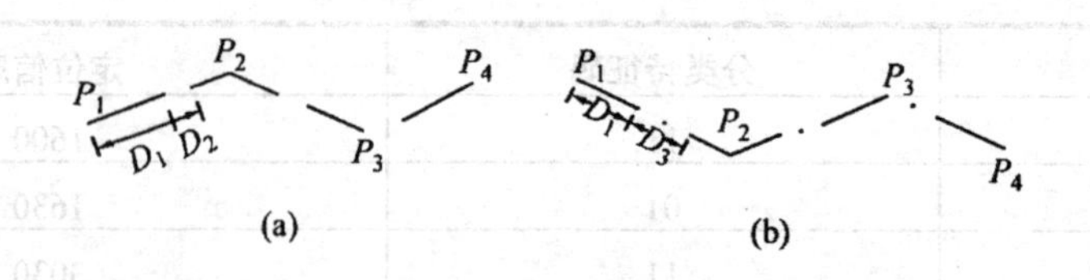

图 9-11　基本线型绘制

2. 平行线的绘制

平行线是由两条间距相等的直线段构成的。很多线状地物符号都是由平行线作为基本边界，再加绘一定的内容而构成，如铁路、依比例围墙等，加粗线实际上也是通过绘制平行线获得的，因而平行线是绘制很多线状地物符号的基础。

平行线的绘图参数有：定位线(母线)节点个数和定位节点坐标 $(x_i, y_i)(i=1,2,3,\cdots,N)$，平行线宽度 ω，平行线的绘制方向，即在定位直线的左方还是右方绘制。如图 9-12 所示，假定在定位线右方绘制平行线，定位线的节点坐标为 (x_i, y_i)，对应平行线的节点坐标设为 (x_i', y_i')，其平行线的节点坐标可按下式计算：

$$\left.\begin{aligned} x_i' &= x_i + l_i \cdot \cos(\alpha_i - \beta_i/2) \\ y_i' &= y_i + l_i \cdot \sin(\alpha_i - \beta_i/2) \\ l_i &= \omega/\sin(\beta_i/2) \end{aligned}\right\} \tag{9-9}$$

式中，α_i 为第 i 条线段的倾角，β_i 为第 i 个节点的右夹角，α_i 的计算公式为

$$\alpha_i = \arctan[(y_{i+1} - y_i)/(x_{i+1} - x_i)]$$

这里需要注意的是，当 $i=1$ 和 $i=N$ 时，要令 β 值为 π，即 $\beta_1 = \beta_n = \pi$，且当 $i=N$ 时，要令 $\alpha_n = \alpha_{n-1}$。

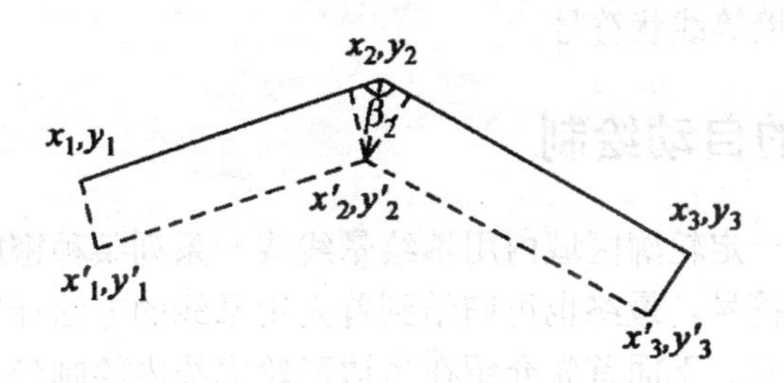

图 9-12 平行线绘制

3. 线状符号的绘制

线状符号除了在每两个离散点之间有趋势性的直线、曲线等符号以外，有些线状符号中间还配置有其他的符号，如陡坎符号，除了定位中心线以外，还配置有短齿线；铁路符号除有表示定位的两平行线以外，还在平行线中间配置了黑白相间色块。对于这些沿中心轴线按一定规律进行配置的线状符号，可以用比较简单的数学表达式来描述，参照图 9-13，描述符号基本轮廓的一组公式为

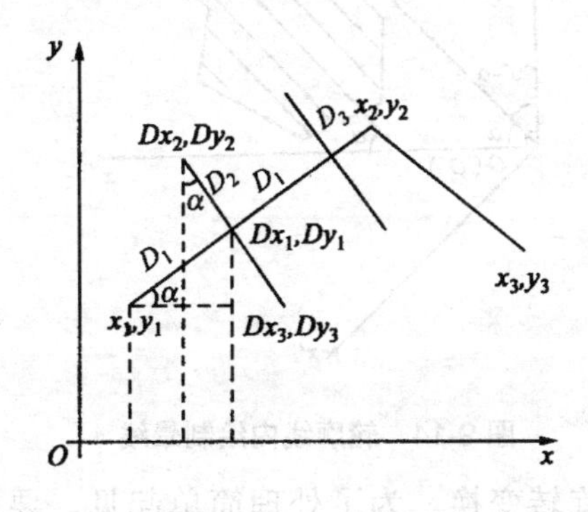

图 9-13 线状符号计算

$$\left.\begin{array}{c}
S=\sqrt{(x_{i+1}-x_i)^2+(y_{i+1}-y_i)^2} \\
n=[S/D_1] \\
D_3=S-D_1\cdot n \\
\cos(\alpha)=(x_{i+1}-x_i)/S \\
\sin(\alpha)=(y_{i+1}-y_i)/S \\
D_{x_1}=D_1\cdot\cos(\alpha),\ D_{y_1}=D_1\cdot\sin(\alpha) \\
D_{x2}=-D_2\cdot\sin(\alpha),\ D_{y2}=D_2\cdot\cos(\alpha) \\
D_{x3}=D_2\cdot\sin(\alpha),\ D_{y3}=-D_2\cdot\cos(\alpha)
\end{array}\right\} \tag{9-10}$$

式中，[ ]表示取整符号，S为两离散点之间的距离，n表示两离散点间的齿数，D_1为相邻两齿间的距离，D_2为齿长，D_3为两离散点间不足一个齿距的剩余值，(D_{x_1},D_{y_1})为齿心的相对坐标，(D_{x_2},D_{y_2})、(D_{x_3},D_{y_3})为齿端对齿心的相对坐标。

当计算出齿心和齿端坐标以后，根据不同的线状符号特点，采用不同的连接方式就可以产生陡坎、铁路、城墙等线状符号。

9.2.3 面状符号的自动绘制

面状符号通常是在一定轮廓区域内用填绘晕线或一系列某种密度的点状符号来表示。在轮廓区域内填绘点状符号，最终也可归结到首先用晕线的方法计算出点状符号的中心位置，然后再绘制点状符号。下面首先介绍在多边形轮廓线内绘制晕线的方法，然后讨论面状符号的自动绘制。

1. 多边形轮廓线内绘制晕线

多边形轮廓线内绘制晕线的参数有：轮廓点个数N，轮廓点坐标$(x_i,y_i)(i=1,2,3,\cdots,N)$，晕线间隔$D$以及晕线和$x$轴夹角$\alpha$，如图9-14所示。在轮廓线内绘制晕线可按如下步骤进行。

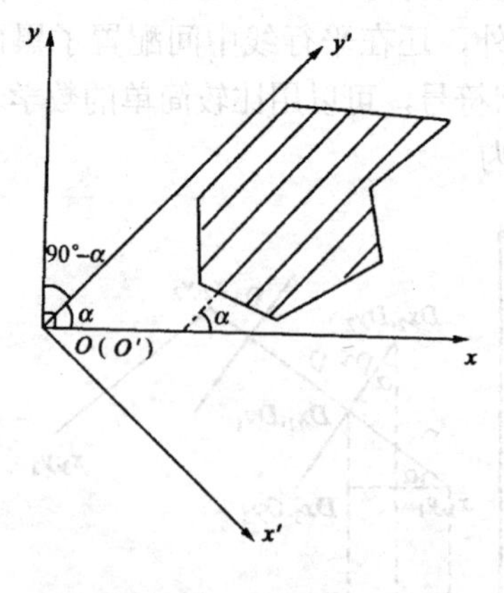

图 9-14 轮廓线内绘制晕线

(1) 对轮廓点坐标进行旋转变换。为了处理简单起见，要求晕线最好和y轴方向一致，因此，一般先对轮廓点坐标进行坐标旋转变换，可将轮廓点的坐标系xOy顺时针旋转一个角度$(90^\circ-\alpha)$，使得新坐标系$x'O'y'$的y'轴和晕线平行，其中α为晕线和x轴的夹角，变换公式如下：

$$\left.\begin{aligned} x_i' &= x_i \cdot \sin(\alpha) - y_i \cdot \cos(\alpha) \\ y_i' &= y_i \cdot \sin(\alpha) + x_i \cdot \cos(\alpha) \end{aligned}\right\} \tag{9-11}$$

式中，(x_i, y_i) 为轮廓点在原坐标系 xOy 中的坐标，(x_i', y_i') 为相应点在变换到新坐标系 $x'O'y'$ 中的坐标。

(2) 求晕线条数。在新坐标系中找出轮廓点 x' 方向的最大坐标 $x'_{\max}$ 和最小坐标 $x'_{\min}$，则可求得晕线条数 M 为

$$M = [(x'_{\max} - x'_{\min}) / D]$$

当 $[(x'_{\max} - x'_{\min}) / D] \cdot D = x'_{\max} - x'_{\min}$ 时，晕线条数应为 $M-1$。把整个轮廓区域内的晕线按从左到右的次序从小到大顺序进行编号，第一条晕线编号为 1，最后一条晕线编号为晕线条数 M。

(3) 求晕线和轮廓边的交点。在变换后的新坐标系中，对编号为 j 的晕线，则

$$x_j' = x'_{\min} + D \cdot j \tag{9-12}$$

式中，$j = 1, 2, \cdots, M$。对于第 j 条晕线是否通过轮廓线的第 i 条边，可以简单地用该条边两端点的 x' 坐标来判别，即当 $(x_i' - x_j') \cdot (x_{i+1}' - x_j') \leqslant 0$ 成立，就说明第 j 条晕线与第 i 条轮廓边有交点。晕线和轮廓边的交点可按下式计算：

$$\left.\begin{aligned} x'_{J(i,j)} &= x'_{\min} + D \cdot j \\ y'_{J(i,j)} &= (y_i' \cdot x_{i+1}' - y_{i+1}' \cdot x_i') / (x_{i+1}' - x_i') + (y_{i+1}' - y_i') \cdot x'_{J(i,j)} / (x_{i+1}' - x_i') \end{aligned}\right\} \tag{9-13}$$

式中，$x'_{J(i,j)}$ 和 $y'_{J(i,j)}$ 为第 j 条晕线和第 i 条轮廓边的交点坐标，(x_i', y_i') 和 (x_{i+1}', y_{i+1}') 为第 i 条轮廓边的端点坐标。

一般来说，每条晕线与轮廓边的交点总是成对出现的。但是当晕线正好通过某一轮廓点时，就会在该点处计算出两个相同的点，这有可能引起交点匹配失误。为了避免这种情况出现，在保证精度的情况下，将轮廓点的 x_i' 加上一个微小量(0.01)，即当 $x_i' = x_j'$ 时，令 $x_i' = x_i' + 0.01$。

(4) 交点排序和配对输出。在逐边计算出晕线和轮廓边的交点后，需对同一条晕线上的交点按 y' 值从小到大排序，排序后两两配对。如图 9-15 所示，第 j 条晕线与轮廓边交点按 y' 值从小到大排序后的顺序为 J_4, J_6, J_7, J_1，将 J_4 和 J_6 配对，J_7 和 J_1 配对即可输出第 j 条晕线。

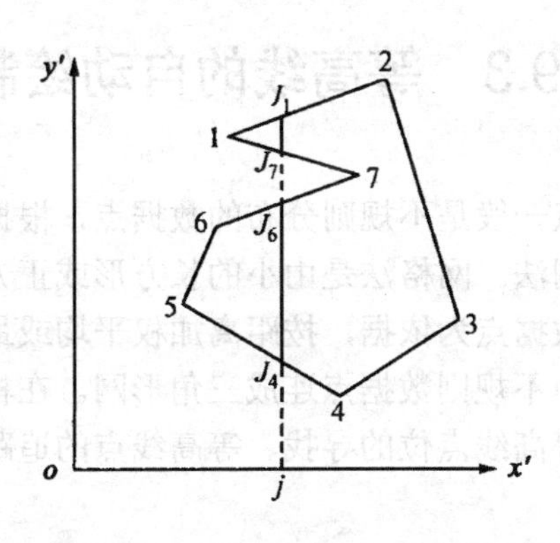

图 9-15　晕线交点排序和配对

这里需要注意的是，在输出晕线之前，需要把晕线交点坐标先变换到原坐标系 xOy 中，其变换公式为

$$\left.\begin{aligned} x_{J(i,j)} &= x'_{J(i,j)} \cdot \sin(\alpha) + y'_{J(i,j)} \cdot \cos(\alpha) \\ y_{J(i,j)} &= y'_{J(i,j)} \cdot \sin(\alpha) - x'_{J(i,j)} \cdot \cos(\alpha) \end{aligned}\right\} \tag{9-14}$$

2. 面状符号的绘制

面状符号的绘图参数有：轮廓边界点个数 N，轮廓边界点坐标 $(x_i, y_i)(i=1,2,3,\cdots,N)$，符号轴线间的间隔 D 以及轴线和 X 轴的夹角 α，每一排轴线上符号的间隔 d，如图 9-16 所示。

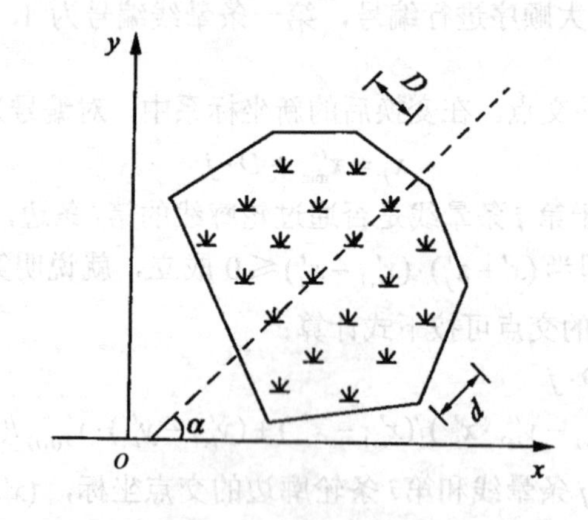

图 9-16　面状符号绘制

面状符号的自动绘制步骤描述如下：

(1) 按计算晕线的方法求出面状符号的轴线。

(2) 计算面状符号的中心位置。计算轴线(即晕线)长度，根据轴线长度和轴线上符号的间隔 d，按均匀分布的原则计算注记符号的中心位置。

(3) 填绘面状符号。根据面状符号代码，在符号库中读取表示该符号的图形数据，在上一步计算出的符号中心位置绘制面状符号。

9.3　等高线的自动绘制

野外测定的地貌特征点一般是不规则分布的数据点，根据不规则分布的数据点绘制等高线可采用网格法和三角网法。网格法是由小的长方形或正方形排列成矩阵式的网格，每个网格点的高程以不规则数据点为依据，按距离加权平均或最小二乘曲面拟合地表面等方法求得，而三角网法直接由不规则数据点连成三角形网。在构成网格或三角形网后，再在网格边或三角形边上进行等高线点位的寻找、等高线点的追踪、等高线的光滑实现等高线的自动绘制。

9.3.1　距离加权平均法求格网点高程

距离加权平均法是基于一种假设，即区域内任一点的高程都受周围点高程的影响，其影响的大小与它们之间的距离成反比，选择周围的点数一般规定为 4～10 个点。为求网格点的高程，应逐次对每个网格点，以网格点为圆心，以初始半径限定一个搜索圆，如果搜索到的数据点数为 4～10 个点，则计算网格点的高程，否则扩大或缩小圆半径，直到找到的点数为 4～10 个点为止，如图 9-17 所示。

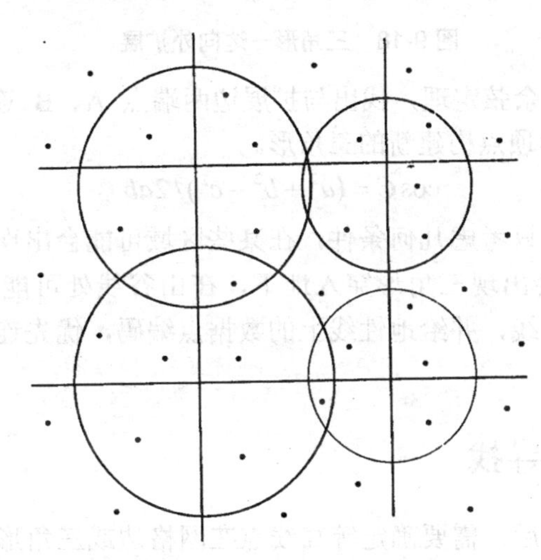

图 9-17　求网格点高程搜索圆

若网格点的坐标为 (x_0, y_0)，搜索圆内某数据点的坐标为 (x_i, y_i)，则该点到网格点的距离为

$$D_1 = \sqrt{(x_i - x_0)^2 + (y_i - y_0)^2}$$

则网格点的高程为

$$z = \frac{\sum (z_i / D_i)}{\sum (1 / D_i)}$$

9.3.2　三角形网的连接

三角形网法是直接利用数据点构成邻接三角形，这种方法保持了数据点的精度，并在构网时容易引入地性线，因此，等高线自动绘制常采用三角形网法。

建立三角形网的基本过程是将邻近的三个数据点连接成初始三角形，再以这个三角形的每一条边为基础连接邻近的数据点，组成新的三角形。如此继续下去，直至所有的数据点均已连成三角形为止。在建网过程中，要确保三角形网中没有交叉和重复的三角形。以三角形的一边向外扩展时，应首先排除和三角形位于同一侧的数据点，如图 9-18 所示。

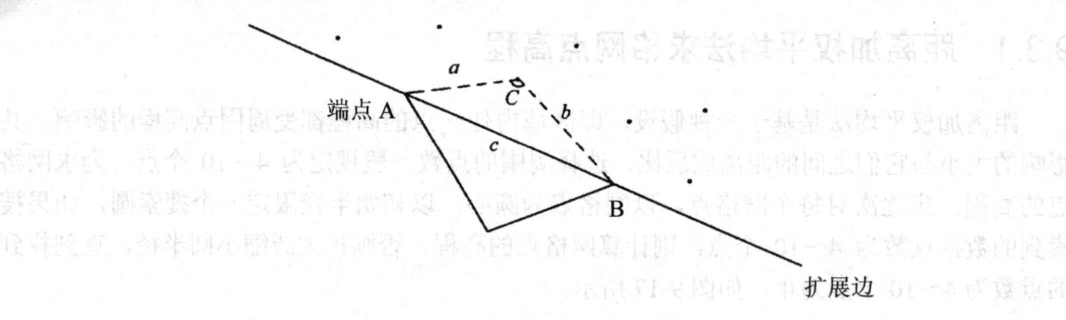

图 9-18 三角形一边向外扩展

然后在另一侧，利用余弦定理，找出与扩展边两端点 A、B 连线所形成的夹角最大的数据点 C 作为新的三角形顶点构建新的三角形。

$$\cos C = (a^2 + b^2 - c^2)/2ab$$

在三角形构网时，若只考虑几何条件，在某些区域可能会出现与实际地形不相符的情况，如在山脊线处可能会出现三角形穿入地下，在山谷线处可能会出现三角形悬空。为此，在构网时应引入地性线，并给地性线上的数据点编码，优先连接地性线上的边，然后再在此基础上构网。

9.3.3 等高线点的寻找

网格或三角形网形成后，需要确定等高线点在网格边或三角形边上的位置。首先要判断等高线是否通过某一条边，然后通过线性内插方法求出等高线点的平面位置。设等高线的高程为 z，只有当 z 值介于边的两个端点高程值之间时，等高线才通过该条边，则等高线通过某一条边的判别式为

$$\Delta z = (z - z_1)\cdot(z - z_2) \tag{9-15}$$

当 $\Delta z \leqslant 0$ 时，则该边上有等高线通过，否则，该边上没有等高线通过。式(9-15)中 z_1、z_2 分别为该边两个端点的高程。当 $\Delta z = 0$ 时，说明等高线正好通过边的端点，为了便于处理，可在精度允许范围内将端点的高程加上一个微小值(如 0.0001m)，使端点高程不等于 z。

当确定了某条边上有等高线通过后，即可求该边上等高线点的平面位置。下面分别讨论等高线点在网格边上和三角形边上平面位置的表示。

1. 在网格边上等高线点的平面位置

网格分划以行和列值表示，设沿 y 方向网格分划记为 $i = 1,2,\cdots,m$，沿 x 方向网格分划记为 $j = 1,2,\cdots,n$，则共有网格点 $m \times n$ 个，每个网格点的高程用 $Z_{0(i,j)}$ 表示，网格的纵边长为 ny，横边长为 nx，如图 9-19 所示。

等高线点在网格边上的位置由等高线点到网格点的距离来表示，如图 9-20 所示。

如果在网格横边上内插高程值为 z 的等高线点 A'，则可计算出 A' 在横边上距 A 点的距离 $S_{(i,j)}$，即

$$S_{(i,j)} = nx \cdot (z - z_{0(i,j)})/(z_{0(i,j+1)} - z_{0(i,j)}) \tag{9-16}$$

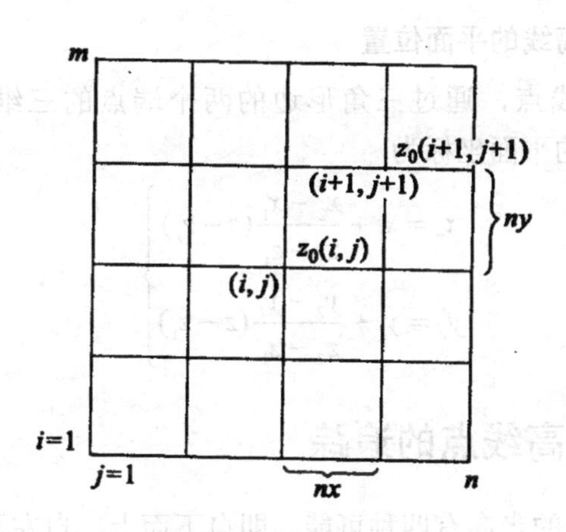

图 9-19　网格的行和列

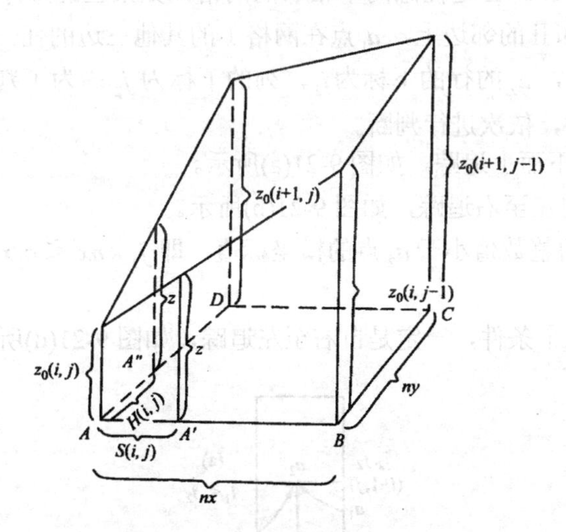

图 9-20　在网格边上内插等高线点

若以网格横向边长 nx 为单位长，则上式可简化为

$$S_{(i,j)} = (z - z_{0(i,j)})/(z_{0(i,j+1)} - z_{0(i,j)}) \tag{9-17}$$

同理，如果在网格纵边上内插高程值为 z 的等值点 A''，则可计算出 A'' 在纵边上距 A 点的距离 $H_{(i,j)}$，即

$$H_{(i,j)} = ny \cdot (z - z_{0(i,j)})/(z_{0(i+1,j)} - z_{0(i,j)}) \tag{9-18}$$

若以网格纵向边长 ny 为单位长，则上式可简化为

$$H_{(i,j)} = (z - z_{0(i,j)})/(z_{0(i+1,j)} - z_{0(i,j)}) \tag{9-19}$$

等高线点的坐标为

$$\left.\begin{aligned} a_x &= (j + F \cdot S_{(i,j)} \cdot nx) \\ a_y &= (i + (1 - F) \cdot H_{(i,j)} \cdot ny) \end{aligned}\right\} \tag{9-20}$$

式中，F 是 a 点所在边的标识，当 a 位于横边上时，F =1；当 a 位于纵边上时，F =0。

2. 在三角形边上等高线的平面位置

设高程为 z 的等高线点，通过三角形边的两个端点的三维坐标分别为 (x_1, y_1, z_1) 和 (x_2, y_2, z_2)，则等高线点的平面坐标为

$$\left.\begin{aligned} x_z &= x_1 + \frac{x_2 - x_1}{z_2 - z_1}(z - z_1) \\ y_z &= y_1 + \frac{y_2 - y_1}{z_2 - z_1}(z - z_1) \end{aligned}\right\} \tag{9-21}$$

9.3.4 在网格上等高线点的追踪

等高线通过相邻网格的走向有四种可能，即自下而上、自左至右、自上而下、自右至左。如图 9-21 所示，Ⅰ 和Ⅱ是任意两个相邻的网格，如果已经顺序找到两个等值点 a_1 和 a_2，a_2 点位于网格Ⅰ和Ⅱ的邻边上，a_1 点在网格Ⅰ的其他三边的任一边上，a_1 点的行的下标为 i_1，列的下标为 j_1，a_2 的行的下标为 i_2，列的下标为 j_2；为了判新等高线追踪方向，可以建立以下判断条件，依次进行判断。

如果 $i_1 < i_2$，则自下而上追踪，如图 9-21(a)所示。

如果 $j_1 < j_2$，则自左至右追踪，如图 9-21(b)所示。

如果 a_2 点横坐标的整数值小于 a_2 点的横坐标值，即 $j_2 \times nx < a_2 x$，则自上而下追踪，如图 9-21(c)所示。

如果不满足上述三个条件，一定是自右至左追踪，如图 9-21(d)所示。

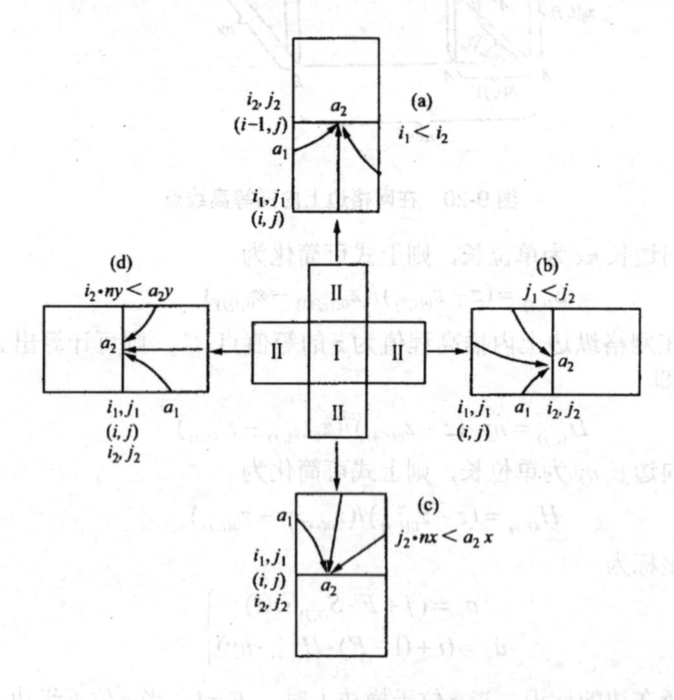

图 9-21　在格网追踪等值点

按以上条件判断等高线追踪方向，便可知道 a_1 和 a_2 点的位置。对于开曲线，可以将在区域边界上寻找到的等值点作为 a_2，根据实际情况，假定一点作为 a_1，并使其满足以上条件之一，开始追踪新点。然后将新点作为 a_2 点，而原来的 a_2 点作为 a_1 点，再追踪新点，直至终点(也为边界点)。当开曲线跟踪完后，再按同样的方法在区域内部跟踪闭曲线。在跟踪中，同一等值点除闭曲线起点外，不能重复。如果在同一方格内的四条边上都有同一高程的等值点时，连接的两条等高线不能相交。

9.3.5　三角形网上等高线点的追踪

在相邻三角形公共边上的等值点，既是第一个三角形的出口点，又是相邻三角形的入口点，根据这一原理来建立追踪算法。对于给定高程的等高线，从构网的第一条边开始顺序搜索，判断构网边上是否有等值点。当找到一条边后，则将该边作为起始边，通过三角形追踪下一条边，依次向下追踪。如果追踪又返回到第一个点，即为闭曲线，如图 9-22 中的 1、2、3、4、5、6、1。如果找不到入口点(即不能返回到入口点)，如图 9-22 中的 7、8、9、10、11，则将已追踪的点逆排序，再由原来的起始边向另一方向追踪，直至终点，如图 9-22 中的 12、13、14、15、16，二者合成，即 11、10、9、8、7、12、13、14、15、16 成为一条完整的开曲线。

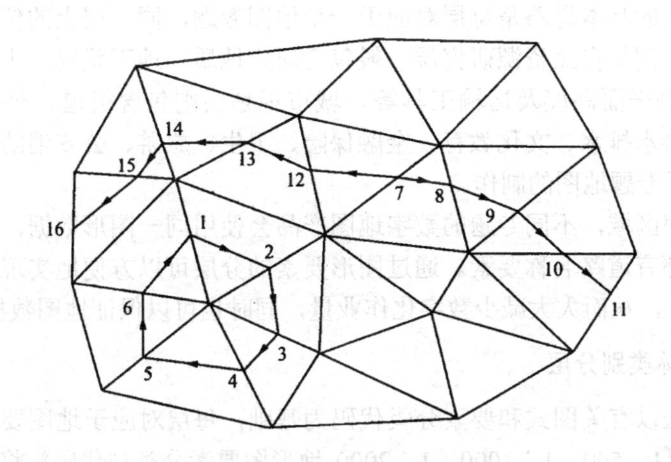

图 9-22　三角网等高线追踪

9.3.6　等高线的光滑

经过等高线点的追踪，可以获得等高线的有序点列，将这些点作为等高线的特征点保存在文件中。在绘制等高线时，从等高线文件中调出等高线的特征点的坐标，用曲线光滑方法计算相邻两个特征点间的加密点，用短线段逐次连接两点，即可绘制出光滑的等高线。

9.4 图形显示的分层处理

9.4.1 层的概念

从制图的观点来看，所谓层就是绘有地图实体的透明薄膜，同一薄膜上的实体一般具有某种共性，所有薄膜叠置在一起就是一幅完整的全要素地图。

不同的图形要素类型具有不同的图形空间结构，所以应当将不同的图形要素类型分为不同的图层来存储。面状的要素有街区地块、绿地、湖泊等，线状的要素有交通线路、河流等，点状的要素有文字注记等。

分层对于栅格数据和矢量数据都同样适用。在矢量结构中，层通常用来区分实体空间的类别，而在栅格结构中新的属性就意味着增加一个新层。

9.4.2 图形分层显示方法

1. 按专题分层

这种分层方法的基本思路是每层对应于一个地图专题，同一层上的信息服务于某一特定的目的或用途。例如自然资源研究层一般包含河床地质、地下状况、土地利用、土壤类型、排水管道、海平面高度及运输工具等，城市规划层则包含街道、公交线路、交通工具、电力电信、给水排水、文化教育、金融保险、卫生、旅游、公安消防、土地使用等。这种分层方法便于专题地图的制作。

对于同一地理区域，不同专题的数字地图产品会使用同一图形数据，例如城市交通图和土地利用图上都有道路名称要素。通过图形要素的分层可以方便地实现不同数字产品之间的数据“共享”，从而大大减少数字化作业量，同时也可以保证地图数据的一致性。

2. 按地物实体类别分层

这种分层方法以有关图式和要素分类代码为基础，每层对应于地图要素分类系统中的一个大类。现行《1∶500、1∶1000、1∶2000 地形图要素分类与代码》将地图实体分为九个大类：测量控制点、居民地和垣栅、工矿建(构)筑物及其他设施、交通及附属设施、管线及附属设施、水系及附属设施、境界、地貌与土质、植被等，并对每一大类中包含的地图实体做了详细的规定。数字化成图系统完全可以将其作为分层的依据。这种分层方法的优点是便于编码处理和图形数据的管理，但在制作专题图时较为困难。

值得注意的是：不论采用何种分层方法，都需要在与地图实体对应的图层之外增加一些辅助层，用以存放辅助信息(如辅助线、文字注记等)。

实训任务——三角网法自动绘制等高线

1. 实训目的

掌握用数字测图软件绘制等高线的基本步骤与方法。

2. 内容与步骤

(1) 导入离散高程点数据文件。在数字测图软件中导入离散高程点数据。

(2) 三角网的建立。由导入离散高程点数据构建三角网，建立三角网时应考虑地性线信息，对山脊线、山谷线可用鼠标逐点指定，这样在构建三角网时就会将地性线的相邻点直接构造为三角形的一条边。

(3) 三角网的编辑。因现实地貌的多样性和复杂性，自动构成的三角网与实际地貌往往不太一致，这时可以通过修改三角网来修改这些局部不合理的地方。三角网的编辑主要包括删除三角形、增加三角形、删除三角形顶点、增加三角形顶点、相邻三角形公共边互换等。

(4) 等高线的自动追踪。设定等高距，基于编辑后的三角网进行等高线的自动追踪。

(5) 等高线的修饰。主要包括等高线的注记，等高线的切除(穿注记、穿建筑物、穿陡坎、穿围墙等的切除)。

3. 提交成果

等高线成果文件。

思　考　题

1. 何谓直线光栅化？用计算机绘制直线的算法有哪几种？
2. 简述用 Bresenham 算法绘制圆的基本原理和步骤。
3. 简述轮廓字形法压缩技术的基本过程。
4. 字符属性包括哪些内容？
5. 简述 Cohen-Sutherland 直线剪裁算法的基本原理和步骤。
6. 简述多边形裁剪的基本原理。
7. 如何利用计算机在多边形轮廓线内绘制晕线？
8. 简述建立三角形网的基本过程。
9. 在网格上追踪等高线点，如何判断等高线追踪方向？
10. 常见的图形分层显示方法有哪几种？

第10章 数字测图内业成图

学习目标

掌握地形图的基本知识；掌握地形图比例尺的定义、分类和精度；掌握地形图的分幅和编号方法；了解地形图图外注记的内容；熟悉三北方向线和坡度比例尺的定义和使用方法；掌握地物符号的类型及其特点；熟悉不同类型的数据通信方式；熟悉不同数字地形图成图模式的基本步骤；掌握等高线的自动绘制方法。

10.1 地形图基本知识

地球表面的固定物体，如建筑物、道路、河流、森林等称为地物。地球表面各种高低起伏形态，如高山、深谷、陡坎、悬崖峭壁、雨裂冲沟等称为地貌。地物和地貌总称为地形。所谓地形图就是按一定的比例尺，用规定的符号和一定的表示方法表示地物、地貌平面位置和高程的正形投影图。

10.1.1 地形图的比例尺

地形图上一段直线的长度与地面上相应线段的实际水平长度之比，称为地形图的比例尺。

1. 比例尺的种类

1) 数字比例尺

数字比例尺一般取分子为 1，分母为整数的分数表示。设图上某一直线长度为d，相应实地的水平长度为D，则图的比例尺为

$$\frac{d}{D}=\frac{1}{D/d}=\frac{1}{M} \tag{10-1}$$

式中，M为比例尺分母。分母越大(分数值越小)，则比例尺就越小。通常称 1∶100 万、1∶50 万、1∶20 万为小比例尺地形图；1∶5 万、1∶2.5 万为中比例尺地形图；1∶1 万、1∶5000、1∶ 2000、1∶1000 和 1∶500 为大比例尺地形图。工程建筑类各专业通常使用大比例尺地形图。

2) 图示比例尺

为了用图方便，以及减小由于图纸伸缩而引起的使用中的误差，在绘制地形图时，常在图上绘制图示比例尺，最常见的图示比例尺为直线比例尺。

图 10-1 所示为 1∶500 的直线比例尺，取 2cm 为基本单位，从直线比例尺上可直接读得基本单位的 1/10，估读到 1/100。

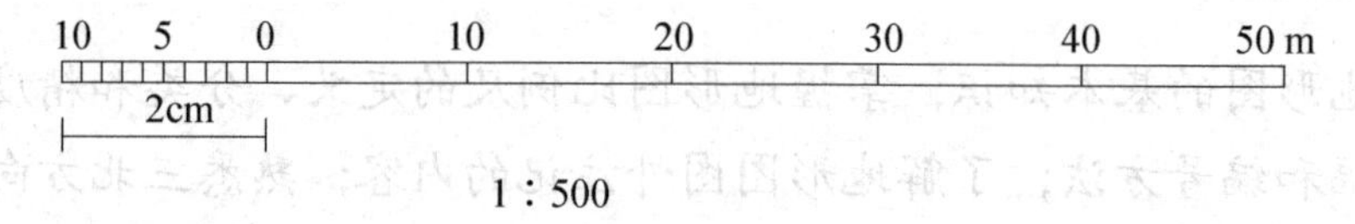

图 10-1 直线比例尺

2. 比例尺精度

人们用肉眼能分辨的图上最小距离为 0.1mm，因此一般在图上量度或者实地测图描绘时，就只能达到图上 0.1mm 的精确性。因此我们把图上 0.1mm 所表示的实地水平长度称为比例尺精度。可以看出，比例尺越大，其比例尺精度也越高。不同比例尺的比例尺精度如表 10-1 所示。

表 10-1　比例尺精度

比例尺	1∶500	1∶1000	1∶2000	1∶5000	1∶10000
比例尺精度 / m	0.05	0.1	0.2	0.5	1.0

比例尺精度的概念，对测图和设计用图都有重要的意义。例如在测 1∶500 的图时，实地量距只需取到 5cm，因为若量得再精细，在图上是无法表示出来的。此外，当设计规定了需在图上能量出的最短长度时，根据比例尺的精度，可以确定测图比例尺。例如某项工程建设，要求在图上能反映地面上 10cm 的精度，则采用的比例尺不得小于 $\frac{0.1\text{mm}}{0.1\text{m}}=\frac{1}{1000}$。

从表 10-1 中可以看出，比例尺越大，表示地物和地貌的情况越详细，但是一幅图所能包含的地面面积也越小，而且测绘工作量会成倍地增加。因此，采用何种比例尺测图，应从工程规划、施工实际情况需要的精度出发，不应盲目追求更大比例尺的地形图。

10.1.2　地形图的分幅和编号

为便于测绘、管理和使用地形图，需要将大面积的各种比例尺的地形图进行统一分幅和编号。地形图分幅的方法分为两类：一类是按经纬线分幅的梯形分幅法(又称为国际分幅法)；另一类是按坐标格网分幅的矩形分幅法。前者用于国家基本图的分幅，后者则用于工程建设大比例尺图的分幅。

为了满足工程设计、施工及资源与行政管理的需要所测绘的 1∶500、1∶1000、1∶2000 和小区域 1∶5000 比例尺的地形图，采用矩形分幅。

图幅一般为 50cm×50cm 或 40cm×50cm，以纵横坐标的整公里整百米数作为图幅的分界线。其中，50cm×50cm 图幅最常用。

一幅 1∶5000 的地形图可以分成四幅 1∶2000 的图；一幅 1∶2000 的地形图可以分成四幅 1∶1000 的地形图；一幅 1:1000 的地形图可以分成四幅 1∶500 的地形图。

各种比例尺地形图的图幅大小如表 10-2 所示。

表 10-2　矩形分幅及面积

比例尺	50×40 分幅		50×50 分幅	
	图幅大小 (cm×cm)	实地面积 (km×km)	图幅大小 (cm×cm)	实地面积 (km×km)
1∶5000	50×40	5	50×50	1
1∶2000	50×40	0.8	50×50	4
1∶1000	50×40	0.2	50×50	16
1∶500	50×40	0.05	50×50	64

矩形图幅的编号，一般采用该图幅西南角的 x 坐标和 y 坐标，并以 km 为单位，之间用

连字符连接。如一图幅，其西南角坐标为x=3810.0km，y=25.5km，其编号为3810.0-25.5。编号时，1∶5000地形图，坐标取至1km；1∶2000、1∶1000地形图，坐标取至0.1km；1∶500地形图，坐标取至0.01km。对于小面积测图，还可以采用其他方法进行编号。例如，按行列式或按自然序数法编号。对于较大测区，测区内有多种测图比例尺时，应进行系统编号。

有时在某些测区，根据用户要求，需要测绘几种不同比例的地形图。在这种情况下，为便于地形图的测绘管理、图形拼接、编绘、存档管理与应用，应以最小比例尺的矩形分幅地形图为基础，进行地形图的分幅与编号。如测区内要分别测绘1∶500、1∶1000、1∶2000、1∶5000比例尺的地形图(可能不完全重叠)，则应以1∶5000比例尺的地形图为基础，进行1∶2000和大于1∶2000地形图的分幅与编号。

如图10-2所示。1∶5000图幅的西南角坐标为x=4400km，y=38km，其编号为4400-38。1∶2000图幅的编号是在1∶5000图幅编号后面加上罗马数字Ⅰ、Ⅱ、Ⅲ或Ⅳ，如图号为4400-38-Ⅱ；1∶1000图幅的编号是在1:2000图幅编号后面加罗马数字，如图号为4400-38-Ⅱ-Ⅱ；1∶500图幅的编号是在1∶1000图幅编号后面加罗马数字，如图号为4400-38-Ⅱ-Ⅱ-Ⅱ。

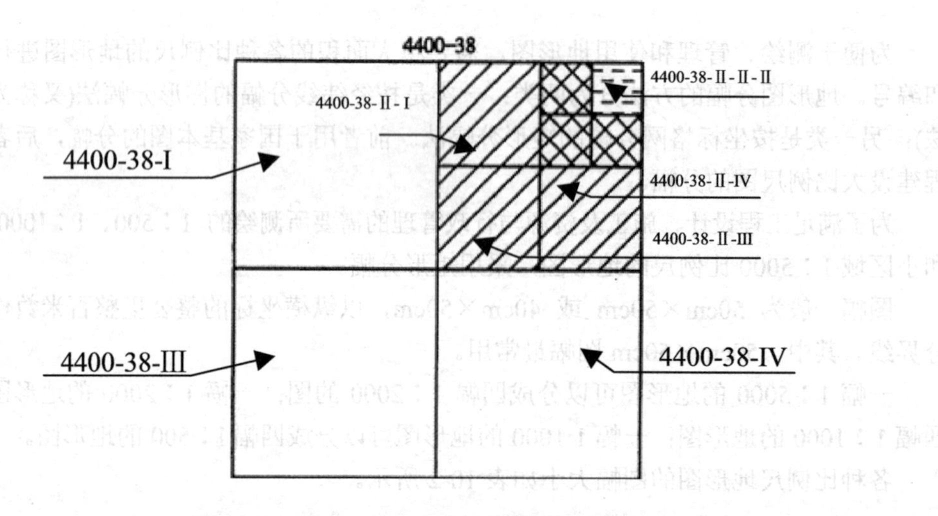

图10-2 1:500～1:2000地形图分幅与编号

10.1.3 地形图图外注记

为了图纸管理和使用的方便，在地形图的图框外有许多注记，如图号、图名、接图表、图廓、坐标格网、三北方向线等。

1. 图名和图号

图名就是本幅图的名称，常用本图幅内最著名的地名、村庄或厂矿企业的名称来命名。图号即图的编号。每幅图上标注编号可确定本幅地形图所在的位置。图名和图号标在北图廓上方的中央。

2. 接图表

说明本图幅与相邻图幅的关系，供索取相邻图幅时使用。通常是中间一格画有斜线的代表本图幅，四邻分别注明相应的图号或图名，并绘注在图廓的左上方。此外，除了接图表外，有些地形图还把相邻图幅的图号分别注在东、西、南、北图廓线中间，进一步表明与四邻图幅的相互关系。

3. 图廓和坐标格网线

图廓是图幅四周的范围线，它有内图廓和外图廓之分。内图廓是地形图分幅时的坐标格网或经纬线。外图廓是距内图廓以外一定距离绘制的加粗平行线，仅起装饰作用。在内图廓外四角处注有坐标值，并在内图廓线内侧，每隔 10cm 绘有 5mm 的短线，表示坐标格网线的位置。在图幅内每隔 10cm 绘有坐标格网交叉点。

内图廓以内的内容是地形图的主体信息，包括坐标格网或经纬网、地物符号、地貌符号和注记。

外图廓以外的内容是为了充分反映地形图特性和用图的方便而布置在外图廓以外的各种说明、注记，统称为说明资料。在外图廓以外，还有一些内容，如图示比例尺、三北方向、坡度尺等，它们是为了便于在地形图上进行量算而设置的各种图解，称为量图图解。

在内、外图廓间注记坐标格网线的坐标，或图廓角点的经纬度。

在内图廓和分度带之间的注记为高斯平面直角坐标系的坐标值(以公里为单位)，由此形成该平面直角坐标系的公里格网。

图 10-3 中的方格网为平面直角坐标格网，其间隔通常是 10cm。在图廓四周均标有格网的坐标值。对于中、小比例尺地形图，在其图廓内还绘有经纬线格网，由经纬线格网可以确定各点的地理坐标。

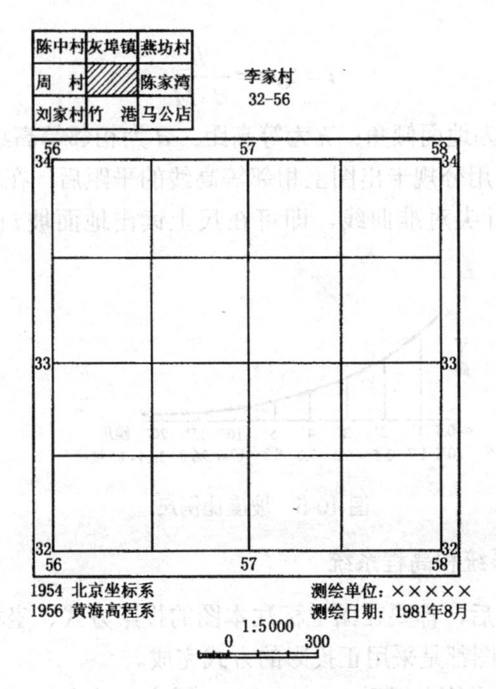

图 10-3　图廓及坐标格网

4. 三北方向线

在中、小比例尺的南图廓线的右下方，还绘有真子午线、磁子午线和坐标纵线(中央子午线)三个方向之间的角度关系，称为三北方向图，如图 10-4 所示。该图中，磁偏角为 9°50′(西偏)，坐标纵轴对真子午线的子午线收敛角为 0°05′(西偏)。利用该关系图，可在图上任一方向的真方位角、磁方位角和坐标方位角三者之间进行相互换算。

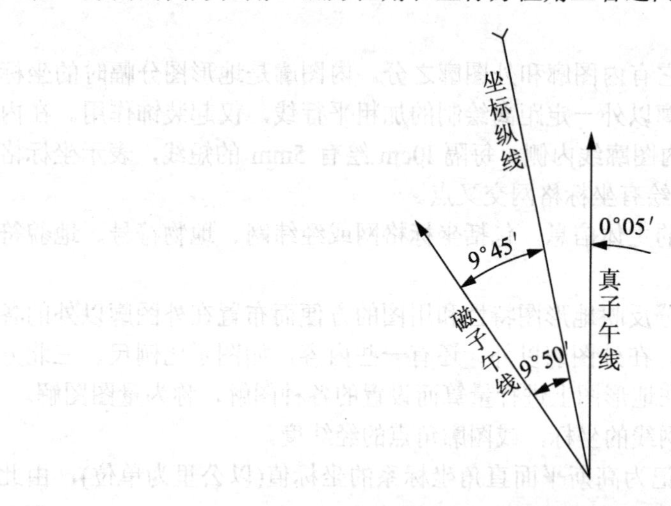

图 10-4 三北方向线关系图

5. 坡度比例尺

坡度比例尺是一种在地形图上量测地面坡度和倾角的图解工具。如图 10-5 所示，它是按如下关系制成的：

$$i = \mathrm{tg}\alpha = \frac{h}{d \cdot M} \tag{10-2}$$

式中，i 为地面坡度；α 为地面倾角；h 为等高距；d 为相邻等高线平距；M 为比例尺分母。使用坡度比例尺时，用分规卡出图上相邻等高线的平距后，在坡度比例尺上使分规的一针尖对准底线，另一针尖对准曲线，即可在尺上读出地面坡 i (百分比值)及地面倾角 α (度数)。

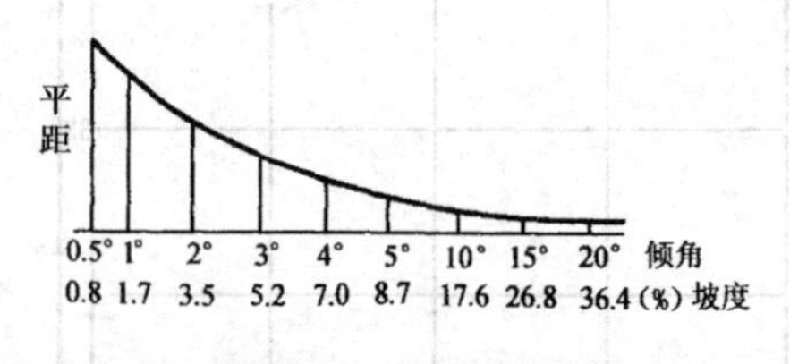

图 10-5 坡度比例尺

6. 投影方式、坐标系统和高程系统

每幅地形图测绘完成后，都要在图上标注本图的投影方式、坐标系统和高程系统，以备日后使用时参考。地形图都是采用正投影的方式完成。

坐标系统是指幅图采用的坐标系，如 1980 年国家大地坐标系；城市坐标系；独立平

面直角坐标系。

高程系统是指该幅图所采用的高程基准。有两种基准：1985 年国家高程基准系统和设置相对高程。

以上内容均应标注在地形图外图廓的右下方。

此外，地形图还应标注测绘单位、成图日期等，供日后用图时参考。

10.1.4　地形图图示

为了便于测图和用图，在地形图中常用不同尺寸、颜色的符号来表示实地地物和地貌，并用一定规格的字体进行注记说明，这些符号和注记总称为地形图图式。图式按一定的表示法则科学地反映实地形态，是识别和使用地形图的重要工具。

地形图的图式符号主要分为地物符号、地貌符号和注记符号三种。

1. 地物符号

根据地物大小及描绘方法的不同，地物符号又可分为下列几种。

1) 比例符号

地物的形状和大小均按测图比例尺缩小，并用规定的符号描绘在图纸上，这种符号称为比例符号。如湖泊、稻田和房屋等，都采用比例符号绘制。表 10-3 中，从 1 号到 12 号都是比例符号。

2) 非比例符号

有些地物，如导线点、水准点和消火栓等，轮廓较小，无法将其形状和大小按比例缩绘到图上，而采用相应的规定符号表示在该地物的中心位置上，这种符号称为非比例符号。表 10-3 中，从 27 号到 40 号都为非比例符号。非比例符号均按直立方向描绘，即与南图廓垂直。

非比例符号的中心位置与该地物实地的中心位置关系，随各种不同的地物而异，在测图和用图时应注意下列几点：

(1) 规则的几何图形符号，如圆形、正方形、三角形等，以图形几何中心点为实地地物的中心位置。

(2) 底部为直角形的符号，如独立树、路标等，以符号的直角顶点为实地地物的中心位置。

(3) 宽底符号，如烟囱、岗亭等，以符号底部中心为实地地物的中心位置。

(4) 几种图形组合符号，如路灯、消火栓等，以符号下方图形的几何中心为实地地物的中心位置。

(5) 下方无底线的符号，如山洞、窑洞等，以符号下方端点连线的中心为实地地物的中心位置。

3) 半比例符号

地物的长度可按比例尺缩绘，而宽度不按比例尺缩小表示的符号称为半比例符号。用半比例符号表示的地物常常是一些带状延伸地物，如铁路、公路、通信线、管道、垣栅等。表 10-3 中，从 13～26 号都是半比例符号。这种符号的中心线，一般表示其实地地物的中心位置，但是城墙和垣栅等，地物中心位置在其符号的底线上。

表 10-3　地物符号

编号	符号名称	图　　例	编号	符号名称	图　　例
1	坚固房屋 4—房屋层数	坚4　1.5	11	灌木林	0.5　1.0
2	普通房屋 2—房屋层数	2　1.5	12	菜地	2.0　2.0　10.0　10.0
3	窑洞 1. 住人的 2. 不住人的 3. 地面下的	1　2.5　2　2.0　3	13	高压线	4.0
4	台阶	0.5　0.5　0.5	14	低压线	4.0
5	花圃	1.5　1.5　10.0　10.0	15	电杆	1.0
6	草地	1.5　0.8　10.0　10.0	16	电线架	
7	经济作物地	0.8　3.0　蔗　10.0　10.0	17	砖、石及混凝土围墙	10.0　0.5　0.3　10.0
8	水生经济作物地	3.0　藕　0.5	18	土围墙	10.0　0.5
9	水稻田	0.2　2.0　10.0　10.0	19	栅栏、栏杆	1.0　10.0
10	旱地	1.0　2.0　10.0　10.0	20	篱笆	1.0　10.0

续表

编号	符号名称	图例	编号	符号名称	图例
21	活树篱笆	3.5 0.5 10.0 1.0 0.8	31	水塔	2.0 3.0 1.0 1.2
22	沟渠 1. 有堤岸的 2. 一般的 3. 有沟堑的	1 2 0.3 3	32	烟囱	3.5 1.0
			33	气象站(台)	3.0 4.0 1.2
23	公路	0.3 沥 : 砾 0.3	34	消火栓	1.5 1.5 2.0
24	简易公路	8.0 2.0	35	阀门	1.5 1.5 2.0
25	大车路	0.15 碎石 0.3	36	水龙头	3.5 2.0 1.2
26	小路	4.0 1.0 0.3	37	钻孔	3.0 1.0
27	三角点 凤凰山—点名 394.468—高程	凤凰山 394.468 3.0	38	路灯	2.5 1.0
28	图根点 1. 埋石的 2. 不埋石的	1 2.0 N16/84.46 2 1.5 D25/62.74 2.5	39	独立树 1. 阔叶 2. 针叶	1.5 1 3.0 0.7 2 3.0 0.7
			40	岗亭、岗楼	90° 3.0 1.5
29	水准点	2.0 Ⅱ京石 5/32.804	41	等高线 1. 首曲线 2. 计曲线 3. 间曲线	0.15 87 1 0.3 85 2 0.15 6.0 3 1.0

续表

编号	符号名称	图　例	编号	符号名称	图　例
30	旗杆	1.5 4.0 1.0 1.0	42	高程点及其注记	0.5•158.3　65.6

2. 地貌符号

地貌是指地面高低起伏的自然形态。地貌形态多种多样，对于一个地区可按其起伏的变化分成以下四种地形类型：

地势起伏小，地面倾斜角一般在2°以下，比高一般不超过200m的，称为平地。

地面高低变化大，倾斜角一般在2°～6°，比高不超过150m的，称为丘陵地。

高低变化悬殊，倾斜角一般为6°～25°，比高一般在150m以上的，称为山地。

绝大多数倾斜角超过25°的，称为高山地。

图上表示地貌的方法有多种，对于大、中比例尺地形图主要采用等高线法。对于特殊地貌将采用特殊符号表示。

1) 等高线及其特征

等高线是地面上相同高程的相邻各点连成的闭合曲线，也就是设想水准面与地表面相交形成的闭合曲线。

如图10-6所示，设想有一座高出水面的小山，与某一静止的水面相交形成的水涯线为一闭合曲线，曲线的形状随小山与水面相交的位置而定，曲线上各点的高程相等。例如，当水面高为100m时，曲线上任一点的高程均为100m；若水位继续升高至110m、120m、130m，则水涯线的高程分别为110m、120m、130m。将这些水涯线垂直投影到水平面H上，并按一定的比例尺缩绘在图纸上，这就将小山用等高线表示在地形图上了。这些等高线的形状和高程，客观地显示了小山的空间形态。

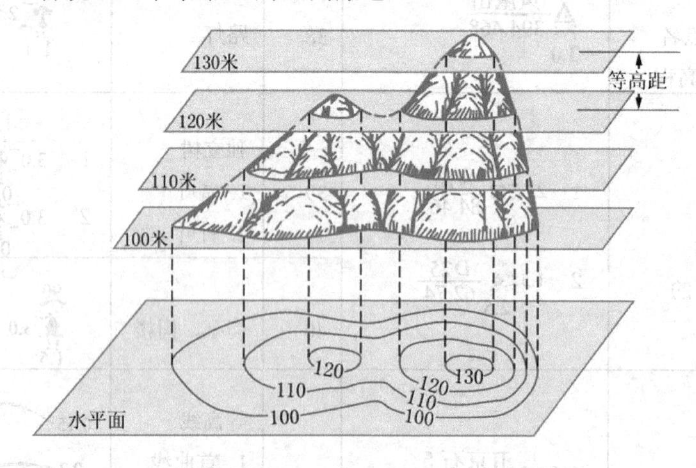

图10-6　等高线的概念

通过研究等高线表示地貌的规律性，可以归纳出等高线的特征，它对于地貌的测绘和等高线的勾画，以及正确使用地形图都有很大帮助。

(1) 同一条等高线上各点的高程相等。

(2) 等高线是闭合曲线，不能中断，如果不在同一幅图内闭合，则必定在相邻的其他图幅内闭合。

(3) 等高线只有在绝壁或悬崖处才会重合或相交。

(4) 等高线经过山脊或山谷时改变方向，因此山脊线与山谷线应和改变方向处的等高线的切线垂直相交，如图 10-7 所示。

(5) 在同一幅地形图上，等高线间隔是相同的。因此，等高线平距大表示地面坡度小；等高线平距小则表示地面坡度大；平距相等则坡度相同。倾斜平面的等高线是一组间距相等且平行的直线。

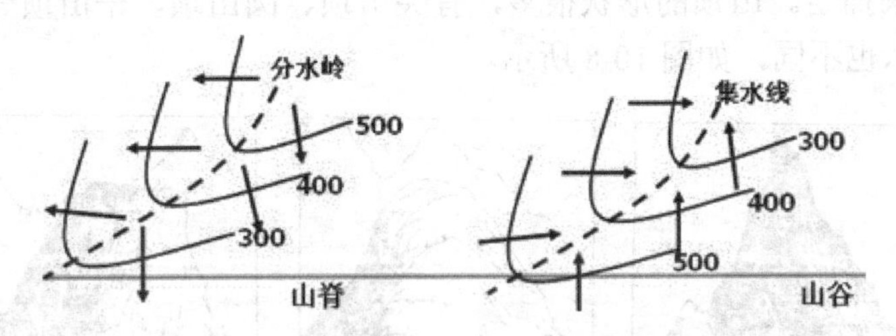

图 10-7　山脊线、山谷线与等高线的关系

2) 等高线的分类

地形图中的等高线主要有首曲线和计曲线，有时也用间曲线和助曲线。

(1) 首曲线

首曲线也称基本等高线，是指从高程基准面起算，按规定的基本等高距描绘的等高线称首曲线，用宽度为 0.15mm 的细实线表示。

(2) 计曲线

计曲线从高程基准面起算，每隔四条基本等高线有一条加粗的等高线，称为计曲线。为了读图方便，计曲线上也注出高程。

(3) 间曲线和助曲线

当基本等高线不足以显示局部地貌特征时，按二分之一基本等高距所加绘的等高线，称为间曲线(又称半距等高线)，用长虚线表示。

按四分之一基本等高距所加绘的等高线，称为助曲线，用短虚线表示。

间曲线和助曲线描绘时均可不闭合。

3) 等高距与等高平距

相邻等高线之间的高差称为等高距或等高线间隔，常以 A 表示。图 10-6 中的等高距是 1m。在同一幅地形图上，等高距是相同的。相邻等高线之间的水平距离称为等高线平距，常以 d 表示。由于同一幅地形图中等高距是相同的，所以等高线平距 d 的大小与地面的坡度有关。等高线平距越小，地面坡度越大；平距越大，则坡度越小；平距相等，则坡度相同。由此可见，根据地形图上等高线的疏、密可判定地面坡度的缓、陡。

对于同一比例尺测图，选择等高距过小，会成倍地增加测绘工作量。对于山区，有时会因等高线过密而影响地形图的清晰。等高距的选择，应该根据地形类型和比例尺大小，并按照相应的规范执行。表 10-4 是大比例尺地形图的基本等高距参考值。

表 10-4　大比例尺地形图的基本等高距

比例尺	平地/m	丘陵地/m	山地/m	比例尺	平地/m	丘陵地/m	山地/m
1∶500	0.5	0.5	1	1∶2000	0.5	1	2，2.5
1∶1000	0.5	1	1	1∶5000	1	2，2.5	2.5，5

4) 典型地貌的绘制

(1) 山顶。

山顶是山的最高部分。山地中突出的山顶，有很好的控制作用和方位作用。因此，山顶要按实地形状来描绘。山顶的形状很多，有尖山顶、圆山顶、平山顶等。山顶的形状不同，等高线的表示也不同，如图 10-8 所示。

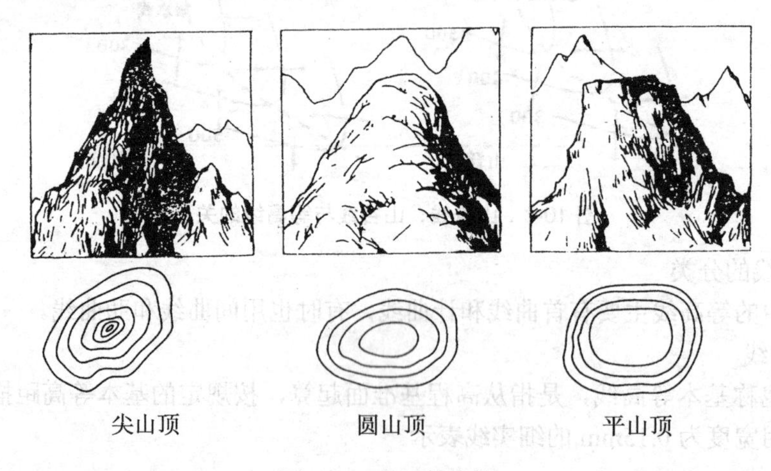

图 10-8　山顶等高线

在尖山顶的山顶附近倾斜较为一致，因此，尖山顶的等高线之间的平距大小相等，即使在顶部，等高线之间的平距也没有多大的变化。测绘时，标尺点除立在山顶外，其周围山坡适当选择一些特征点就够了。

圆山顶的顶部坡度比较平缓，然后逐渐变陡，等高线的平距在离山顶较远的山坡部分较小，越到山顶，等高线平距逐渐增大，在顶部最大。测绘时，山顶最高点应立尺，在出顶附近坡度逐渐变化处也需要立尺。

平山顶的顶部平坦，到一定范围时坡度突然变化。因此，等高线的平距在山坡部分较小，但不是向山顶方向逐渐变化，而是到山顶突然增大。测绘时必须特别注意在山顶坡度变化处立尺，否则地貌的真实性将受到显著影响。

(2) 山脊。

山脊是山体延伸的最高棱线。山脊的等高线均向下坡方向凸出。两侧基本对称，山脊的坡度变化反映了山脊纵断面的起伏状况，山脊等高线的尖圆程度反映了山脊横断面的形状。山地地貌显示得像不像，主要看山脊与山谷，如果山脊测绘得真实、形象，整个山形就较逼真。测绘山脊要真实地表现其坡度和走向，特别是大的分水线、坡度变换点和山脊、山谷转折点，应形象地表示出来。

山脊的形状可分为尖山脊、圆山脊和台阶状山脊。它们都可通过等高线的弯曲程度表现出来。如图 10-9 所示，尖山脊的等高线依山脊延伸方向呈尖角状；圆山脊的等高线依山脊延伸方向呈圆弧状；台阶状山脊的等高线依山脊延伸方向呈疏密不同的方形。

图 10-9　山脊等高线

尖山脊的山脊线比较明显，测绘时，除在山脊线上立尺外，两侧山坡也应有适当的立尺点。

圆山脊的脊部有一定的宽度，测绘时需特别注意正确确定山脊线的实地位置，然后立尺，此外对山脊两侧山坡也必须注意它的坡度的逐渐变化，恰如其分地选定立尺点。

对于台阶状山脊，应注意由脊部至两侧山坡坡度变化的位置，测绘时，应恰当地选择立尺点，才能控制山脊的宽度。不要把台阶状山脊的地貌测绘成圆山脊甚至尖山脊的地貌。

山脊往往有分歧脊，测绘时，在山脊分歧处必须立尺，以保证分歧山脊的位置正确。

(3) 山谷。

山谷等高线表示的特点与山脊等高线所表示的相反。山谷的形状可分为尖底谷、圆底谷和平底谷。如图 10-10 所示，尖底谷底部尖窄，等高线通过谷底时呈尖状；圆底谷是底部近于圆弧状，等高线通过谷底时呈圆弧状；平底谷是谷底较宽、底坡平缓、两侧较陡，等高线通过谷底时在其两侧近于直角状。

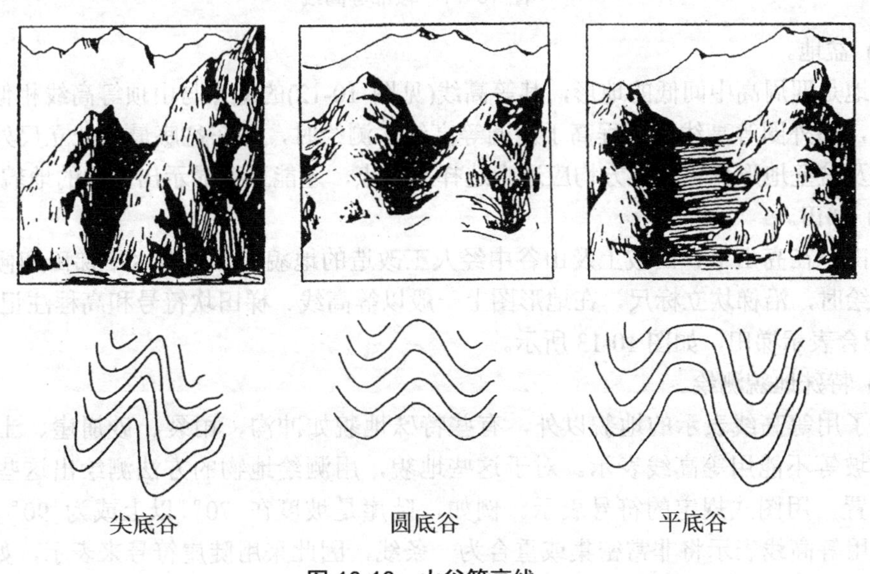

图 10-10　山谷等高线

尖底谷的下部常常有小溪流，山谷线较明显。测绘时，立尺点应选在等高线的转弯处。

圆底谷的山谷线不太明显，所以测绘时，应注意山谷线的位置和谷底形成的地方。

平底谷多系人工开辟耕地后形成的，测绘时，标尺点应选择在山坡与谷底相交的地方，以控制山谷的宽度和走向。

(4) 鞍部。

鞍部是两个山脊的会合处，呈马鞍形的地方，是山脊上一个特殊的部位。可分为窄短鞍部、窄长鞍部和平宽鞍部。鞍部往往是山区道路通过的地方，有重要的方位作用。测绘时，在鞍部的最底处必须有立尺点，以便使等高线的形状正确。鞍部附近的立尺点应视坡度变化情况选择。鞍部的中心位于分水线的最低位置，鞍部有两对同高程的等高线，即一对高于鞍部的山脊等高线，一对低于鞍部的山谷等高线，这两对等高线近似地对称，如图 10-11 所示。

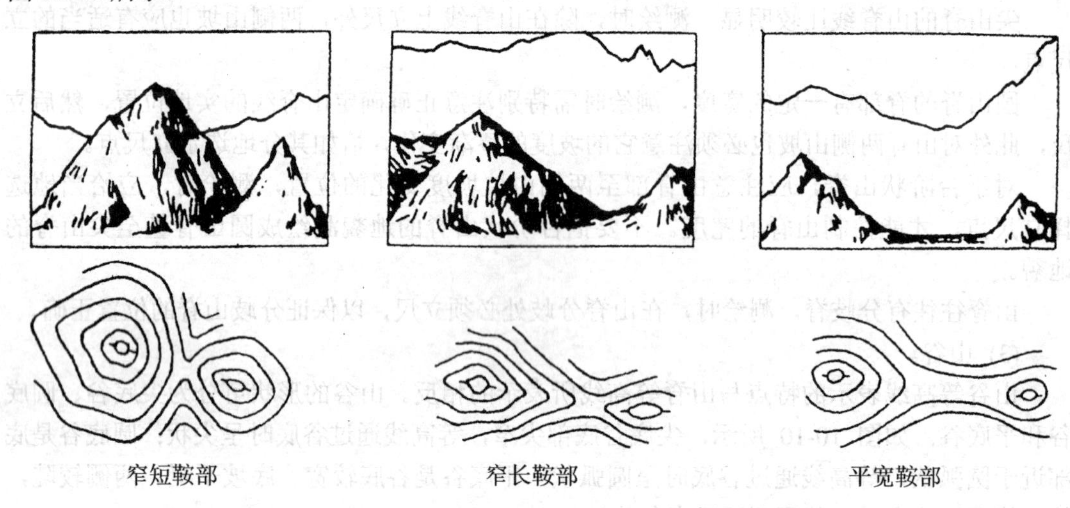

图 10-11　鞍部等高线

(5) 盆地。

盆地是四周高中间低的地形，其等高线(见图 10-12)的特点与山顶等高线相似，但其高低相反，即外圈等高线的高程高于内圈等高线。测绘时，除在盆底最低处立尺外，对于盆底四周及盆壁地形变化的地方均应适当选择立尺点，才能正确显示出盆地的地貌。

(6) 梯田。

梯田是在高山上、山坡上及山谷中经人工改造的地貌。梯田有水平梯田和倾斜梯田两种。测绘时，沿梯坎立标尺，在地形图上一般以等高线、梯田坎符号和高程注记(或比高注记)相配合表示梯田，如图 10-13 所示。

(7) 特殊地貌测绘。

除了用等高线表示的地貌以外，有些特殊地貌如冲沟、雨裂、砂崩崖、土崩崖、陡崖、滑坡等不能用等高线表示。对于这些地貌，用测绘地物的方法测绘出这些地貌的轮廓、位置，用图式规定的符号表示。例如，陡崖是坡度在 70° 以上或为 90° 的陡峭崖壁，若用等高线表示将非常密集或重合为一条线，因此采用陡崖符号来表示，如图 10-14 (a)、(b)所示。

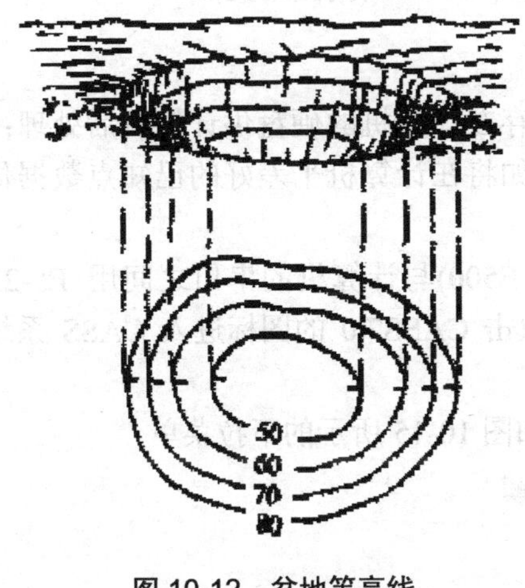

图 10-12　盆地等高线

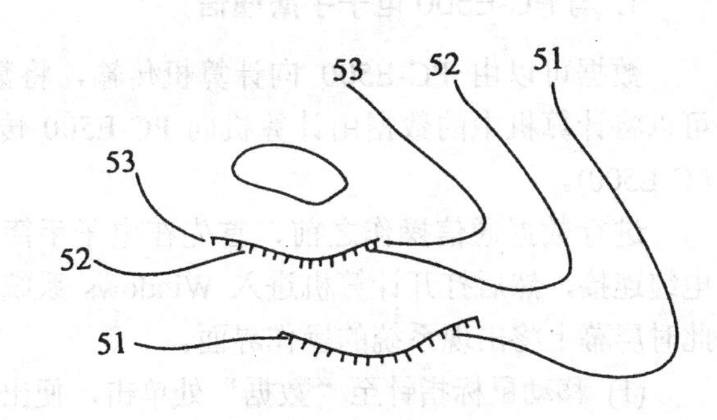

图 10-13　梯田等高线

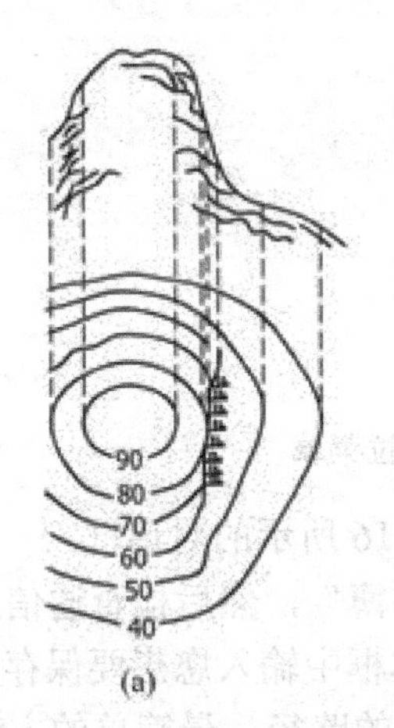

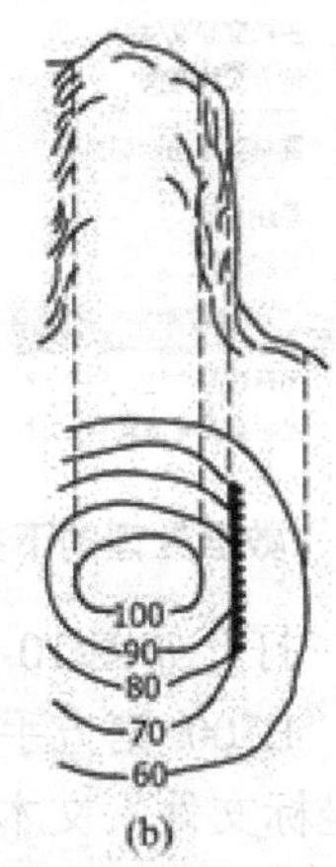

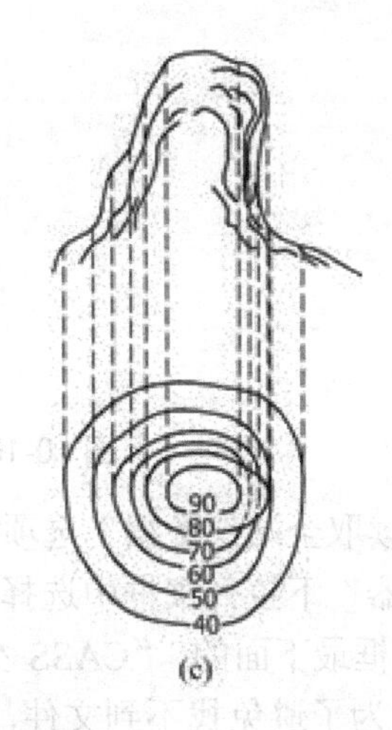

图 10-14　陡崖和悬崖等高线

悬崖是上部突出，下部凹进的陡崖。上部的等高线投影到水平面时，与下部的等高线相交，下部凹进的等高线用虚线表示，如图 10-14(c)所示。

3. 注记符号

用文字、数字或特定的符号对地物加以说明称为地物注记，如房屋的层数、工厂、铁路、公路的名称，河流、水渠的流向以及果树、森林的类别等。

10.2　数字地形图绘制

10.2.1　数据通信

数据通信主要用于电子手簿或带内存的全站仪与计算机两者之间的数据相互传输。南方公司开发的电子手簿的载体主要有 PC-E500、HP2110、MG(测图精灵)。

1. 与 PC-E500 电子手簿通信

数据可以由 PC-E500 向计算机传输，将数据存在计算机的硬盘供计算机后处理；也可以将计算机中的数据由计算机向 PC-E500 传输(如将在计算机平差好的已知点数据传给 PC-E500)。

进行数据通信操作之前，首先在电子手簿(PC-E500)与计算机的串口之间用 E5-232C 电缆连接，然后打开计算机进入 Windows 系统，双击 CASS7.0 的图标进入 CASS 系统，此时屏幕上将出现系统的操作界面。

(1) 移动鼠标指针至“数据”处单击，便出现如图 10-15 所示的下拉菜单。

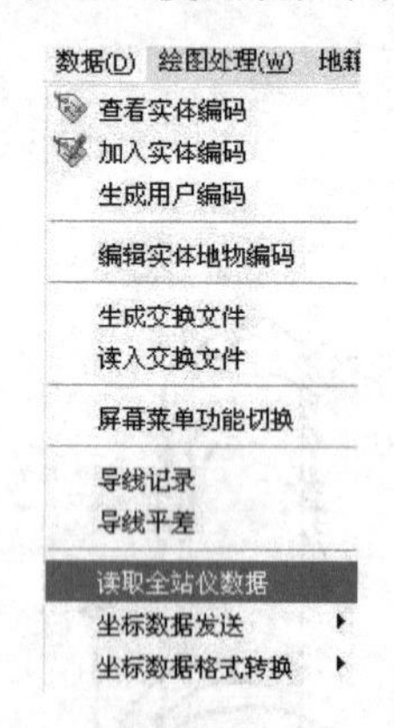

图 10-15　数据处理的下拉菜单

(2) 选择“读取全站仪数据”选项，打开如图 10-16 所示的对话框。

(3) 在“仪器”下拉列表框中选择“E500 南方手簿”，然后检查通信参数是否设置正确。接着在对话框最下面的 “CASS 坐标文件”文本框中输入您想要保存的文件名，要留意文件的路径，为了避免找不到文件，可以输入完整的路径。最简单的方法单击“选择文件”按钮打开如图 10-17 所示的对话框，在“文件名”文本框中输入要保存的文件名，再单击“保存”按钮。这时，系统会自动将文件名填在了“CASS 坐标文件”文本框中。这样就省去了手工输入路径的步骤。

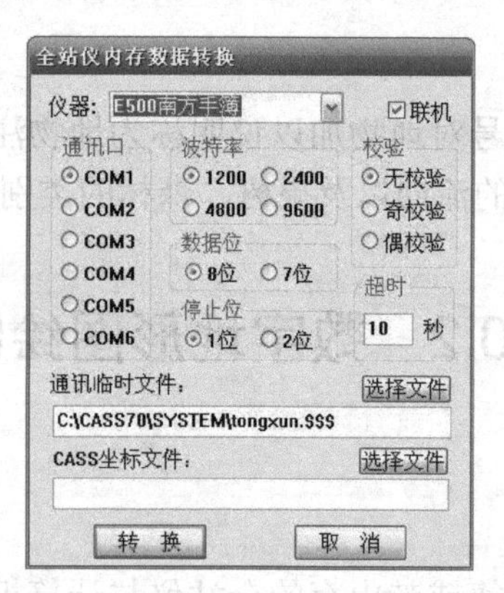

图 10-16　“全站仪内存数据转换”对话框

图 10-17　选择文件

输完文件名后单击“转换”按钮，会出现如图 10-18 所示的提示框。如果您输入的文件名已经存在，则屏幕会弹出警告信息。若不想覆盖原文件时，可以单击“否”按钮返回图 10-17 所示对话框，重新输入文件名。当想覆盖原文件时，可以单击“是”按钮。

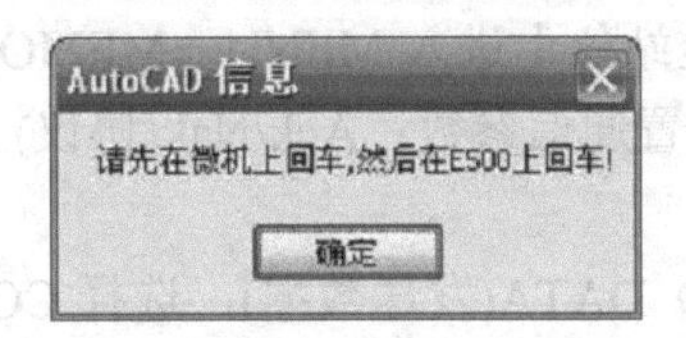

图 10-18　计算机等待 E500 信号

(4) 如果仪器选择错误会导致传到计算机中的数据文件格式不正确，这时会出现图 10-19 所示的对话框。若出现该提示时，有可能是以下的情形：数据通信的通路问题，电缆型号不对或计算机通信端口不通；全站仪和软件两边通信参数设置不一致；全站仪中传输的数据文件中没有包含坐标数据，这种情况可以通过查看 tongxun.$$$来判断。

(5) 操作 PC-E500 电子手簿，做好通信准备，在 E500 上输入本次传送数据的起始点号后，然后先在计算机上按 Enter 键再在 PC-E500k 中按 Enter 键。命令区便逐行显示点位坐标信息，直至通信结束。

图 10-19　数据格式错误的对话框

2. 与带内存全站仪通信

由于全站仪的品牌、型号的多样性，使得全站仪的通信软件品种繁多。一般品牌全站仪均配有专用的数据通信软件，另外就是一些爱好者自己开发的通信软件。下面以常用的拓普康全站仪为例介绍其数据通信软件的主要功能。

T-COM 数据通信软件适用于拓普康 GTS210/310/GPT-1000、GTS-700/710/800(SSS)、DL-101/102 等系列，其文件格式为 GT6，通过该软件，可在全站仪与计算机之间进行数据的下载与上载，同时通过“转换”菜单可以进行不同数据格式的转换。具体步骤如下。

(1) 首先用 F-3 (25 针)或 F-4 (9 针)RS-232 电缆连接计算机和全站仪，然后在微机上运行 T-COM 后可显示如图 10-20 所示操作界面。

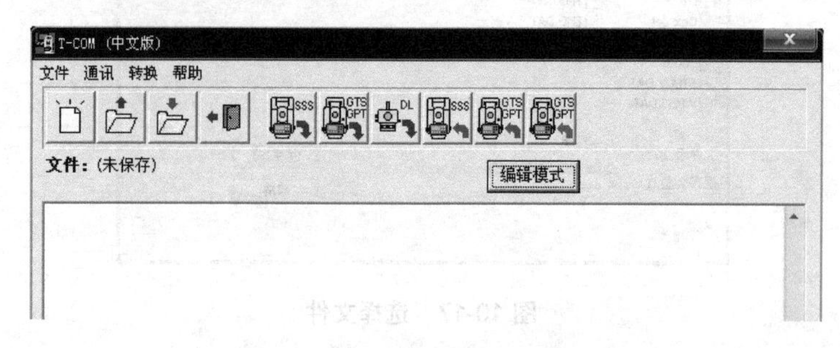

图 10-20 T-COM 数据通信软件主界面

(2) 在全站仪上选择“程序”→“标准测量”→“SET UP”→“JOB→OPEN”，然后选定需要下载的作业文件名。

(3) 如图 10-21 所示，在全站仪上进入 MENU→MEMORY MGR→DATA TRANSFER →COMM PARAMETERS，设置通信参数：Ack/Nak(协议)、9600(波特率)、8(数据位)、无(奇偶位)、1(停止位)。

(4) 在全站仪上进入 SEND DATA(发送数据)，选择 COORD.DATA (坐标数据)，接下来选择 11 DIGITS，选择要传输的数据文件，等待计算机设置。

(5) 在计算机上运行 T-COM 软件，并进行通信参数设置，将其设为与全站仪相同的通信参数及正确的串口后，按“开始”键，进入接收等待状态。

(6) 在全站仪上按 OK，计算机开始自动接收全站仪发送过来的数据。

(7) 传完数据会在 T-COM 软件的文本框显示如图 10-22 所示界面，直接单击“确认”按钮。

(8) 接着出现图 10-23 所示对话框：取消选中“添加 GTS-700 表头”复选框，然后单击“确定”按钮，这样数据便转换为我们可以编辑的格式，另存为文本文件就可以了。

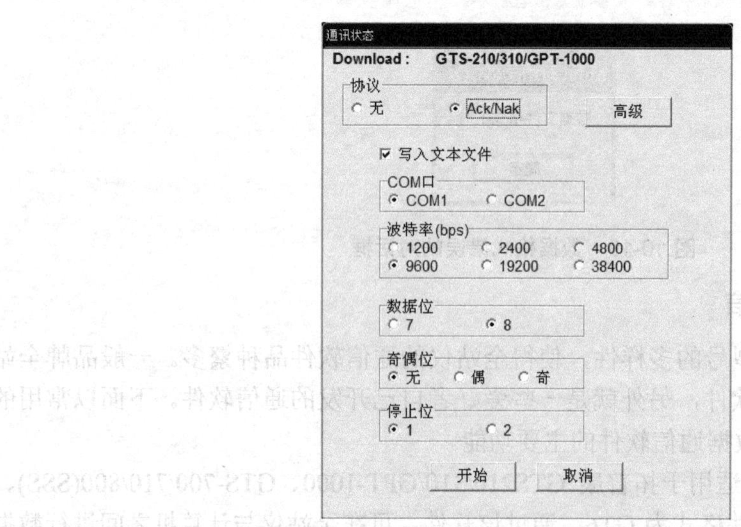

图 10-21 通信参数设置界面

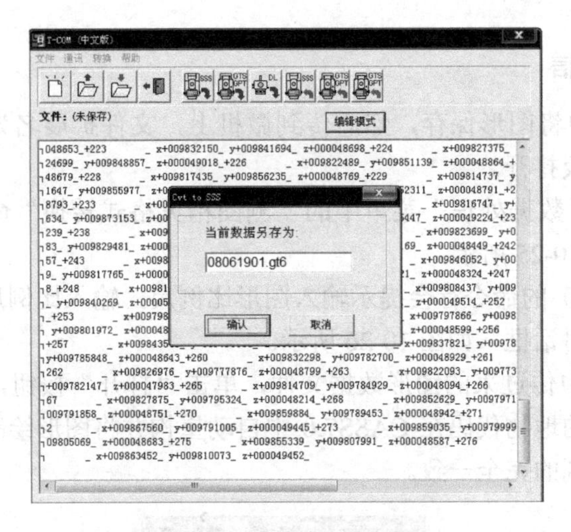

图 10-22　数据传输与保存

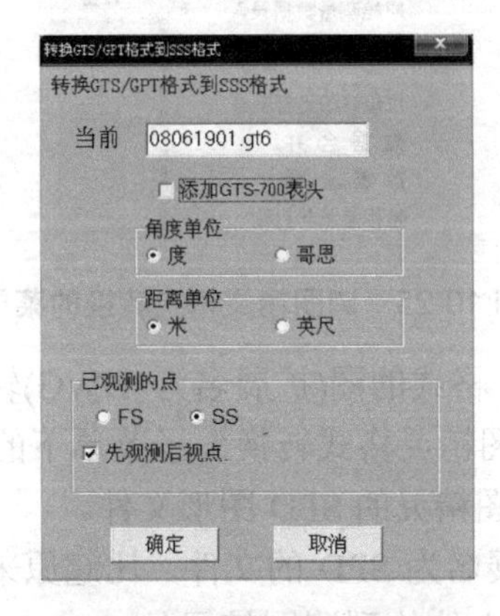

图 10-23　数据格式转换

(9) 同时我们还可以导出 DXF 格式数据，这样可以直接在 CAD、南方 CASS 等成图软件里打开。在图 10-20 所示界面中选择“转换”菜单中的“到 DXF(仅对 SSS 坐标)”命令，在接下来出现的对话框中无需修改直接确认，即可转成 DXF 格式。如图 10-24 所示，将其另存为 DXF 文件，至此文件传输完毕。

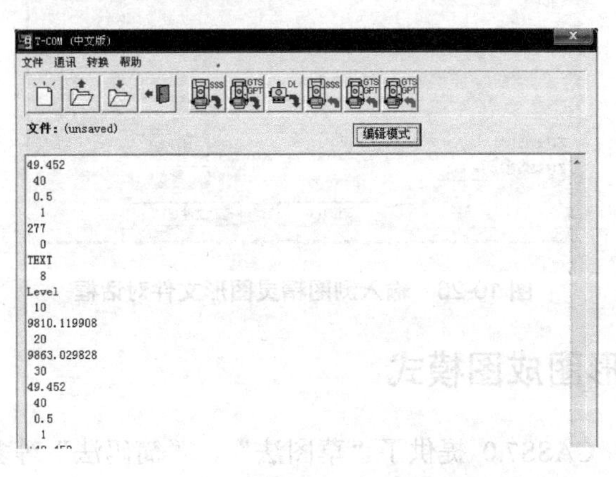

图 10-24　转换成 DXF 数据格式

3. 与测图精灵通信

(1) 在测图精灵中将图形保存，然后传到微机上，文件扩展名为.SPD。此文件是二进制格式，不能用写字板打开。

(2) 移动鼠标至“数据处理”菜单中的“测图精灵格式转换”命令，在下级子菜单中选择“读入”，如图 10-25 所示。

(3) 注意 CASS7.0 的命令行会提示输入图形比例尺，输入比例尺后会出现“输入测图精灵图形文件名”的对话框，如图 10-26 所示。

找到从测图精灵中传过来的图形数据文件，单击“打开”按钮，系统会读取图形文件内容，并根据图形内的地物代码在 CASS7.0 中自动重构并将图形绘制出来。这时得到的图形与在测图精灵中看到的完全一致。

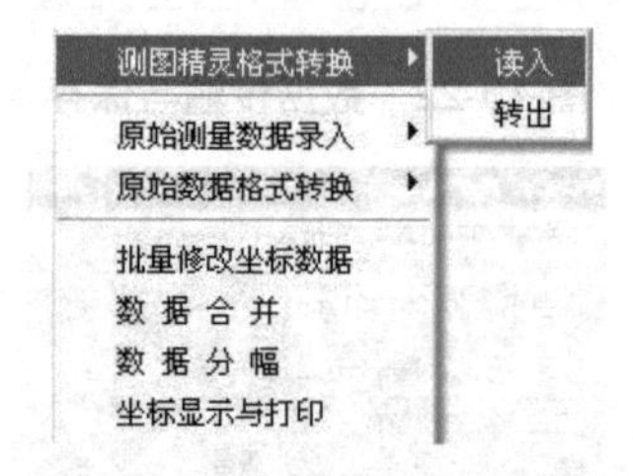

图 10-25　测图精灵格式转换的菜单

如果要将一幅 AUTOCAD 格式的图(扩展名为 DWG)转到测图精灵中进行补测，可在“数据处理”菜单下选择“测图精灵格式转换”子菜单下的“转出”命令，利用此功能，可将 CASS7.0 下的图形转成测图精灵的 SPD 图形文件。

转换完成后将得到一个扩展名为 SPD 的文件，比起原来的 DWG 来小许多，这时可以将测图精灵与微机连接，将此文件传到测图精灵的 My Documents 目录下。启动测图精灵，在“文件”菜单下选择“打开”命令，可以看到刚才传过来的图形文件，选择并打开，图形将出现在测图精灵上，这样就实现了测图精灵与 CASS7.0 的图形数据传输。

图 10-26　输入测图精灵图形文件对话框

10.2.2　数字地形图成图模式

对于图形的生成，CASS7.0 提供了“草图法”、“简码法”等多种成图作业方式，并可实时地将地物定位点和邻近地物(形)点显示在当前图形编辑窗口中，操作十分方便。

“草图法”在内业工作时，根据作业方式的不同，分为“点号定位”、“坐标定位”、“编码引导”几种方法。下面以 CASS7.0 数字成图系统软件为例具体说明“点号定位”的成图模式。

1. 定显示区

定显示区的作用是根据输入坐标数据文件的数据大小定义屏幕显示区域的大小，以保证所有点可见。进入 CASS7.0 主界面，选择“绘图处理”命令，即出现如图 10-27 所示下拉菜单。然后选择“定显示区”命令，这时需要输入坐标数据文件名。可参考 Windows 选择打开文件的方法操作，也可直接通过键盘输入，在“文件名”文本框(即光标闪烁处)中输入 C:\CASS7.0\DEMO\STUDY.DAT，再移动鼠标单击“打开”按钮。这时，命令区显示：

```
最小坐标(米)：X=31056.221，Y=53097.691
最大坐标(米)：X=31237.455，Y=53286.090
```

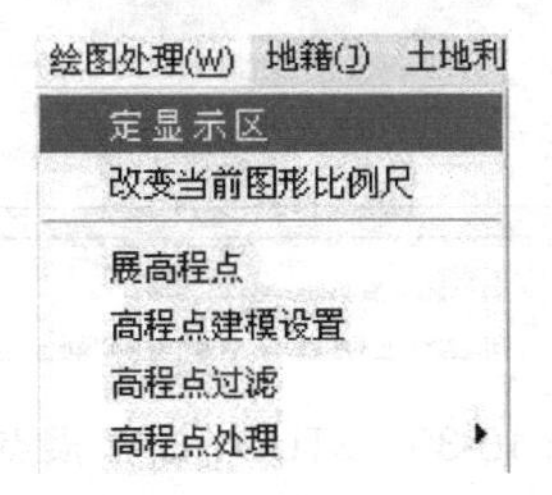

图 10-27　“绘图处理”菜单

2. 选择测点点号定位成图法

移动鼠标至屏幕右侧菜单区，单击“坐标定位/点号定位”选项，即出现如图 10-28 所示的对话框。输入点号坐标数据文件名 C:\CASS7.0\DEMO\STUDY.DAT 后，命令区提示：读点完成!共读入 106 个点。

图 10-28　选择“点号定位”数据文件

3. 展点

在“绘图处理”菜单下选择“展野外测点点号”命令，如图 10-29 所示，然后输入对应的坐标数据文件名 C:\CASS7.0\DEMO\STUDY.DAT，便可在屏幕上展出野外测点的点号，如图 10-30 所示。

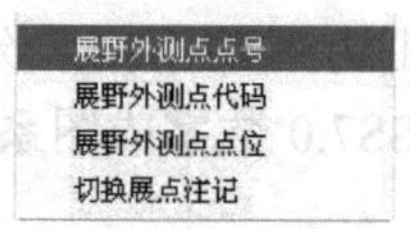

图 10-29　选择“展野外测点点号”选项

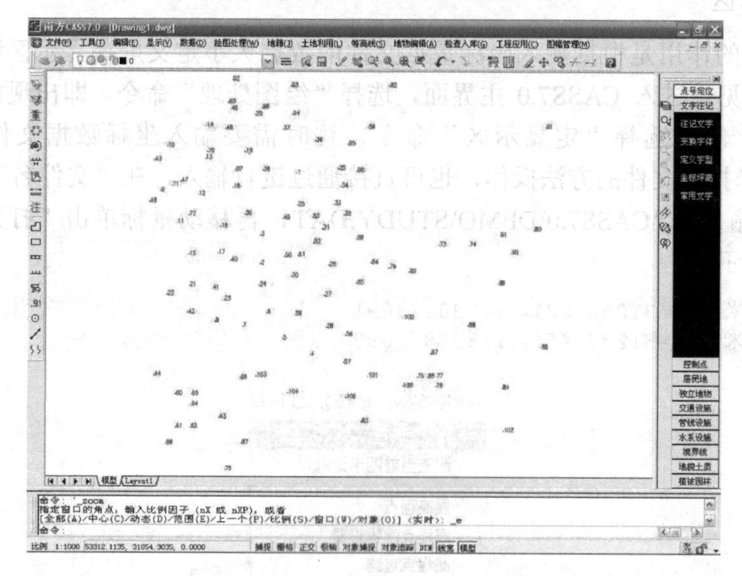

图 10-30　STUDY.DAT 展点图

4. 绘平面图

根据野外作业时绘制的草图，移动鼠标至屏幕右侧菜单区选择相应的地形图图式符号，然后在屏幕中将所有的地物绘制出来。系统中所有地形图图式符号都是按照图层来划分的，例如所有表示测量控制点的符号都放在“控制点”这一层，所有表示独立地物的符号都放在“独立地物”这一层，所有表示植被的符号都放在“植被园林”这一层。

例如，单击右侧屏幕菜单的“交通设施/公路”按钮，弹出如图 10-31 所示的界面。

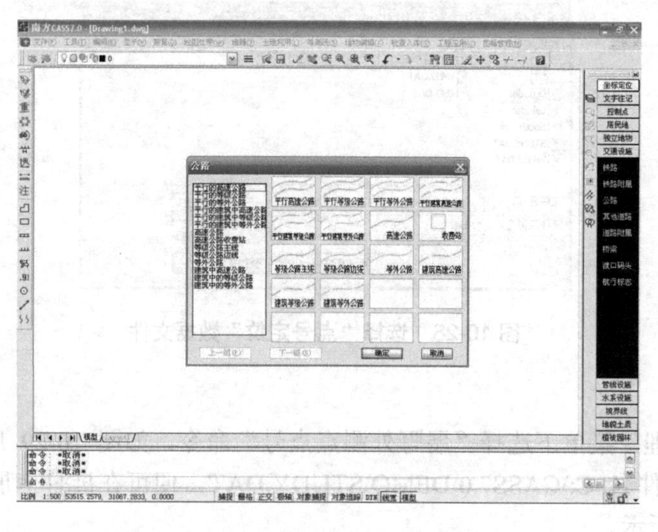

图 10-31　选择屏幕菜单“交通设施/公路”

找到“平行等外公路”并选中，再单击“确定”按钮，命令区提示：

```
绘图比例尺 1:输入 500，回车。
点 P/<点号>输入 92，回车。
点 P/<点号>输入 45，回车。
点 P/<点号>输入 46，回车。
点 P/<点号>输入 13，回车。
点 P/<点号>输入 47，回车。
点 P/<点号>输入 48，回车。
点 P/<点号>回车 拟合线<N>?输入 Y，回车。
说明：输入 Y，将该边拟合成光滑曲线；输入 N(默认为 N)，则不拟合该线。
1.边点式/2.边宽式<1>:回车(默认 1)
说明：选 1(默认为 1)，将要求输入公路对边上的一个测点；选 2，要求输入公路宽度。
点 P/<点号>输入 19，回车。
```

这时平行等外公路就做好了，如图 10-32 所示。

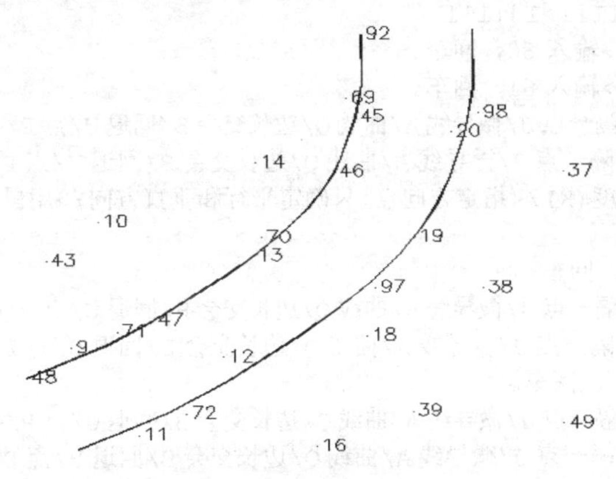

图 10-32 平行等外公路

下面做一个多点房屋。选择右侧屏幕菜单中的“居民地/一般房屋”选项，弹出如图 10-33 所示界面。先用鼠标左键选择“多点砼房屋”，再单击“确定”按钮。命令区提示：

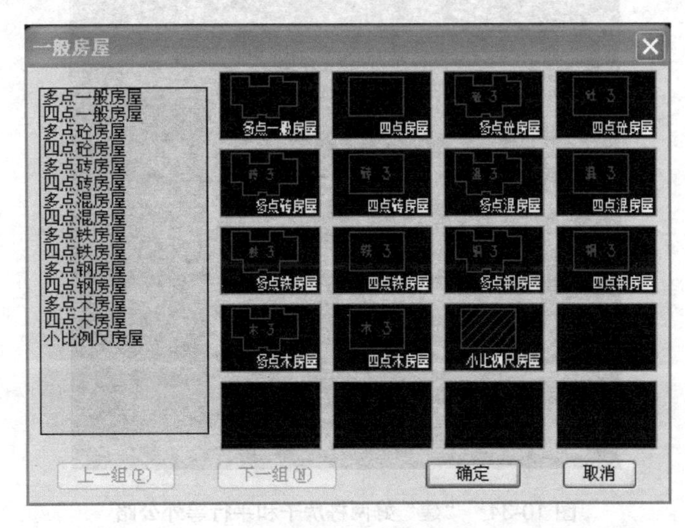

图 10-33 选择屏幕菜单“居民地/一般房屋”

```
第一点:点 P/<点号>输入 49，回车。
指定点:点 P/<点号>输入 50，回车。
闭合 C/隔一闭合 G/隔一点 J/微导线 A/曲线 Q/边长交会 B/回退 U/点 P/<点号>输入 51，回车。
闭合 C/隔一闭合 G/隔一点 J/微导线 A/曲线 Q/边长交会 B/回退 U/点 P/<点号>输入 J，回车。
点 P/<点号>输入 52，回车。
闭合 C/隔一闭合 G/隔一点 J/微导线 A/曲线 Q/边长交会 B/回退 U/点 P/<点号>输入 53，回车。
闭合 C/隔一闭合 G/隔一点 J/微导线 A/曲线 Q/边长交会 B/回退 U/点 P/<点号>输入 C，回车。
输入层数:<1>回车(默认输 1 层)。
说明：选择多点砼房屋后会自动读取地物编码，用户不须逐个记忆。从第三点起会弹出许多选项，这里以“隔一点”功能为例，输入 J，输入一点后系统自动算出一点，使该点与前一点及输入点的连线构成直角。输入 C 时，表示闭合。
```

再做一个多点砼房，熟悉一下操作过程。命令区提示：

```
Command: dd
输入地物编码:<141111>141111
第一点:点 P/<点号>输入 60，回车。
指定点:点 P/<点号>输入 61，回车。
闭合 C/隔一闭合 G/隔一点 J/微导线 A/曲线 Q/边长交会 B/回退 U/点 P/<点号>输入 62，回车。
闭合 C/隔一闭合 G/隔一点 J/微导线 A/曲线 Q/边长交会 B/回退 U/点 P/<点号>输入 a，回车。
微导线-键盘输入角度(K)/<指定方向点(只确定平行和垂直方向)>用鼠标左键在 62 点上侧一定距离处点一下。
距离<m>:输入 4.5，回车。
闭合 C/隔一闭合 G/隔一点 J/微导线 A/曲线 Q/边长交会 B/回退 U/点 P/<点号>输入 63，回车。
闭合 C/隔一闭合 G/隔一点 J/微导线 A/曲线 Q/边长交会 B/回退 U/点 P/<点号>输入 J，回车。
点 P/<点号>输入 64，回车。
闭合 C/隔一闭合 G/隔一点 J/微导线 A/曲线 Q/边长交会 B/回退 U/点 P/<点号>输入 65，回车。
闭合 C/隔一闭合 G/隔一点 J/微导线 A/曲线 Q/边长交会 B/回退 U/点 P/<点号>输入 C，回车。
输入层数:<1>输入 2，回车。
```

两栋房子和平行等外公路“建”好后，效果如图 10-34 所示。

图 10-34　“建”好两栋房子和平行等外公路

参照以上操作，分别利用右侧屏幕菜单绘制其他地物。

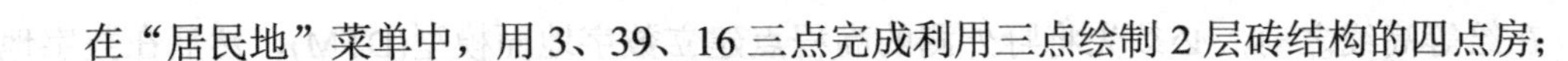

在“居民地”菜单中，用 3、39、16 三点完成利用三点绘制 2 层砖结构的四点房；

用 68、67、66 绘制不拟合的依比例围墙；

用 76、77、78 绘制四点棚房。

在“交通设施”菜单中，用 86、87、88、89、90、91 绘制拟合的小路。

用 103、104、105、106 绘制拟合的不依比例乡村路。

在“地貌土质”菜单中，用 54、55、56、57 绘制拟合的坎高为 1 米的陡坎。

用 93、94、95、96 绘制不拟合的坎高为 1 米的加固陡坎。

在“独立地物”菜单中，用 69、70、71、72、97、98 分别绘制路灯；用 73、74 绘制宣传橱窗；用 59 绘制不依比例肥气池。

在“水系设施”菜单中，用 79 绘制水井。

在“管线设施”菜单中，用 75、83、84、85 绘制地面上的输电线。

在“植被园林”菜单中，用 99、100、101、102 分别绘制果树独立树。

用 58、80、81、82 绘制菜地(第 82 号点之后仍要求输入点号时直接回车)，要求边界不拟合，并且保留边界。

在“控制点”菜单中，用 1、2、4 分别生成埋石图根点，在提问点名、等级时分别输入 D121、D123、D135。

最后选择“编辑”菜单下的“删除”子菜单下的“删除实体所在图层”命令，当鼠标指针变成一个小方框时，用左键点取任意一个点号的数字注记，所展点的注记将被删除。平面图作好后效果如图 10-35 所示。

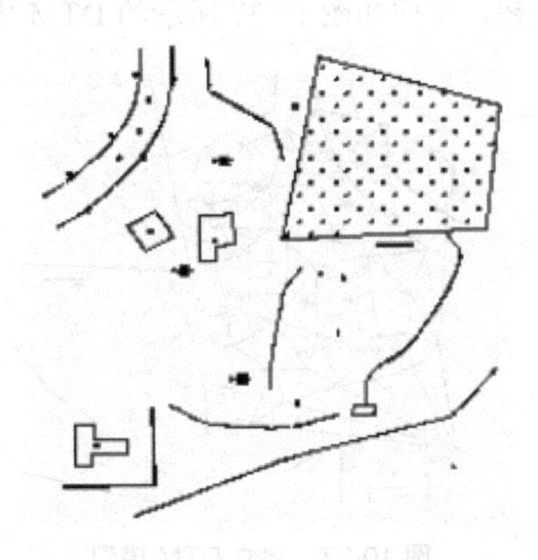

图 10-35　STUDY 的平面图

5. 绘等高线

在地形图中，等高线是表示地貌起伏的一种重要手段。常规的平板测图中，等高线是由手工描绘的，等高线可以描绘得比较圆滑但精度稍低。在数字化自动成图系统中，等高线是由计算机自动勾绘，生成的等高线精度相当高。

CASS7.0 在绘制等高线时，充分考虑了等高线通过地性线和断裂线时情况的处理，如陡坎、陡涯等。CASS7.0 能自动切除通过地物、注记、陡坎的等高线。由于采用了轻量线来生成等高线，CASS7.0 在生成等高线后，文件大小比其他软件小了很多。

在绘等高线之前，必须先将野外测的高程点建立数字地面模型(DTM)，然后在数字地面模型上生成等高线。

1) 展高程点

选择“绘图处理”菜单下的“展高程点”命令，将会弹出选择数据文件的对话框，找到 C:\CASS7.0\DEMO\STUDY.DAT，单击“确定”按钮，命令区提示：“注记高程点的距离(米)：直接回车”，表示不对高程点注记进行取舍，全部展出来。

2) 建立 DTM 模型

选择“等高线”菜单下的“建立 DTM”命令，弹出如图 10-36 所示对话框。

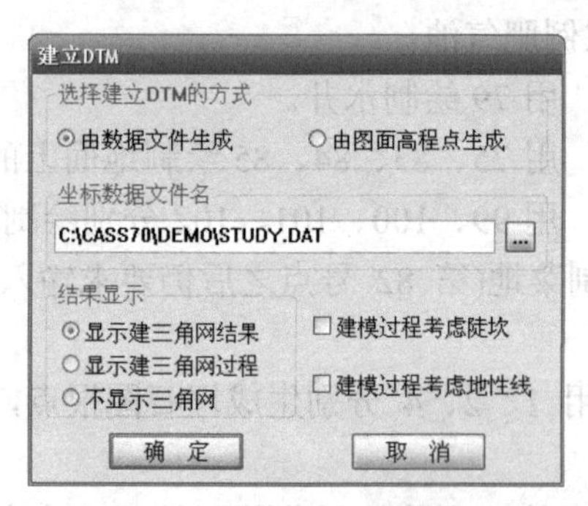

图 10-36 建立 DTM 对话框

根据需要选择建立 DTM 的方式和坐标数据文件名，然后选择建模过程是否考虑陡坎和地性线，单击“确定”按钮，生成如图 10-37 所示的 DTM 模型。

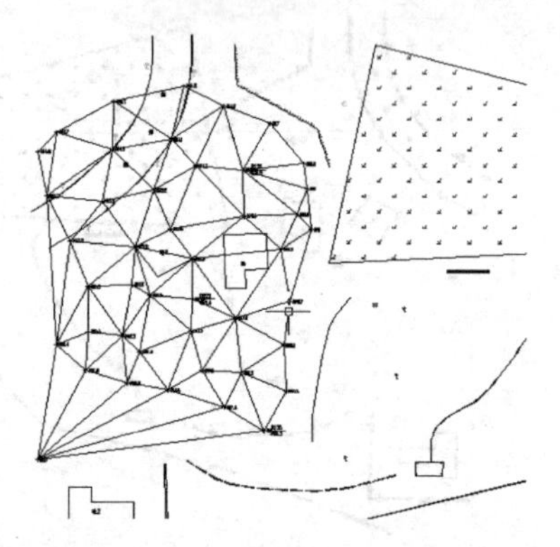

图 10-37 建立 DTM 模型

3) 绘等高线

等高线可以在绘平面图的基础上叠加，也可以在“新建图形”的状态下绘制。如在“新建图形”状态下绘制等高线，系统会提示输入绘图比例尺。

选择“等高线”菜单下的“绘制等高线”，弹出如图 10-38 所示对话框。

输入等高距后选择拟合方式后确定，系统马上会绘制出等高线，再选择“等高线”菜单下的“删三角网”，这时屏幕显示如图 10-39 所示。

4) 等高线的修剪

选择“等高线”菜单下的“等高线修剪”命令，打开如图 10-40 所示菜单。

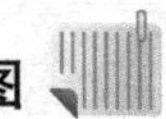

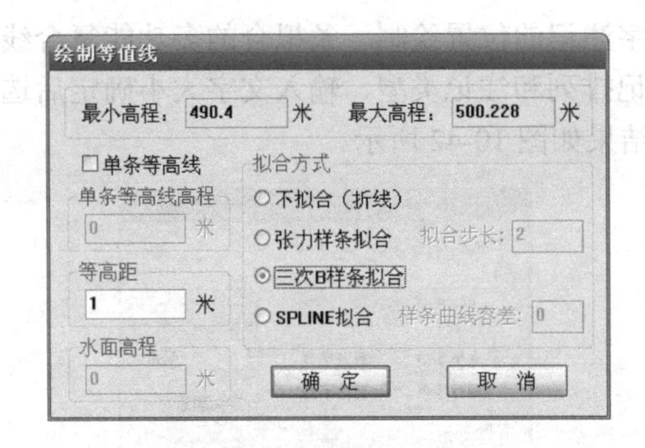

图 10-38　绘制等高线对话框

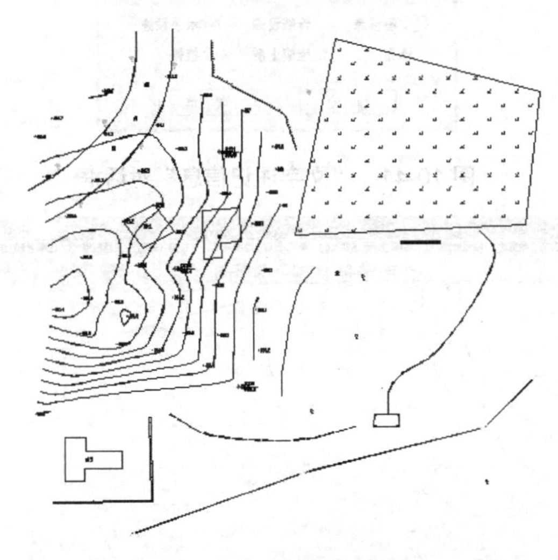

图 10-39　绘制等高线

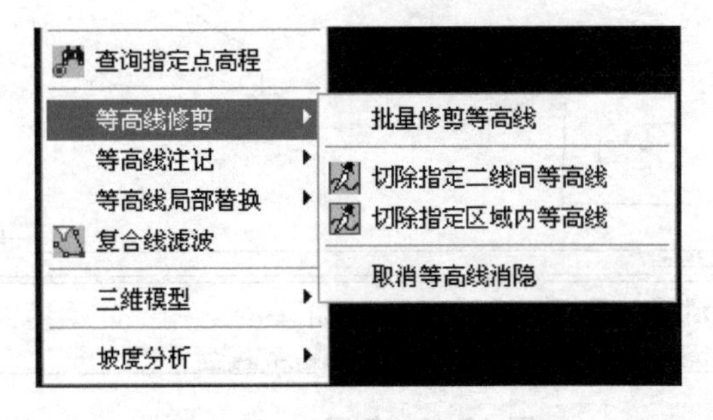

图 10-40　“等高线修剪”菜单

选择“切除指定区域内等高线”，并按提示用鼠标左键选取任意建筑物，软件将自动搜寻穿过建筑物的等高线并将其进行整饰。选择“切除指定二线间等高线”，按提示依次用鼠标左键选取左上角的道路两边，CASS7.0 将自动切除等高线穿过道路的部分。

6. 加注记

以平行等外公路为例，在平行等外公路上加“经纬路”三个字。选择右侧屏幕菜单中的“文字注记”项，弹出如图 10-41 所示的界面。

首先在需要添加文字注记的位置绘制一条拟合的多功能复合线，然后在注记内容中输入“经纬路”并选择注记排列和注记类型，输入文字大小确定后选择绘制的拟合的多功能复合线即可完成注记。结果如图 10-42 所示。

图 10-41 “文字注记信息”对话框

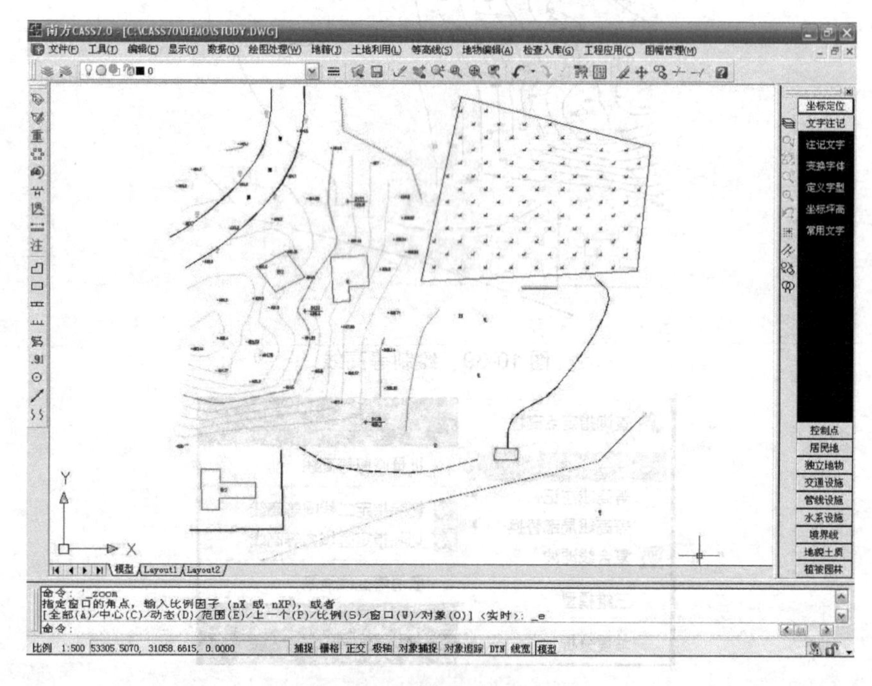

图 10-42 例图 study.dwg

7. 加图框

选择“绘图处理”菜单下的“标准图幅(50×40)”命令，弹出如图 10-43 所示的对话框。

输入图幅的名字、邻近图名、测量员、制图员、审核员，在左下角坐标的“东”、“北”文本框中输入相应坐标，回车。选中“删除图框外实体”复选框则可删除图框外实体，按实际要求选择。最后用鼠标单击“确认”按钮即可。这样这幅图就做好了，如图 10-44 所示。

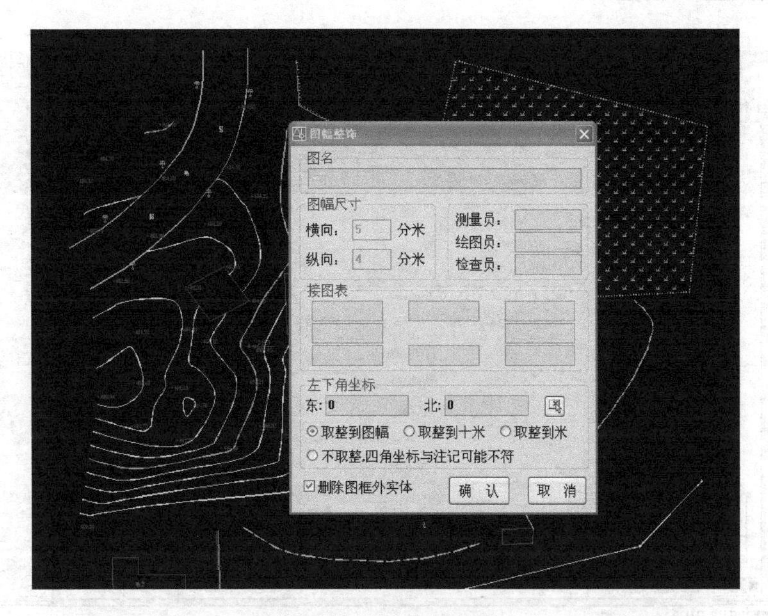

图 10-43　输入图幅信息

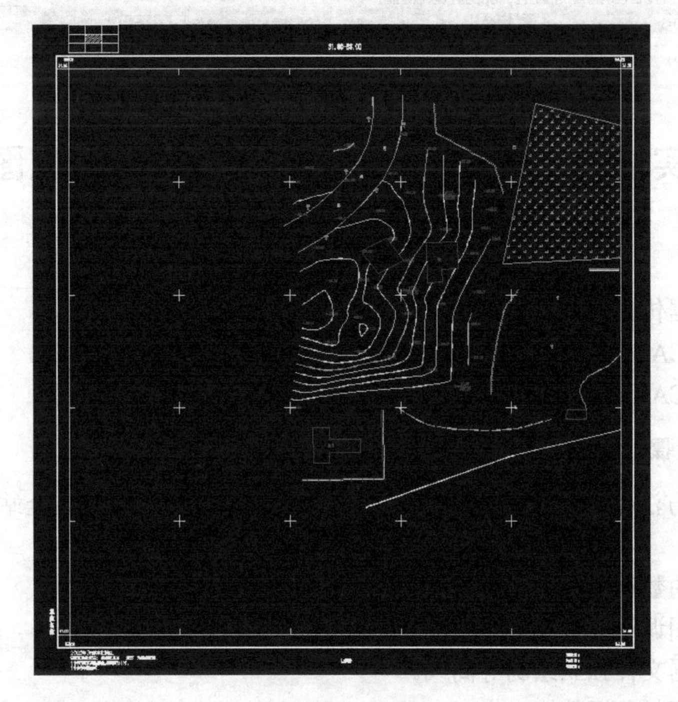

图 10-44　加图框

8. 绘图

选择“文件”菜单下的“用绘图仪或打印机出图”命令，打开如图 10-45 所示对话框。

选好图纸尺寸、图纸方向之后，单击“窗口”按钮，用鼠标圈定绘图范围。将“打印比例”设为“2∶1”，通过“部分预览”和“全部预览”可以查看出图效果，满意后就可单击“确定”按钮进行绘图了。

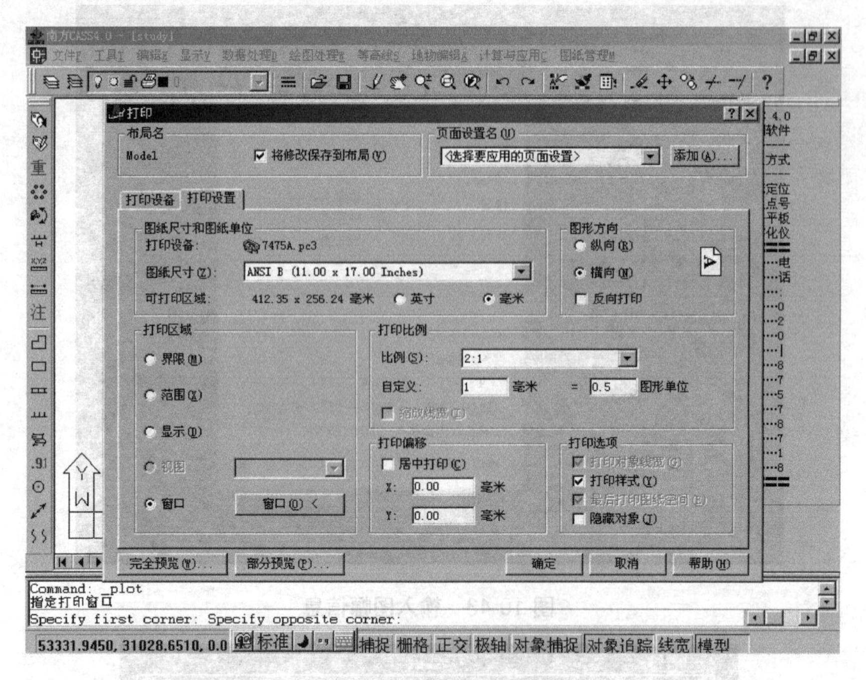

图 10-45 用绘图仪出图

实训任务——“点号定位”地形图成图

1. 实训目的

(1) 掌握数据传输的方法，了解数据文件格式。

(2) 掌握在 CASS 中展绘碎部点的方法，并能够根据草图绘制地物。

(3) 掌握在 CASS 中绘制等高线的方法。

2. 内容与步骤

(1) 用两种方法(在 CASS 中传输和在专门软件中传输)独立完成全站仪与计算机的数据传输。

(2) 用传输的数据文件独立展绘碎部点。

(3) 对照草图调用屏幕菜单绘制地物。

(4) 根据数据文件独立绘制等高线。

(5) 图形分幅与分幅整饰。

3. 提交成果

(1) 文件传输及碎部点展绘结果。

(2) 数字地形图。

思　考　题

1. 什么是地形图？
2. 何谓地形图的比例尺？比例尺有哪几种常见类型？
3. 什么是比例尺精度？它在测绘工作中有何作用？
4. 地形图分幅方法有哪几种？
5. 地物符号主要有哪几种？各有何特点？
6. 何谓等高线？在同一幅图上，等高距、等高线平距与地面坡度三者之间的关系如何？
7. 简述用三角网法自动绘制等高线的步骤。

第11章

电子平板法测图

学习目标

了解电子平板测图的准备工作及所需要的仪器设备，能够正确进行电子平板测图仪器设备的连接；熟悉电子平板测图测站的设置和数据文件的准备工作；掌握电子平板测图的基本流程，能够进行碎部点数据采集和数据编辑等工作，现场绘制地形图。

11.1 概　　述

电子平板法数字测图就是将装有测图软件的便携机或掌上电脑用专用电缆在野外与全站仪相连，把全站仪测定的碎部点实时地传输到电脑并展绘在计算机屏幕上，用软件的绘图功能，现场边测边绘。作为一种野外采集手段，电子平板法数字测图的显著优点是直观性强，在野外作业现场“所见即所得”，即使出现错误，也可及时发现，并在现场修改；其缺点为增大了外业劳动强度，由于当前计算机硬件(如电源问题、屏幕问题)的限制，使其优越性大打折扣，由于配备电子平板价格较贵，令许多单位放弃了本方法；作为航测数字化成图，野外调绘可采用本方法。

电子平板的基本操作过程如下。

(1) 利用计算机将测区的已知控制点及测站点的坐标传输到全站仪的内存中，或手工将控制点及测站点的坐标输入到全站仪的内存中。

(2) 在测站点上架好仪器，并把笔记本电脑或 PDA 与全站仪用相应的电缆连接好，开机后进入测图系统，设置全站仪的通信参数，选定所使用的全站仪类型，分别在全站仪和笔记本电脑或 PDA 上完成测站、定向点的设置工作。

(3) 全站仪照准碎部点，利用计算机控制全站仪进行测角和测距，每测完一个点，屏幕上都会及时地展绘显示出来。

(4) 根据被测点的类型，在测图系统上找到相应的操作，将被测点绘制出来，现场成图。

11.2 CASS 电子平板测图系统

随着计算机技术的发展，便携机的体积、重量、功耗越来越小，这样便携机不易携带、电源不足等问题在某种程度上得到解决，把便携机带到野外工作成为可能。本节以南方 CASS 软件为例，介绍电子平板的作业模式。

11.2.1 录入测区的已知坐标

完成测区的各种等级控制测量，在得到测区的控制点成果后，便可以向系统录入测区的控制点坐标数据，以便野外进行测图时调用。具体步骤如下。

选择“编辑”菜单下的“编辑文本”命令，在弹出的选择文件对话框中输入控制点坐标数据文件名，如果是新建文件名，系统便弹出如图 11-1 所示的对话框，否则系统出现记事本的文本编辑器窗口，如图 11-2 所示，可以按以下格式输入控制点的坐标。

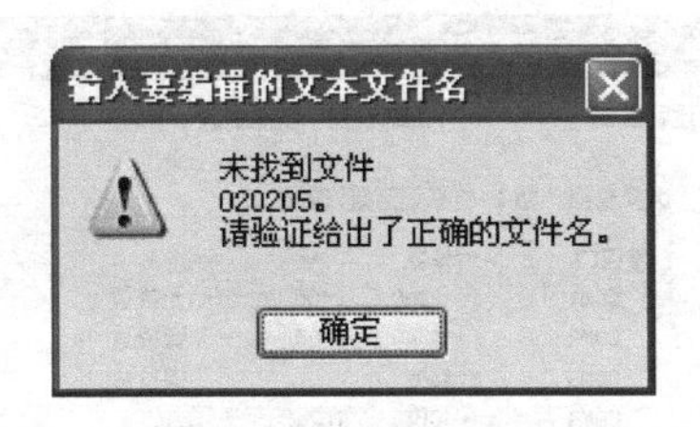

图 11-1 提示对话框

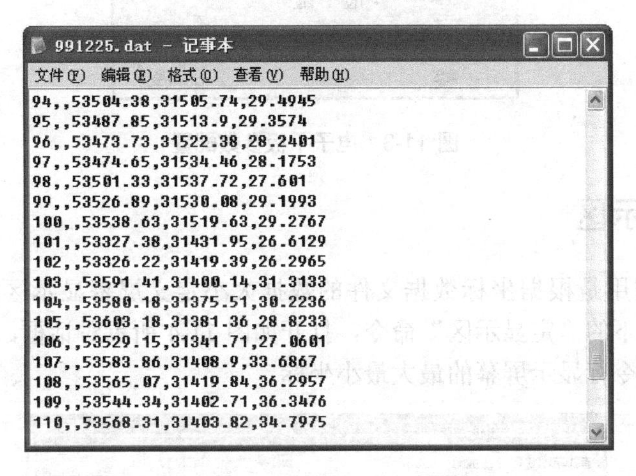

图 11-2 记事本的文本编辑器

格式如下：

```
1 点点名，1 点编码，1 点 Y（东）坐标，1 点 X（北）坐标，1 点高程
…
N 点点名，N 点编码，N 点 Y（东）坐标，N 点 X（北）坐标，N 点高程
```

说明： ① 编码可输可不输；即使编码为空，其后的逗号也不能省略。

② 每个点的 Y 坐标、X 坐标、高程的单位都是米。

③ 文件中间不能有空行。

11.2.2 安置仪器

完成测区的控制测量工作和输入测区的控制点坐标等准备工作后，便可以进行野外测图了。首先，在点上架好仪器，并把便携机与全站仪用相应的电缆连接好，开机后进入 CASS7.0；然后，设置全站仪的通信参数；最后，在主菜单选取“文件”中的“CASS7.0 参数配置”屏幕菜单项后，选择“电子平板”选项卡，出现如图 11-3 所示对话框，选定所使用的全站仪类型，并检查全站仪的通信参数与软件中的设置是否一致，单击“确定”按钮确认所选择的仪器。

说明： 通信口是指数据传输电缆连接在计算机的哪一个串行口，要按实际情况输入，否则数据不能从全站仪直接传到计算机上。

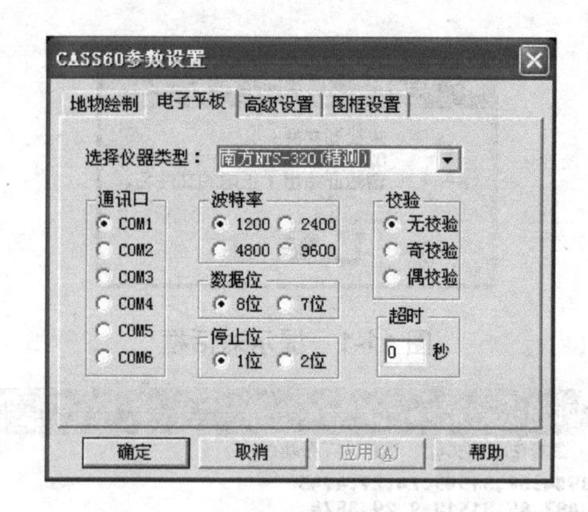

图 11-3 电子平板参数配置

11.2.3 定显示区

定显示区的作用是根据坐标数据文件的数据大小定义屏幕显示区的大小。首先选择“绘图处理”菜单下的“定显示区”命令，打开如图 11-4 所示对话框，输入控制点的坐标数据文件名，则命令行显示屏幕的最大最小坐标。

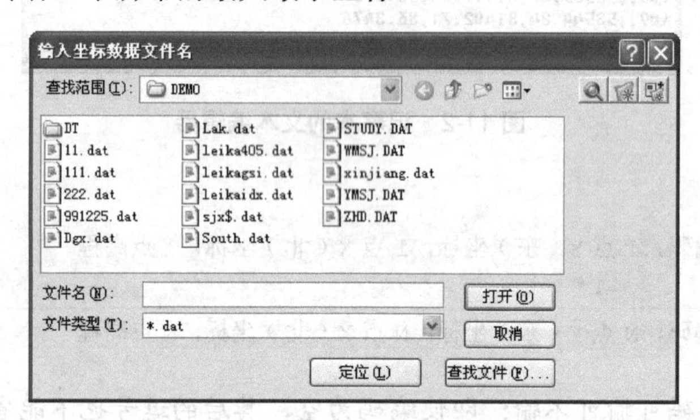

图 11-4 输入坐标数据文件名

11.2.4 测站准备工作

(1) 选择屏幕右侧菜单中的“电子平板”项，提示输入测区的控制点坐标数据文件。

(2) 若事前已经在屏幕上展出控制点，则直接单击“拾取”按钮再在屏幕上捕捉作为测站、定向点的控制点；若屏幕上没有展出控制点，则手工输入测站点点号及坐标、定向点点号及坐标、定向起始值、检查点点号及坐标、仪器高等参数，利用展点和拾取的方法输入测站信息如图 11-5 所示。

说明： 检查点用来检查该点与测站点的相互关系，系统根据测站点和检查点的坐标反算出测站点与检查点的方向值(该方向值等于由测站点瞄向检查点的水平角读数)。这样，便可以检查出坐标数据是否输错、测站点是否给错或定向点是否给错，单击“检查”按钮会弹出如图 11-6 所示检查信息。仪器高是指现场观测时三脚架上全站仪中点至地面图根点的距离，以米为单位。

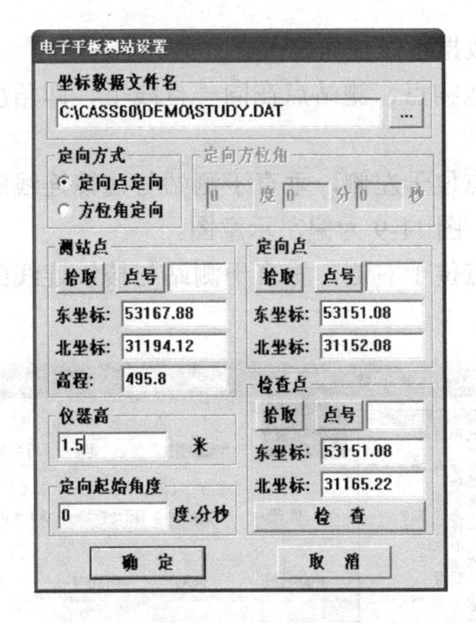

图 11-5　测站设置

图 11-6　测站点检查信息

11.2.5　实际测图操作

当测站的准备工作完成后，便可以进行碎部点的采集、测图工作了。CASS 系统中所有地形符号都是根据最新国家标准的地形图图式、规范编制的，并按照一定的方法分成各种图层。在测图的过程中，主要是利用系统屏幕的右侧菜单功能，根据地物类型选取相应图层的图标，同时利用系统的编辑功能和辅助绘图工具现场绘制地形图，下面介绍各类地物的测制方法。

1. 点状地物

以路灯为例，具体操作方法如下。

(1) 用鼠标在屏幕右侧菜单处选择“独立地物”项，系统便弹出如图 11-7 所示的对话框。

(2) 在对话框中选择表示路灯的图标，图标变亮则表示该图标被选中，然后单击 OK 按钮，弹出如图 11-8 所示的数据输入对话框。

说明： 此处仪器类型选择为手工，则在此界面中可以手工输入观测值(若仪器类型为全站仪，则系统自动驱动全站仪观测并返回观测值)。

输入水平角、垂直角、斜距、棱镜高等值，确定后选择下一个地物，依此类推。“偏距”选项组中的几个单选按钮意义如下。

- 不偏：对所测的数据不做任何修改。
- 偏前：指棱镜与地物点、测站点在同一直线上，即角度相同，偏距为实际地物点到棱镜的距离。
- 偏左：实际地物点位于左侧，垂直于测站与棱镜连线的垂线上，偏距为实际地物点到棱镜的距离。图 11-9 为偏左示意图。
- 偏右：实际地物点位于右侧，垂直于测站与棱镜连线的垂线上，偏距为实际地物点到棱镜的距离。

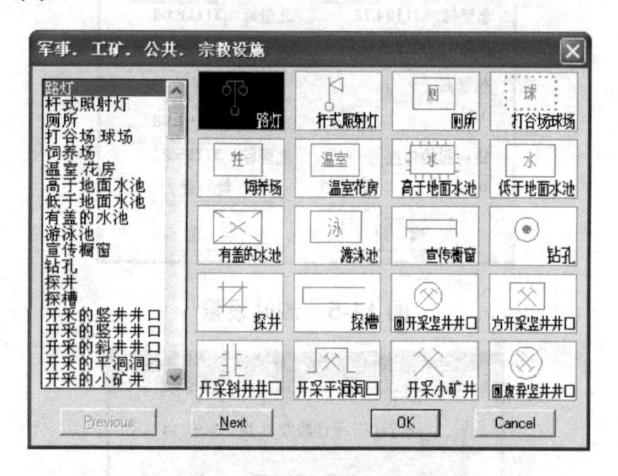

图 11-7　选择“独立地物”选项后的对话框

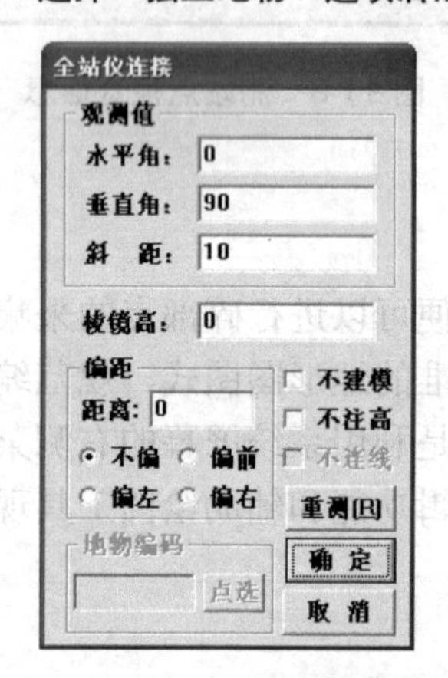

图 11-8　电子平板数据输入

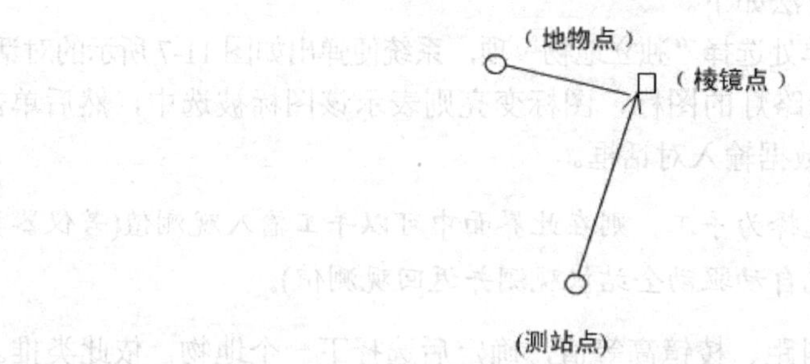

图 11-9　偏左示意图

(3) 系统接收到观测数据便在屏幕上自动将路灯的符号展示出来，如图 11-10 所示，并且将被测点的 X、Y、H 坐标写到先前输入的测区的控制点坐标数据文件中，点号顺序增加。

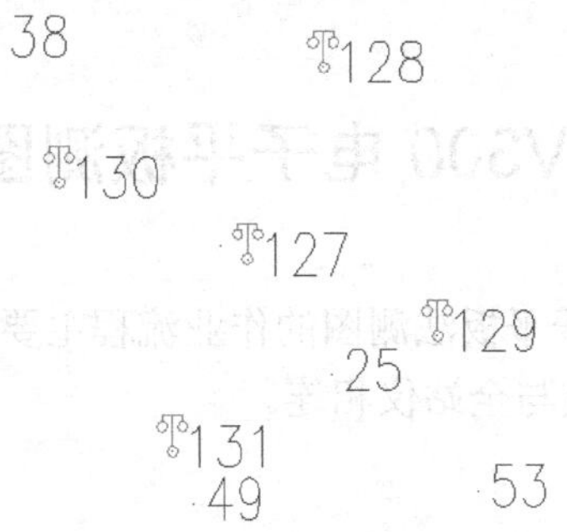

38 128

130

127

129

25

131

49 53

图 11-10 系统在屏幕上展示的路灯符号

2. 面状地物

以居民地为例，具体操作方法如下。

(1) 首先移动鼠标在屏幕右侧菜单中选择“居民地”选项，系统便弹出如图 11-11 所示的对话框。

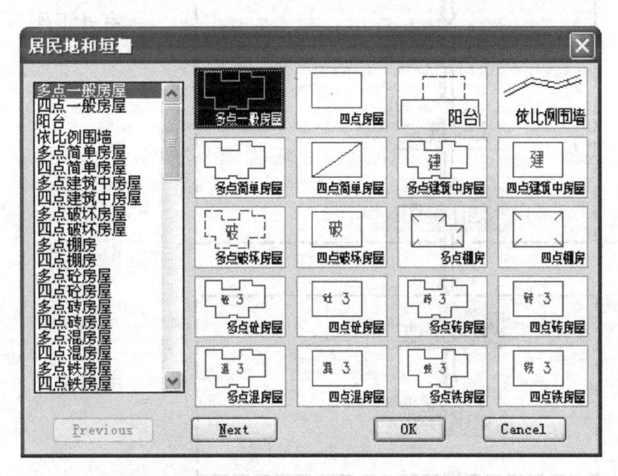

图 11-11 选择“居民地”项的对话框

(2) 根据所要绘制的房屋类型，选择具体的图标。这里选择“四点房屋”然后移动鼠标单击 OK 按钮。

(3) 系统驱动全站仪测量并返回观测数据(手工则直接输入观测值)，方法同前。当系统接收到数据后，便自动在图形编辑区将表示简单房屋的符号展示出来。

3. 线状地物

线状地物的测制方法基本与多点房测制方法相同(详见 CASS7.0 用户手册说明)，绘制完毕系统会询问“拟合线<N>?”，如果是直线回答否，直接回车；如果是曲线回答是，输入“Y”即可。

总之，采用电子平板的作业模式测图时，首先要准备好测站的工作，然后再进行碎部点的采集，测制地物就是在屏幕右侧菜单中选择相应图层中的图标符号，根据命令区的提示进行相应的操作从而测定地物点的坐标，并在屏幕编辑区展绘出地物的符号，实现所测即所得。

11.3　SV300 电子平板测图系统

如图 11-12 所示，SV300 电子平板法测图的作业流程主要包括：

(1) 在野外，便携式电脑直接与全站仪相连。

(2) 现场测图。

(3) 回到室内，编辑修改。

(4) 最终输出成果。

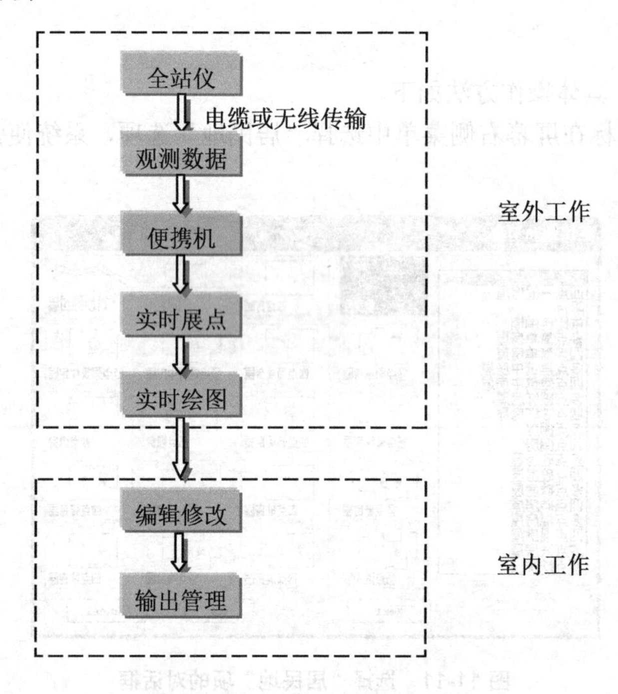

图 11-12　电子平板法工作流程

11.3.1　作业准备

1. 资料准备

(1) 图纸资料，主要包括测区的相关已有图纸。尽可能多地搜集各种比例尺的测区资料，为估算工作量、制订合理的工作计划做准备。另外复印一份已有的图纸资料，在上面勾画现场草图将使草图更加直观。

(2) 控制资料，主要包括测区可能要用到的控制点成果。

2. 人员组织

(1) 观测员(1 人)

① 负责操作全站仪。

② 应注意经常对零方向，经常与领图员对点号。

(2) 领图员(1 人)

① 负责指挥跑尺员，现场操作便携机。

② 要求对图式必须熟悉，以保证成图的速度性、正确性。

③ 制图员还担负着内业后继处理整饰图形的任务。

(3) 跑尺员(若干)

① 负责现场跑尺。

② 要求对跑点必须有经验，以保证方便内业制图，对于经验不足者，可由领图员指挥跑尺，以防增加内业制图的难度。

③ 当人员充足时，可根据情况多安排一些人员跑尺。

3. 仪器准备

(1) 全站仪：全站仪带不带内存均可。

(2) 便携式电脑及数据连接设备：便携式电脑，已经正确安装 SV300 R2002 制图软件，以及相关的数据连接线，有条件的还可以采用无线数据传送设备实现数据无线传送。

(3) 经纬仪加尺子或(电子)经纬仪加测距仪测量，另加配电子手簿，观测数据手工输入便携电脑中，这是一种半自动的方式，效率低，实际生产几乎不采用本方法，教学实习有采用本方法进行的。

(4) 塔尺、棱镜、对中杆、觇标等相关打点、定向设备。

(5) 钢尺、皮尺等相关丈量设备。

(6) 草图纸、铅笔相关记录工具。

(7) 锤子、钉子相关支站工具。

11.3.2 作业流程

1. 设置工作路径与图纸比例

(1) 工作内容：设定图纸比例与工作路径，保证数据库的搜索路径正确。

(2) 输出成果：在图形内部进行变量设置。

2. 设置通信参数

(1) 工作内容：选择全站仪类型，并设置串口、波特率、奇偶校验、数据位和停止位，保证通信双方的一致性。

(2) 输出成果：在内部进行变量设置，对用户无明显表现形式。

3. 控制点入库

(1) 工作内容：绘制控制点符号，并将控制点入库。

(2) 输出成果：图形文件(包含控制点图形信息)。

4. 测站设置

(1) 工作内容：要求输入测站点名，后视点名，起始方向值，仪器高(对于平面图，可随意输入仪器高)；瞄准后视，设置起始方向值。

(2) 输出成果：在内部进行变量设置，对用户无明显表现形式。

5. 测点设置

(1) 工作内容：有关测点的设置，包括默认觇标高、偏心测量点位标注内容、接收观测数据的展点是否自动移动到屏幕中心等。

(2) 输出成果：在内部进行变量设置，对用户无明显表现形式。

6. 碎部测量

(1) 工作内容：指挥全站仪测量，并传输数据，连线成图。

(2) 输出成果：图形文件。

7. 等高线处理

(1) 工作内容：工作需要先依据外业采集的原始 SV 坐标文件，然后再自动勾绘等高线，其余操作与草图法成图相同。注意：电子平板测量中，原始 SV 坐标文件是本图形文件在第一次存盘时建立的，与图形文件路径相同，文件名相同，但后缀名不相同，原始 SV 坐标文件以*.DAT 为后缀。

(2) 输出成果：生成等高线。

8. 图形整饰

(1) 工作内容：对已有图形进行细节上的编辑修改，例如遮盖文字，调整文字注记的位置等。

(2) 输出成果：图形文件(包含地形、地物各种规范的图形信息)。

9. 图形分幅

(1) 工作内容：对于单张图幅的文件，直接手动加图廓即可；对于区域较大的图形文件，首先对已有自然地块的图形文件进行拼接，然后进行自动分幅(包括自动裁图、加图廓)。

(2) 输出成果：若干分幅文件。

10. 成果输出

(1) 工作内容：将所需的图形文件利用绘图机或打印机输出。

(2) 输出成果：薄膜图或纸图。

说明： 使用电子平板法创建一幅新图最重要的是“五步走”：设定图纸比例与工作路径、设置通信参数、控制点入库、设置测站、碎部测量；若在已有电子平板法创建图形上成图则可省略设定比例(但工作路径要设置)，只进行设置通信参数、控制点入库、设置测站、碎部测量即可。若采用屏幕选点作为测站

或定向点，则设置测站和控制点入库需同步操作，且控制点命名不得与库中已有点重名。

11.3.3 作业方法

在野外架好全站仪，将全站仪与便携机用数据线正确连接好，全站仪已正确定向，运行 SV300 R2002 软件，设置好工作路径与比例尺以后就可以采用电子平板进行作业了。在控制点入库前应先保存文件，为了便于记忆，最好将图形存在初始设定工作目录下，以方便图形与数据库对应，易于使用与保存。

1. 设置工作路径与图纸比例

每新做一张图首先必须确定比例尺和工作路径，另外有几点必须说明：

(1) 对于比例设置，可以定义任意比例，如 1∶200，但图形上的符号表示有所不同。例如双线围墙其内短线之间间隔标准图式为 10mm，当比例为 1∶200 时，其间隔为 2mm。

(2) 比例的设定，最终影响出图的比例，其规律为

比例为 1∶*n* 时，1(毫米)=*n*/1000(绘图单位)

例如：比例为 1∶500 时，1(毫米)=0.5(绘图单位)

比例为 1∶1000，1(毫米)=1(绘图单位)

比例为 1∶2000，1(毫米)=2(绘图单位)

2. 设置通信参数

连接好全站仪开始测量前，必须要保证全站仪类型、串口、波特率、奇偶校验、数据位和停止位等选项都正确，只有通信双方参数设置一致，才能保证数据通信的正常进行。

具体方法是：选择“电子平板”下拉菜单中的“仪器设置”，弹出图 11-13 所示对话框，设置参数应与全站仪对应参数保持一致。

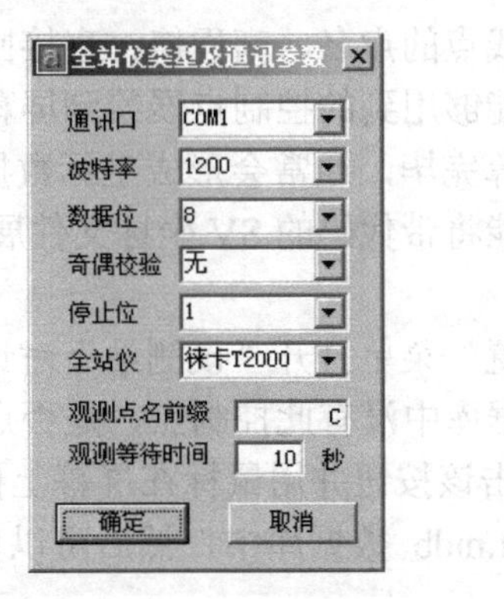

图 11-13 设置通信参数

图 11-13 中的各项参数说明如下。

- 通讯口：根据实际配置，若为便携机，通常为 COM1。
- 波特率：与全站仪对应即可。
- 数据位：通常为 8。

- 奇偶校验：通常为无。
- 停止位：通常为 1。
- 全站仪：根据型号选择即可。
- 观测点名前缀：如输入 a，则开始测量后，屏幕上测点点名均以 a 开头，如 a25。

通信参数随着全站仪的不同而异，图 11-13 中是日本索佳全站仪的通信参数。而且，这种通讯参数对于每一种全站仪是固定的，如果无法连通，可与全站仪代理商联系。

3. 设置测站

设置测站操作分三步：一是输入测站坐标；二是定向；三是输入仪器高。必须保证数据库中存有测站点的坐标与高程数据，SV300 R2002 中的控制点数据入库功能有面向图形和面向数据库两种操作方式，两种操作方式最终都是将控制点的坐标与高程存入数据库作为碎部点的计算起始数据。

1) 设测站

方法一：利用 SV300R2002 所画的控制点设站

(1) 画控制点展绘。

选择“电子平板”下拉菜单中的“测站测置”，选择“导线点”，屏幕提示区依次显示：

N 转点号\\<坐标>：定位到所需位置(一般是输入控制点坐标 Y,X)。
点名：　输入控制点点名，如：凤凰山(回车)。　　录入了一个控制点
高程<0.000>：输入控制点高程，如：123.436(回车)。
N 转点号\\<坐标>：等待新的操作。
点名：　输入控制点点名，如：牡丹亭(回车)　　录入第二个控制点
高程<0.000>：输入控制点高程，如：123.436(回车)
……

继续要求输入下一个导线点的点名、高程值；直接回车或按 Esc 键退出程序。

用同样的方法将作业中能够用到的控制点展绘到屏幕上。

此外，控制测量平差计算完毕，通常会形成坐标数据文件，将其处理成 SV 坐标文件格式，最后利用“展点”功能将带代码的 SV 坐标文件展点，控制点符号就会自动绘出。

(2) 设站。

用“电子平板－测站设置”菜单打开“设测站”对话框，输入测站点名(即控制点名称)后回车确定，系统会提示数据库中没有此控制点，是否点选控制点(见图 11-14)，确定后文本框右侧的按钮被激活，单击该按钮并用鼠标在屏幕上捕捉控制点点位，这时此控制点坐标信息可以自动进入 Svpoint.mdb 数据库中，然后可以单击“数据处理－坐标窗口”菜单进行查询。

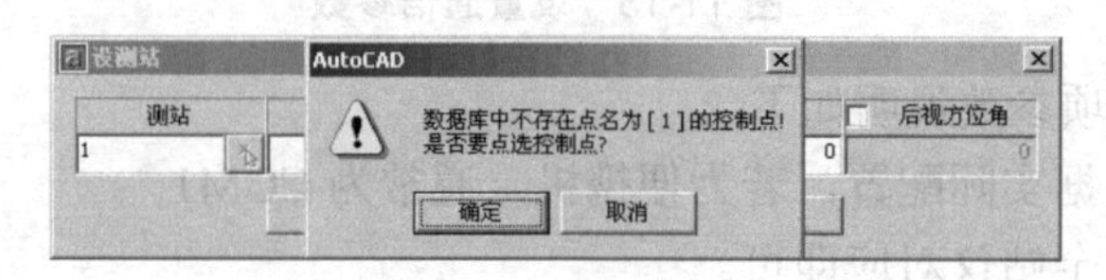

图 11-14　设测站界面

方法二：利用库中已有的点名设测站

用“电子平板－测站设置”菜单打开“设测站”对话框输入所展绘的碎部点名(如 1，这里的 1 是库中已有的点名)后回车确定，如图 11-15 所示。

图 11-15 手工输入测站数据

2) 定后视

定后视有两种方法：输入后视点名和直接输入后视方位角两种。

(1) 输入后视点。

① 任意屏幕点作后视点。

要用屏幕上的某点作为后视点，需要给该点命名，并且要保证其在点位数据库中不重名。具体方法是在“后视”文本框中输入点名，单击“确定”按钮，若系统提示数据库里没有此点，我们就可以在屏幕上选取一点作为后视点(见图 11-16)。

图 11-16 设置后视点

② 利用 SV300 R2002 所绘制的控制点。

运用该方法的前提条件是在屏幕上输入控制点后，在“后视”文本框里输入相应控制点名字并回车，如果系统提示数据库没有此点，确定后单击“后视”文本框右侧的按钮后，捕捉控制点前面三角号的中心点，这时后视定向完毕，把全站仪对准后视点置零，然后就可以测图了。

③ 利用数据库中已有的点。

把全站仪瞄准后视点，在“后视”文本框里输入库中已有的点名并回车。

(2) 输入后视方位角。

选中“后视方位角”复选框后，可以在该复选框下面的文本框中输入后视方位角，但这时一定要保证仪器对准后视点。

3) 输入仪器高

在输入仪器高后，连续回车，直至设置测站对话框消失，至此设站完毕。

4. 碎部测量

按照电子平板法“五步走”流程进行完前四步后，即可进行碎部测量，也就是在电子平板状态下一边测一边作图。

碎部测量开始前必须先照准碎部点(全站仪应处于测距状态)，启动“碎部测量”功能，可进入电子平板状态，然后即可指挥全站仪开始测量，并实时利用 SV300R2002 相关功能作图。

启动“碎部测量”功能的方式有四种：选择“电子平板”菜单下的“碎部测量”；选择右侧屏幕菜单“电子平板”下的“碎部测量”；选取工具按钮；直接输入 totalstation 命令。具体步骤详见威远图 SV300 说明书，在此不再详述。

实训任务——CASS 电子平板测图

1. 实训目的

了解电子平板测图的作业工程，掌握用电子平板进行大比例尺地面数字测图数据的采集与成图方法。

2. 内容与步骤

(1) 安置仪器。把全站仪架设在已知的控制点上，仪器对中整平以后，将仪器与便携机用电缆线连好。

(2) 定显示区。根据坐标数据文件的数据大小定义屏幕显示区的大小，把测区控制点的资料准备好以后展绘在电脑屏幕上。

(3) 测站设置。若事前已经在屏幕上展出了控制点则直接点“拾取”按钮再在屏幕上捕捉作为测站、定向点的控制点、检查点点号，输入仪器高等。

(4) 碎部数据采集与成图。在测图的过程中，利用系统屏幕的右侧菜单功能，根据全站仪实时发送的观测数据，结合实地地物类型，选择相应的符号绘制地形图。

3. 提交成果

现场绘制的数字地形图。

思　考　题

1. 电子平板测图所需要的仪器设备有哪些？
2. 电子平板测图与“草图法”测图相比，具有哪些优点？
3. 电子平板测图野外作业有哪些注意事项？
4. 简述 CASS 电子平板法测图的工作步骤？
5. 简述 SV300 电子平板法测图的工作步骤？

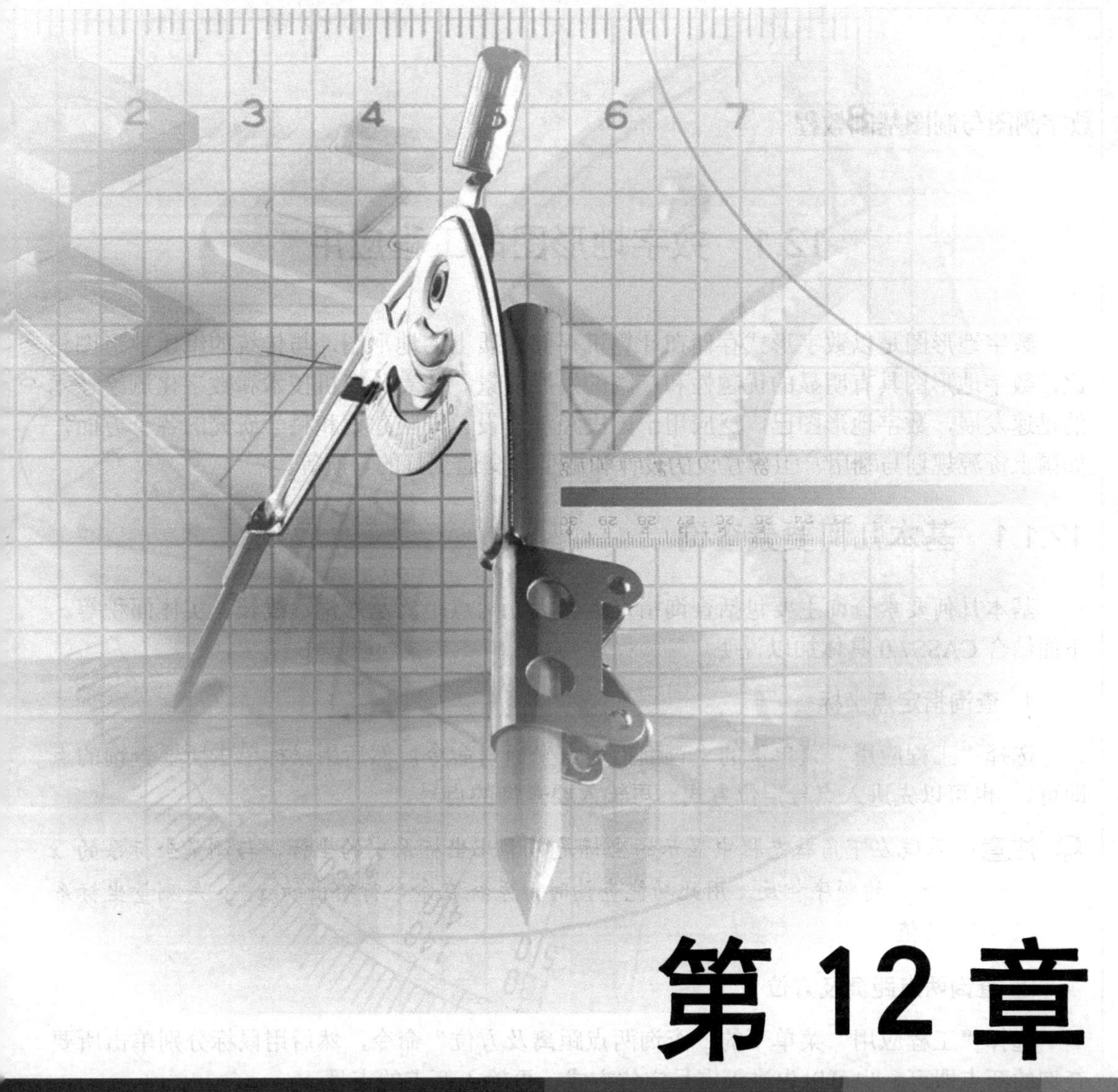

第12章 数字地形图的应用

学习目标

了解基本几何要素的查询方法；掌握土方计算的基本原理、基本方法和步骤；熟悉断面图的绘制方法；了解汇水面积及坡度、坡向的计算方法；掌握数字地面模型的构建方法和步骤；熟悉基于数字地面模型的单点高程、单网格体积、单网格面积的计算方法。

12.1 数字地形图的工程应用

数字地形图是以数字形式存储在计算机存储介质上的地形图，与传统的纸质地形图相比，数字地形图具有明显的优越性和广阔的发展前景。随着计算机技术和数字化测绘技术的迅速发展，数字地形图已广泛应用于国民经济建设、国防建设和科学研究的各个方面，如国土资源规划与利用、工程建设的设计和施工、交通工具的导航等。

12.1.1 基本几何要素查询

基本几何要素查询主要包括查询指定点坐标、两点距离及方位、线长、实体面积等。下面结合 CASS7.0 具体加以说明。

1. 查询指定点坐标

选择“工程应用”菜单下的“查询指定点坐标”命令，然后用鼠标单击所要查询的点即可。 也可以先进入点号定位方式，再输入要查询的点号。

注意： 系统左下角状态栏中显示的坐标是笛卡儿坐标系中的坐标，与测量坐标系的 x 和 y 的顺序相反。用此功能查询时，系统在命令行给出的 x、y 是测量坐标系的值。

2. 查询两点距离及方位

选择“工程应用”菜单下的“查询两点距离及方位”命令，然后用鼠标分别单击所要查询的两点即可。也可以先进入点号定位方式，再输入两点的点号。

说明：CASS7.0 所显示的坐标为实地坐标，所以显示的两点间的距离为实地距离。

3. 查询线长

选择“工程应用”菜单下的“查询线长”命令，然后用鼠标单击图上的曲线即可。

4. 查询实体面积

用鼠标直接单击待查询的实体的边界线即可，要注意实体应该是闭合的。

5. 计算表面积

对于不规则地貌，其表面积很难通过常规的方法来计算，这时可以通过建模的方法来计算。通过 DTM 建模，在三维空间将高程点连接为带坡度的三角形，再通过每个三角形面积累加得到整个范围内不规则地貌的面积。

如图 12-1 所示，要计算矩形范围内地貌的表面积，可以选择“工程应用”→“计算表面积”→“根据坐标文件”命令，命令区提示：

```
请选择：(1)根据坐标数据文件；(2)根据图上高程点。按 Enter 键选 1；
选择土方边界线：用拾取框选择图上的复合线边界；
请输入边界插值间隔(米):<20> 5 输入在边界上插点的密度；
```

表面积=15863.516 平方米，图 12-2 为建模计算表面积的结果。

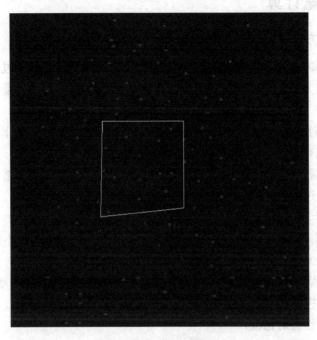

图 12-1　选定计算区域

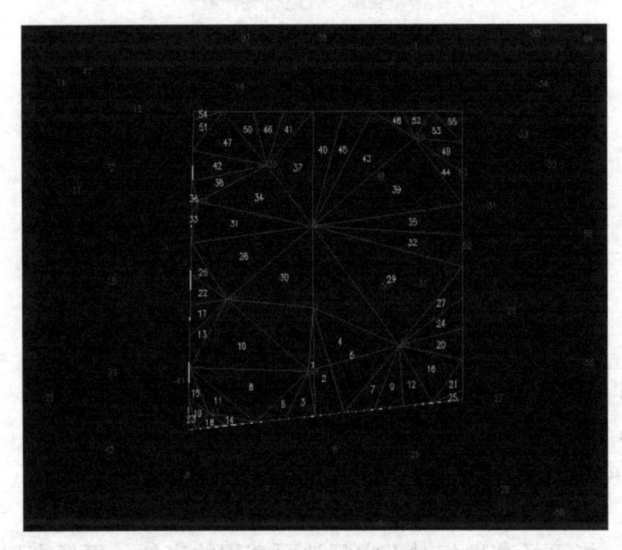

图 12-2　表面积计算结果

另外，还可以根据图上的高程点计算表面积，操作的步骤相同，但计算的结果会有差异，因为由坐标文件计算时，边界上内插点的高程由全部的高程点参与计算得到，而由图上高程点来计算时，边界上的内插点只与被选中的点有关，故边界上点的高程会影响表面积的结果。到底用哪种方法计算合理与边界线周边的地形变化条件有关，变化越大的，越趋向于在图面上来选择。

12.1.2 土方量计算

1. DTM 法土方计算

DTM 法是根据实地测定的地面点坐标(x,y,z)和设计高程，然后通过生成三角网来计算每个三棱锥的填挖方量，最后累计得到指定范围内填方和挖方的土方量，并绘出填挖方分界线。

DTM 法土方计算共有三种方式，第一种方式是由坐标数据文件计算，第二种方式是依照图上高程点进行计算，第三种方式是依照图上的三角网进行计算。前两种方式包含重新建立三角网的过程，第三种方式直接采用图上已有的三角形，不再重建三角网。下面分述三种方式的操作过程。

1) 根据坐标计算

(1) 用复合线画出所要计算土方的区域，一定要闭合，但是尽量不要拟合。因为拟合过的曲线在进行土方计算时会用折线迭代，影响计算结果的精度。

(2) 选择“工程应用”→“DTM 法土方计算”→“根据坐标文件”命令。

(3) 此时屏幕提示“选择边界线”，用鼠标选取所画的闭合复合线，弹出如图 12-3 所示的土方计算参数设置对话框。

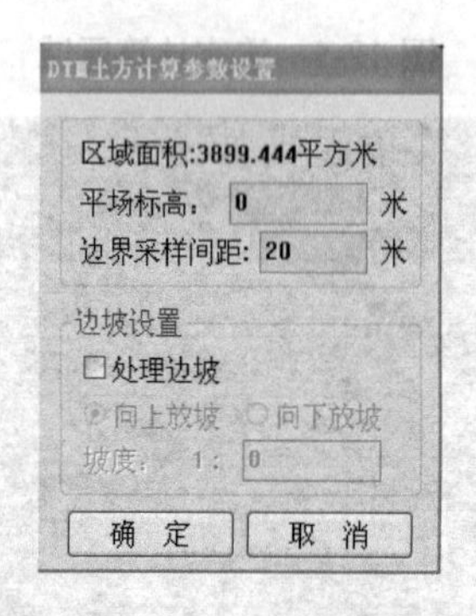

图 12-3 土方计算参数设置

- 区域面积：该值为复合线围成的多边形的水平投影面积。
- 平场标高：指设计要达到的目标高程。
- 边界采样间距：边界插值间隔的设定，默认值为 20 米。
- 边坡设置：选中处理边坡复选框后，坡度设置功能变为可选，选中放坡的方式(向上或向下：指平场高程相对于实际地面高程的高低，平场高程高于地面高程则设置为向下放坡)，然后输入坡度值。

(4) 设置好计算参数后，屏幕上显示填挖方的提示框，命令行显示：

挖方量= ××××立方米，填方量=××××立方米

同时图上绘出所分析的三角网、填挖方的分界线(白色线条)，如图 12-4 所示。

(5) 关闭对话框后系统提示：“请指定表格左下角位置:<直接回车不绘表格>”。用鼠标在图上适当位置单击，CASS 7.0 会在该处绘出一个表格，内容包含平场面积、最大高

程、最小高程、平场标高、填方量、挖方量和图形，如图 12-5 所示。

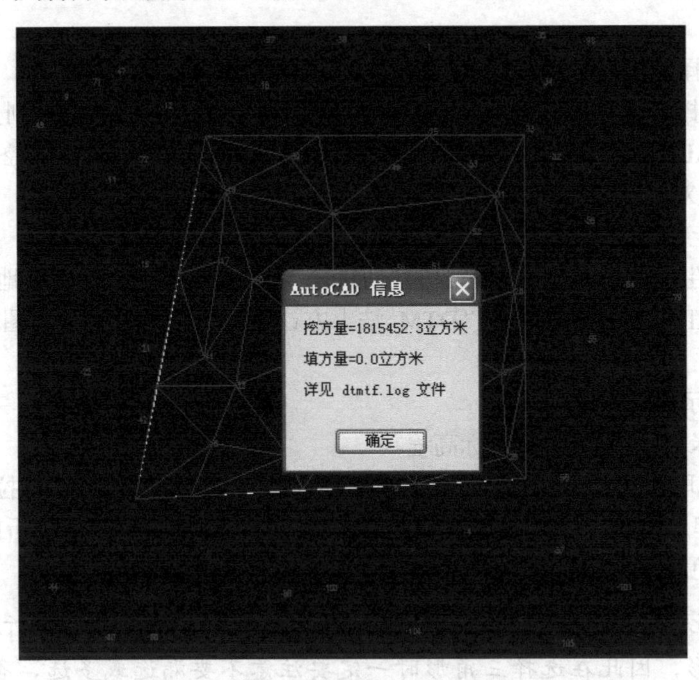

图 12-4　填挖方提示框

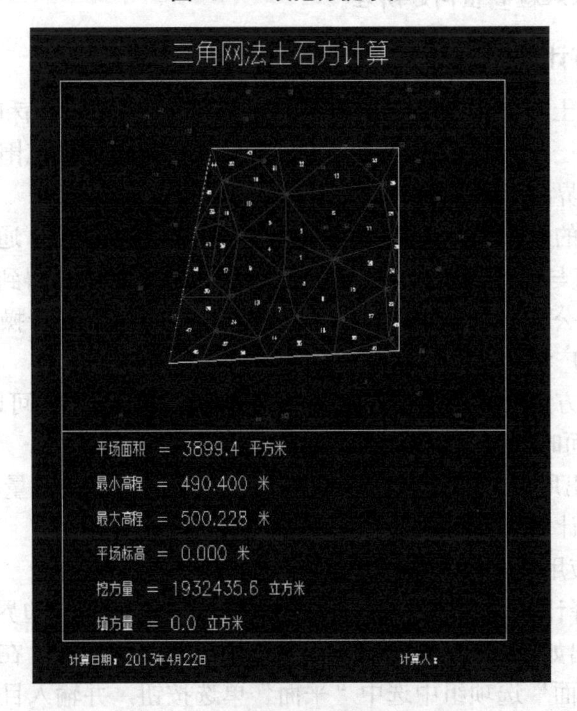

图 12-5　填挖方量计算结果表格

2) 根据图上的高程点计算

(1) 首先要展绘高程点，然后用复合线画出所要计算土方的区域，要求同 DTM 法。

(2) 选择“工程应用”菜单下的“DTM 法土方计算”子菜单中的“根据图上高程点计算”命令。

(3) 提示选择边界线时用鼠标选择所画的闭合复合线。

(4) 提示选择高程点或控制点时逐个选取要参与计算的高程点或控制点，也可拖框选择。如果输入 ALL 后按 Enter 键，将选取图上所有已经绘出的高程点或控制点，并弹出土方计算参数设置对话框，接下来操作则与坐标计算法一样。

3) 根据图上的三角网计算

(1) 对已经生成的三角网进行必要的添加和删除，使结果更接近实际地形。

(2) 选择“工程应用”菜单下“DTM 法土方计算”子菜单中的“依图上三角网计算”命令。

(3) 根据提示操作。

平场标高(米)：输入平整的目标高程。

请在图上选取三角网: 用鼠标在图上选取三角形，可以逐个选取也可拉框批量选取。

按 Enter 键后屏幕上显示填挖方的提示框，同时在图上会绘出所分析的三角网、填挖方的分界线(白色线条)。

注意： 用此方法计算土方量时不要求给定区域边界，因为系统会分析所有被选取的三角形，因此在选择三角形时一定要注意不要漏选或多选，否则计算结果有误，且很难检查出问题所在。

2. 方格网法土方计算

由方格网来计算土方量是利用实地测定的地面点坐标(x，y，z)和设计高程，然后通过生成方格网来计算每一个方格内的填挖方量，最后累计得到指定范围内填方和挖方的土方量，并绘出填挖方分界线。

系统首先将方格的四个角上的高程相加(如果角上没有高程点，通过周围高程点内插得出其高程)，取平均值与设计高程相减。然后通过指定的方格边长得到每个方格的面积，再用长方体的体积计算公式得到填挖方量。方格网法简便直观，易于操作，因此这一方法在实际工作中应用非常广泛。

用方格网法算土方量，设计面可以是平面，也可以是斜面，还可以是三角网。

(1) 设计面是平面时的操作步骤如下。

① 用复合线画出所要计算土方的区域，一定要闭合，但是尽量不要拟合。因为拟合过的曲线在进行土方计算时会用折线迭代，影响计算结果的精度。

② 选择“工程应用”→“方格网法土方计算”命令。

③ 在提示“选择计算区域边界线”时，选择土方计算区域的边界线(闭合复合线)。

④ 屏幕上将弹出如图 12-6 所示“方格网土方计算”对话框，在对话框中选择所需的坐标文件；在“设计面”选项组中选中“平面”单选按钮，并输入目标高程；在“方格宽度”文本框中，输入方格网的宽度，这是每个方格的边长，默认值为 20 米。方格的宽度越小，计算精度越高。但如果给的值太小，超过了野外采集的点的密度也是没有实际意义的。

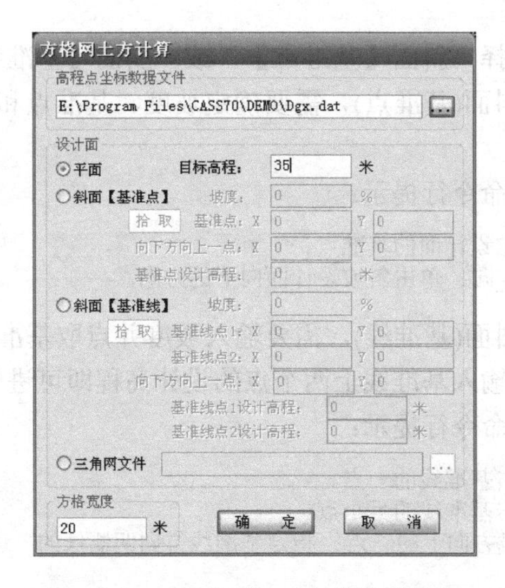

图 12-6　“方格网土方计算”对话框

⑤ 单击“确定”按钮，命令行提示：

最小高程=××.×××，最大高程=××.×××
总填方=××××.×立方米，总挖方=×××.×立方米

同时图上会绘出所分析的方格网，填挖方的分界线(绿色折线)，并给出每个方格的填挖方，每行的挖方和每列的填方，结果如图 12-7 所示。

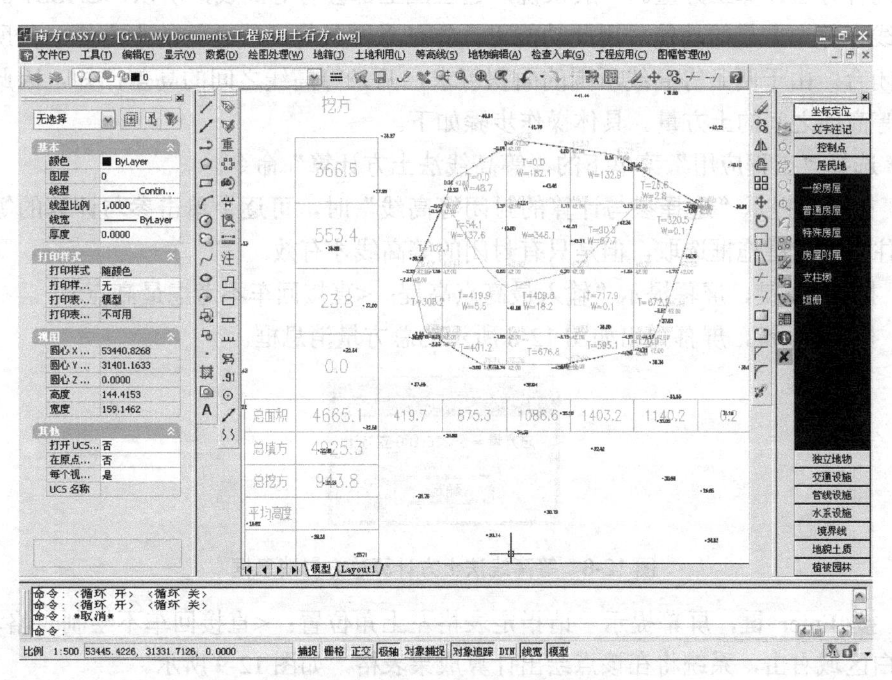

图 12-7　方格网法土方计算成果图

(2) 设计面是斜面时的操作步骤如下。

设计面是斜面时，操作步骤与平面基本相同，区别在于在方格网土方计算对话框中的

“设计面”选项组中，选择“斜面【基准点】”或“斜面【基准线】”单选按钮。

① 如果设计的面是斜面(基准点)，需要确定坡度、基准点和向下方向上一点的坐标，以及基准点的设计高程。

单击“拾取”按钮，命令行提示：

```
单击设计面基准点：确定设计面的基准点。
指定斜坡设计面向下的方向：单击斜坡设计面向下的方向。
```

② 如果设计的面是斜面(基准线)，需要输入坡度并点取基准线上的两个点以及基准线向下方向上的一点，最后输入基准线上两个点的设计高程即可进行计算。

单击“拾取”按钮，命令行提示：

```
单击基准线第一点：单击基准线的一点。
单击基准线第二点：单击基准线的另一点。
指定设计高程低于基准线方向上的一点：指定基准线方向两侧低的一边。
```

方格网计算的成果如图 12-7 所示。

(3) 设计面是三角网文件时的操作步骤如下。

选择设计的三角网文件，单击“确定”按钮，即可进行方格网土方计算。

3. 等高线法土方量计算

将白纸图扫描矢量化后可以得到图形，但这样的图都没有高程数据文件，所以无法用前面的几种方法计算土方量。一般来说，这些图上都会有等高线，所以，CASS7.0 开发了由等高线计算土方量的功能。用此功能可计算任意两条等高线之间的土方量，但所选等高线必须闭合。由于两条等高线所围的面积可求，两条等高线之间的高差已知，因此可求出这两条等高线之间的土方量。具体操作步骤如下。

(1) 选择“工程应用”菜单下的“等高线法土方计算”命令。

(2) 在屏幕提示“选择参与计算的封闭等高线”时，可逐个单击参与计算的等高线，也可按住鼠标左键拖框选取，但是只有封闭的等高线才有效。

(3) 按 Enter 键，屏幕提示“输入最高点高程：<直接回车不考虑最高点>”。

(4) 按 Enter 键，屏幕弹出如图 12-8 所示的总方量消息框。

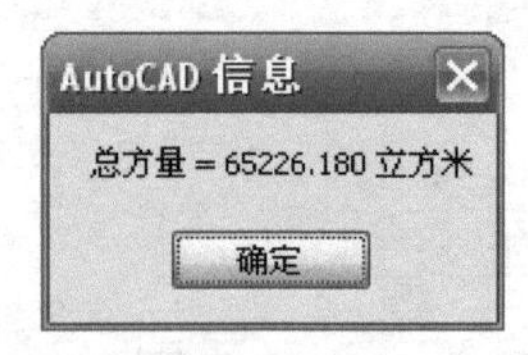

图 12-8 等高线法土方计算总方量消息框

(5) 按 Enter 键，屏幕提示“请指定表格左上角位置：<直接回车不绘制表格>”，在图上空白区域右击，系统将在该点绘出计算成果表格，如图 12-9 所示。

可以从表格中看到每条等高线围成的面积和两条相邻等高线之间的土方量，另外，还有计算公式等。

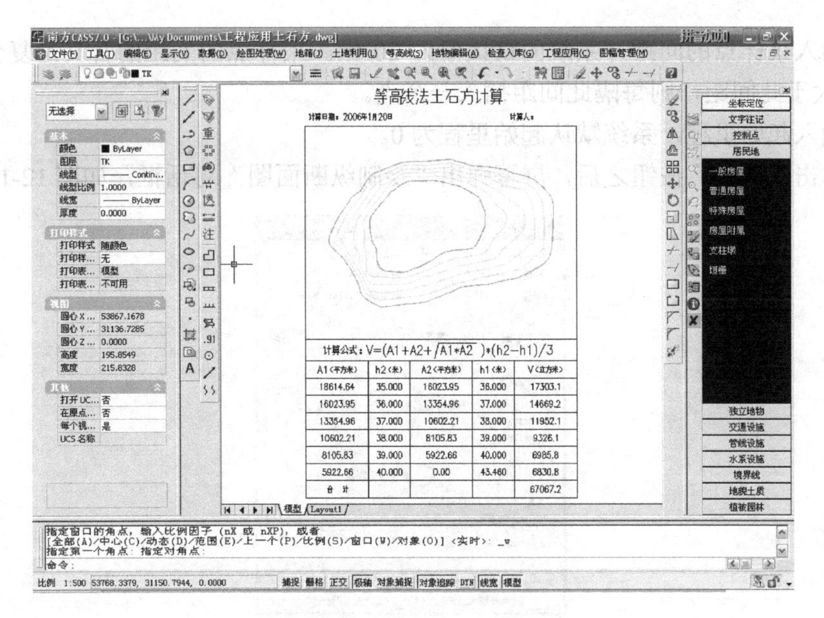

图 12-9　等高线法土方计算

12.1.3　断面图的绘制

在南方 CASS 软件中，绘制断面图的方法有两种，一种是由图面生成，另一种是根据里程文件来生成，本教材主要介绍第一种方法。

由图面生成某测区的断面图有根据坐标文件和根据图上高程点两种方法，现以根据坐标文件生成断面图为例进行介绍，具体操作步骤如下。

(1) 先用复合线生成断面线，选择“工程应用”→“绘断面图”→“根据已知坐标”命令。

(2) 提示：选择断面线。用鼠标单击上步所绘断面线，屏幕上弹出“断面线上取值”对话框，如图 12-10 所示，如果在“选择已知坐标获取方式”选项组中选中“由数据文件生成”单选按钮，则可以在“坐标数据文件名”选项组中选择高程点数据文件。

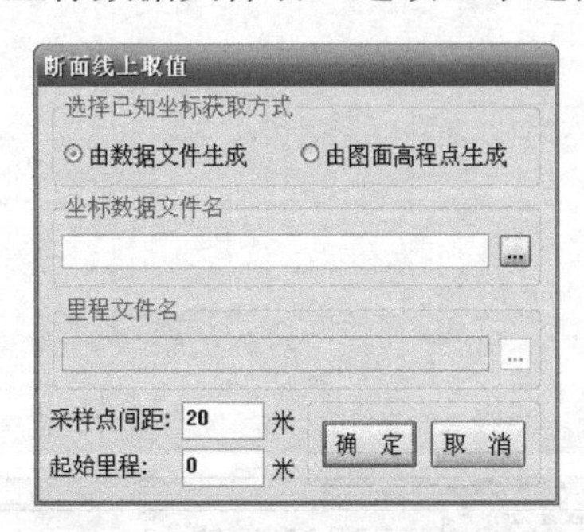

图 12-10　根据已知坐标绘断面图

如果选中“由图面高程点生成”单选按钮，此步则为在图上选取高程点，前提是图面存在高程点，否则此方法无法生成断面图。

(3) 输入采样点的间距，系统的默认值为 20 米。采样点的间距的含义是复合线上两顶点之间若大于此间距，则每隔此间距插入一个点。

(4) 输入起始里程，系统默认起始里程为 0。

(5) 单击“确定”按钮之后，屏幕弹出“绘制纵断面图”对话框，如图 12-11 所示。

图 12-11 “绘制纵断面图”对话框

输入相关参数，如：

输入横向比例，系统的默认值为 1∶500。

输入纵向比例，系统的默认值为 1∶100。

断面图位置可以手工输入，亦可在图面上拾取。

可以选择是否绘制平面图、标尺、标注，还有一些关于注记的设置。

(6) 单击“确定”按钮之后，在屏幕上会出现所选断面线的断面图，如图 12-12 所示。

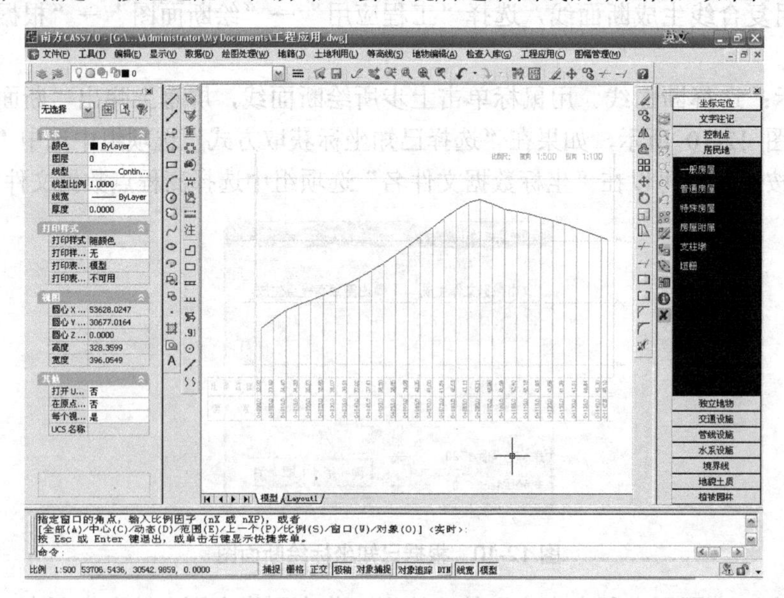

图 12-12 纵断面图

12.1.4　其他应用

1. 按限制坡度选线

在设计道路、管道等工程时，通常会要求在不超过一定限制坡度条件下，选定最短线路或等坡度线路。利用已有的数字地面模型 DTM 可以很方便地生成选线区域内的地形图，然后根据下式求出地形图上相邻两条等高线之间满足限制坡度要求的最小平距：

$$d_{\min} = \frac{h}{TM}$$

式中：h —— 等高线平距；

T —— 设计限制坡度；

M —— 比例尺分母。

2. 计算汇水面积

在水利建设中水库水坝的设计位置与水库的蓄水量计算，在桥涵设计中桥涵孔径大小的设计，都需要计算汇集于这一地区的水流量。汇集水流量的区域面积称为汇水面积。在地形图中，山脊线也称为分水线。雨水、雪水是以山脊线为界流向两侧的，所以汇水面积的边界线是由一系列的山脊线连接而成，量算出该范围的面积即得汇水面积。

利用已有的数字地面模型 DTM 可以很方便地生成选线区域内的地形图，根据地形图可以确定汇水面积。例如，图 12-13 所示 A 处为修筑道路时经过的山谷，需要在 A 处建造一个涵洞用于排泄水流。涵洞的孔径大小应根据流经该处的水量来决定，而水量与汇水面积有关。

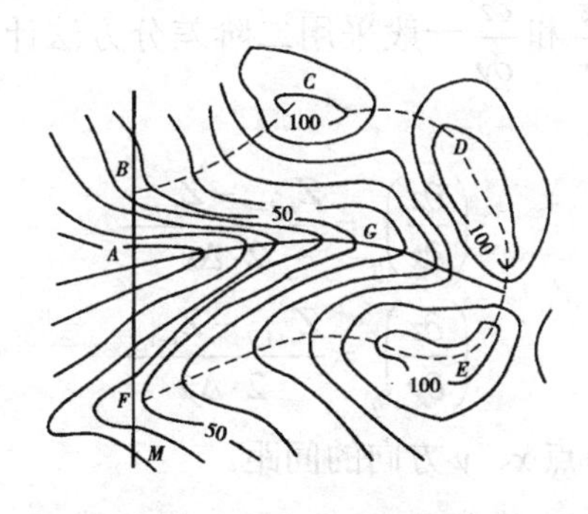

图 12-13　汇水面积计算

由图 12-13 可以看出，由分水线 BC, CD, DE, EF 及道路 FB 所围成的面积即为汇水面积。各分水线处处都与等高线垂直，并且经过一系列的山头和鞍部。

在 DTM 中，汇水面积的计算就是各分水线和道路围成的图形面积的计算。

3. 计算坡向和坡度

坡向和坡度是相互联系的两个参数。坡向反映斜坡所面对的方向；坡度反映斜坡的倾斜程度。坡向是过格网单元所拟合的曲面上某点的切平面的法线的正方向在平面上与正北方向的夹角，即法线方向水平投影向量的方位角 β。空间曲面的坡度是点位的函数，除非曲面是一平面，否则曲面上不同位置的坡度是不相等的，给定点位的坡度是曲面上该点的

法线方向 N 与垂直方向 Z 之间的夹角 α，如图 12-14 所示。

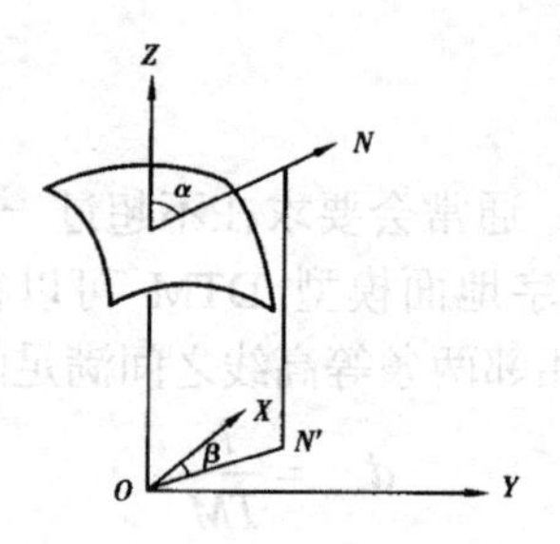

图 12-14　坡向和坡度示意图

坡向和坡度通常使用 3×3 的格网窗口计算，每个窗口中心为一个高程点。在 DEM 数据矩阵中连续移动窗口后完成整幅图的计算工作。

坡向的计算公式：

$$\tan\beta=\frac{\left(-\frac{\partial z}{\partial y}\right)}{\left(\frac{\partial z}{\partial x}\right)} \tag{12-1}$$

坡度的计算公式：

$$T=\tan\alpha=\sqrt{\left(\frac{\partial z}{\partial x}\right)^2+\left(\frac{\partial z}{\partial y}\right)^2} \tag{12-2}$$

在以上两个公式中，$\frac{\partial z}{\partial x}$ 和 $\frac{\partial z}{\partial y}$ 一般采用二阶差分方法计算。在图 12-15 所示的格网中，对于 (i,j) 点有：

$$\left(\frac{\partial z}{\partial x}\right)_{ij}=\frac{Z_{i,j+1}-Z_{i,j-1}}{2\cdot\Delta x} \tag{12-3}$$

$$\left(\frac{\partial z}{\partial y}\right)_{ij}=\frac{Z_{i+1,j}-Z_{i-1,j}}{2\cdot\Delta y} \tag{12-4}$$

其中，Δx、Δy 为格网节点 x、y 方向的间距。

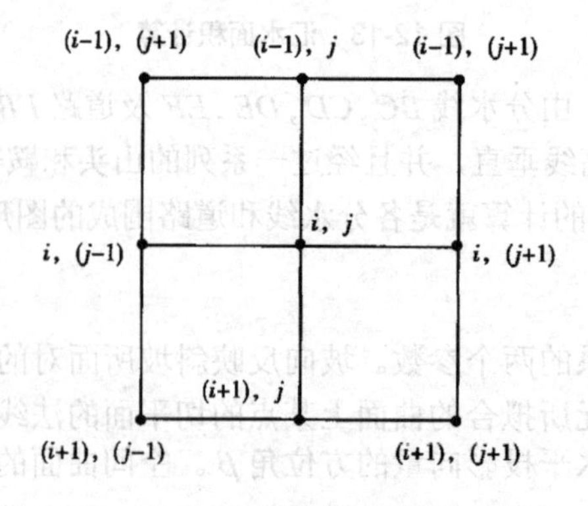

图 12-15　DEM 格网节点示意图

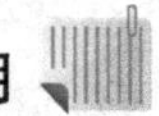

在计算出每个地表的坡向后，可制作坡向图。坡向图是坡向类别的显示图，因为任意斜坡的倾斜方向可取方位角 0°～360°中的任意方向。通常把坡向分为东、南、西、北、东北、西北、东南、西南 8 类，加上平地共 9 类，并以不同的颜色表示，即可得到坡向图。

在计算出各地表单元的坡度后，可对坡度计算值进行分类，使不同类别与显示该类别的颜色或灰度对应，从而得到坡度图。

4. 地面模型透视图

根据数字高程模型 DEM 绘制透视立体图是 DEM 的一个重要应用。将三维地面表示在二维屏幕上实质上是一个投影问题。为了取得与人类视觉相一致的观察效果，产生立体感强、形象逼真的透视图，在计算机图形处理领域广泛采用透视投影。

1) 三维图形的投影变换

把三维图形投影到一个二维观察平面有两种常用方法：一种是所有点沿着一组汇聚到一个称为投影中心的位置的线进行投影，称为中心投影或透视投影，如图 12-16(a)所示；另一种是形体上的所有点都沿着一组平行线投影到投影平面，称为平行投影，如图 12-16(b)所示。

中心投影能产生形体较真实的视像效果，但不能保持形体相应的大小比例。平行投影保持了形体的相对大小和尺寸，在制图学中，这种技术多用于三维形体的比例绘图，它可以获得一个形体的各个侧面的精确视像，但它不能给出一个三维形体外观的实际逼真的展示。

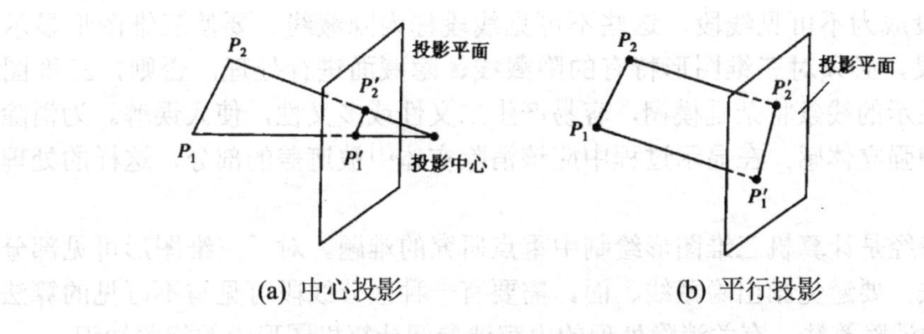

图 12-16　直线投影到观察平面的两种方法

2) 中心投影的特点

中心投影的投影线是汇聚到一点的，这点称为投影中心或视点。物体某一点在投影平面上的投影即是该点与投影中心连线(或其延长线)在投影平面上的交点。这种投影方法可使物体的深度信息很明显，接近自然界中物体的“近大远小”的特点，但尺寸不能保持相应比例。从图 12-16 中可以看出，中心投影对相同长度的线段由于与投影平面的距离不同，其投影结果也不同，主要有以下两种情况：

(1) 如果投影平面在物体和投影中心之间，如图 12-17(a)所示，距离投影平面较远的物体在平面上的投影要比靠近平面的相同形状物体投影小。

(2) 如果物体和投影中心在投影平面的一侧，如图 12-17(b)所示，距离投影平面较远的物体在平面上的投影要比靠近平面的相同形状物体的投影大。从图中可知，当 p 为常数时，d 增加则图形放大；d 减小则图形缩小。当 d 为常数时，p 增加则图形缩小；p 减小则图形放大。

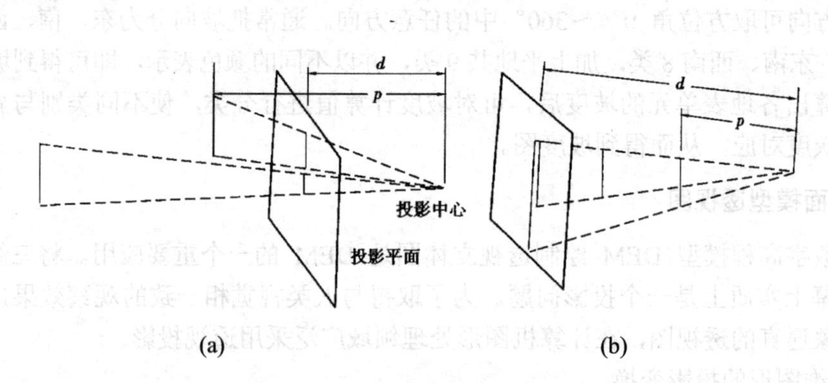

图 12-17　不同距离的透视投影

3) DEM 三维图形显示

利用数字高程模型 DEM 可以绘制透视立体图。透视立体图能更好地反映地形的立体形态，非常直观。与采用等高线表示地形形态相比有其自身独特的优点，更接近人们的直观感觉，特别是随着计算机图形处理能力的增强以及屏幕显示系统的发展，使立体图的制作具有更大的灵活性，人们可以根据不同的需要，对同一个地形形态做各种不同的立体显示。例如：局部放大，改变放大倍率以夸大立体形态，改变视点的位置以便从不同的角度进行观察，甚至可以使立体图形转动，使人们更好地研究地形的空间形态。

三维物体在其投影视像给定后，沿投影线观察投影时，由于物体(图形)中表面的遮盖，使某些线段成为不可见线段，这些不可见线段称为隐藏线。要使三维图形显示具有立体图形的效果，必须对三维图形特有的隐藏线、隐藏面进行处理。否则，三维图形将失去立体感，显示的线条将杂乱模糊，容易产生二义性或多义性，使人误解。为消除二义性和多义性，增强立体感，在显示过程中应该消除实体中被遮盖的部分，这样的处理称为消隐。

消隐处理曾经是计算机三维图形绘制中重点研究的难题。对于三维图形可见部分的显示，有多种方法，要避免画出隐藏线、面，需要有一种区分线段可见与不可见的算法。现已有多种高效的消隐算法，有关消隐处理的内容请参阅计算机图形学的相关知识。

DEM 三维图形的显示是通过三维到二维的坐标变换，隐藏线处理，把三维空间数据投影到二维屏幕上。从一个空间三维的立体的数字高程模型到一个平面的二维透视图，其本质就是一个透视变换。DEM 三维图形的显示，一般采用二点透视投影变换。图 12-18 所示为 DEM 的二点透视立体图。

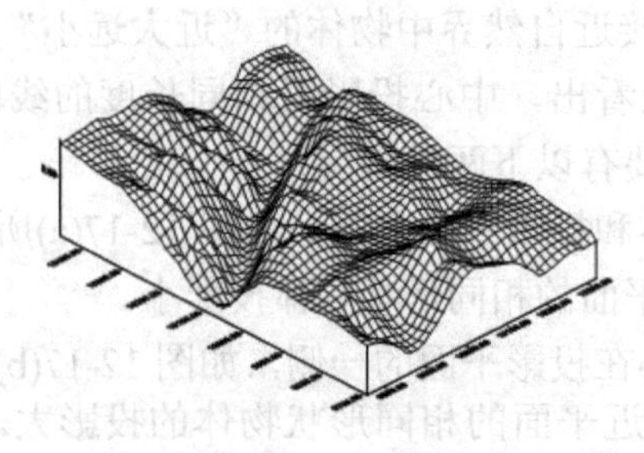

图 12-18　DEM 三维图形显示

12.2　数字地面模型的建立及应用

12.2.1　数字地面模型的建立

1. 数字地面模型概述

1956 年，美国麻省理工学院 Miller 教授在研究高速公路自动设计时首次提出数字地面模型 DTM(Digital Terrain Model)。20 世纪六七十年代，很多学者为解求 DTM 上任意一点的高程，进行了大量研究，并提出了多种实用的内插算法。20 世纪 80 年代以来，对 DTM 的研究与应用已涉及 DTM 系统的各个环节。

数字地面模型 DTM 是地形起伏的数字表达，它由对地形表面取样所得到的一组点的 x、y、z 坐标数据和一套对地面提供连续的描述算法组成。简单地说，DTM 是按一定结构组织在一起的数据组，代表地形特征的空间分布。DTM 是建立地形数据库的基本数据，可以用来制作等高线图、坡度图、专题图等多种图解产品。

根据数据获取方法的不同，DTM 的数据来源可以分为以下四种：

(1) 野外实地测量。在实地直接测量地面点的平面位置和高程。一般使用电子速测仪进行观测。

(2) 由现有地形图上采集。现在常用的方法是使用扫描装置采集。

(3) 从摄影测量立体模型上采集。大多数立体测图仪、解析测图仪的数字化系统都能从遥感像片上采集数据。自动化的摄影测量系统则采用自动影像相关器，沿着扫描断面产生高密度的高程点。

(4) 由遥感系统直接测得。航空和航天飞行器搭载雷达和激光测高仪获得数据。

DTM 的表示形式主要包括两种：不规则的三角网(TIN)和规则的矩形格网(GRID)。不规则的三角网，按一定规则连接每个地形特征采集点，形成一个覆盖整个测区的互不重叠的不规则三角形格网。其优点是地貌特征点表达准确，缺点是数据量太大。规则的矩形格网，是用一系列在 x、y 方向上等间隔排列的地形点高程 z 表示。其优点是存储量小，易管理，应用广泛，缺点是不能很准确地表达地形结构的细部。

数字高程模型 DEM(Digital Elevation Model)是高斯投影平面上规则格网点的平面坐标 (x, y) 及其高程 (z) 的数据集。DEM 的水平间距可随地貌类型的不同或实际工程项目的要求而改变。

与传统地形图比较，DEM 作为地形表面的一种数字表达形式具有以下特点：

(1) 精度不会损失。常规地形图随着时间的推移，图纸将会变形，失掉原有的精度。而 DEM 采用数字媒介，因而能保持精度不变。另外，由常规地形图用人工方法制作其他种类的地形图，精度会受损失，而由 DEM 直接输出，精度可得到控制。

(2) 容易以多种形式显示地形信息。地形数据经过计算机软件处理后，可以产生多种比例尺的地形图、纵横断面图和立面图。而常规地形图一经制作完成后，比例尺不容易改变，改变或者绘制其他形式的地形图，则需要人工处理。

(3) 容易实现自动化、实时化。常规地形图要增加和修改都必须重复相同的工作，劳动强度大而且周期长，不利于地形图的实时更新。而数字形式的 DEM，当需要增加或改变地形信息时，只需将修改信息直接输入计算机，经过软件处理后立即可产生实时化的各种地形图。

1∶5 万数字高程模型 DEM 由国家测绘局建设，国家基础地理信息中心负责维护和管理。其覆盖中国范围内的陆地和海岛，共 24230 幅。其 DEM 数据以 Grid 格式存储，数据量为 80GB。

2. 数字地面模型的建立

数字地面模型 DTM 的测量制作过程概括如下：首先，按一定的测量方法(如野外直接测量、室内立体摄影测量等)，在测区内测量一定数量离散点的平面位置和高程，这些点称为控制点(数据点或参考点)。接着，以控制点为网络框架，在其中内插大量的高程点，内插是由计算机根据一定的计算公式并依照某种规则图形(如方格网)求解的。控制点和内插点的平面位置和高程数据的总和，即该测区的数字地面模型。它以数字的形式表示了该测区地貌形态的平面位置，即点的 x、y 坐标表示平面位置，z 坐标表示地面特征。

1) 数据预处理

获得建立数字地面模型 DTM 所需的数据来源后，应当进行 DTM 数据预处理。DTM 的数据预处理是 DTM 内插前的准备工作，它是整个数据处理的一部分，它一般包括数据格式转换、坐标系统变换、数据编辑、栅格数据的矢量化转换和数据分块等内容。如果数据采集的软件具有数据预处理的相关功能，则也可以在采集数据的同时进行数据预处理。

(1) 格式转换。

因为采集数据的软、硬件系统各不相同，所以数据的格式也可能不相同。常用的数据代码有 ASCII 码、BCD 码和二进制码。每一记录的各项内容及每项内容的数据类型、所占位数也可能各不相同。在进行 DTM 数据内插前，要根据内插软件的要求，将各种数据转换成该软件所要求的格式。

(2) 坐标变换。

在进行 DTM 数据内插前，要根据内插软件的要求，将采集的数据转换到地面坐标系下。地面坐标系一般采用国际坐标系，也可以采用局部坐标系。

(3) 数据编辑。

将采集的数据用图形方式显示在计算机屏幕上，作业人员根据图形交互式地剔除错误的、过密的、重复的点，发现某些需要补测的区域并进行补测，对断面扫描数据，还要进行扫描系统误差的改正。

(4) 栅格数据转换为矢量数据。

若 DTM 的数据来源是由地图扫描数字化仪获取的地图扫描影像，则得到的是一个灰度阵列。首先要进行二值化处理，再经过滤波或形态处理，并进行边缘跟踪，获取等高线上按顺序排列的点坐标，即矢量数据，供以后建立 DTM 使用。

(5) 数据分块。

由于采集数据的方式不同，因此数据的排列顺序也不同。例如，等高线数据是按各条

等高线采集的先后顺序排列的，但内插时，待定点常常只与其周围的数据点有关，为了能在大量的数据点中迅速查找到所需要的数据点，必须要将数据进行分块。一般情况下，为了保证分块单元之间的连续性，相连单元间要有一定的重叠度。

(6) 子区边界的选取。

根据离散的数据点内插规则格网 DTM，通常是将测区地面看作一个光滑的连续曲面。但实际上，地面上存在各式各样的断裂线，例如：陡坎、山崖和各种人工地物，使得测区地面并不光滑，这就需要将测区地面分成若干个子区，使每个子区的表面为一个连续光滑曲面。这些子区的边界由特征线与测区的边界线组成，使用相应的算法进行提取。

2) 数据内插

数字地面模型 DTM 的表示形式主要包括不规则的三角网和规则的矩形格网。在实际生产中，最常用的是规则矩形格网的数字高程模型 DEM。格网通常是正方形，它将区域空间切分为规则的格网单元，每个格网单元对应一个二维数组和一个高程值，用这种方式描述地面起伏称为格网数字高程模型。

数字高程模型 DEM 的数据内插就是根据参考点(已知点)上的高程求出其他待定点上的高程，在数学上属于插值问题。由于所采集的原始数据排列一般是不规则的，为了获得规则格网的 DEM，内插是必不可少的过程。内插的方法很多，但任何一种内插方法都认为邻近的数据点之间存在很大的相关性，这才有可能由邻近的数据点内插出待定点的数据。对于一般地面，连续光滑条件是满足的，但大范围内的地形是很复杂的，因此整个测区的地形很可能不能像通常的数学插值那样用一个多项式来拟合，而应采用局部函数内插。需要将整个测区分成若干分块，对各个分块根据地形特征使用不同的函数进行拟合，并且要考虑相连分块函数间的连续性。对于不光滑甚至不连续的地表面，即使是在一个计算单元内，也要进一步分块处理，并且不能使用光滑甚至连续条件。DEM 数据内插的方法很多，下面仅介绍由三角网、等高线转换为格网 DEM 的算法。

(1) 三角网转换成格网 DEM。

三角网转换成格网 DEM 的方法是按照要求的分辨率和方向生成格网 DEM，对每一个格网搜索最近的三角网数据点，按线性插值函数计算格网点的高程。

在三角网中，可由三角网求该区域内任一点的高程。首先要确定所求点 $K(x, y, z)$ 落在三角网的哪个三角形中，即要检索出用于内插 K 点高程的三个三角网点，然后用线性内插计算高程。

若 $K(x, y, z)$ 所在的三角形为 $\triangle ABC$，三顶点的坐标分别为 (x_1, y_1, z_1)，(x_2, y_2, z_2) 和 (x_3, y_3, z_3)，则由 A、B 和 C 确定的平面方程为

$$\begin{vmatrix} x-x_1 & y-y_1 & z-z_1 \\ x_2-x_1 & y_2-y_1 & z_2-z_1 \\ x_3-x_1 & y_3-y_1 & z_3-z_1 \end{vmatrix}=0 \tag{12-5}$$

令：

$x_{21}=x_2-x_1$，$x_{31}=x_3-x_1$

$y_{21}=y_2-y_1$，$y_{31}=y_3-y_1$

$$z_{21}=z_2-z_1,\quad z_{31}=z_3-z_1$$

则 K 点的高程为

$$z=z_1-\frac{(x-x_1)(y_{21}z_{31}-y_{31}z_{21})+(y-y_1)(z_{21}x_{31}-z_{31}x_{21})}{x_{21}y_{31}-x_{31}y_{21}} \tag{12-6}$$

(2) 等高线转换成格网 DEM。

若原始数据是等高线，则可采用三种方法生成格网 DEM：等高线离散化法、等高线直接内插法和等高线构建不规则三角网法。实践证明，先由等高线生成不规则三角网再内插格网 DEM 的精度和效率都是最好的。等高线构建不规则三角网的方法如下。

第一步，将等高线上的点离散化后，由离散点生成不规则三角网。建立不规则三角网的基本过程是将邻近的三个数据点连接成初始三角形，再以这个三角形的每一条边为基础连接邻近的数据点，组成新的三角形。如此继续下去，直至所有的数据点均已连成三角形为止。在建网的过程中，要确保三角形网中没有交叉和重复的三角形。以三角形的一边向外扩展时，首先排除和三角形位于同一侧的数据点，如图 12-19 所示。

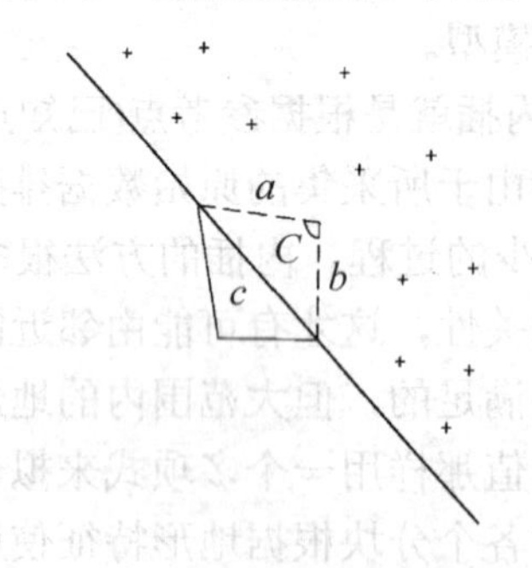

图 12-19　三角形一边向外扩展

然后在另一侧，利用余弦定理：

$$\cos C=\frac{a^2+b^2-c^2}{2ab} \tag{12-7}$$

找出与扩展边两端点之间形成的夹角为最大的一个数据点作为组成新三角形的点。

在构建不规则三角网时，若只考虑几何条件，在某些区域可能会出现与实际地形不相符的情况，如在山谷线处可能会出现三角形悬空，在山脊线可能会出现三角形穿于地下等。所以，在构网时还应引入地性线，并给地性线上的数据点编码，优先连接地性线上的边，然后再在此基础上构网。

第二步，由三角网进行内插生成格网 DEM(具体方法前面已详细阐述)。

3) 数据存储

经内插得到的数字高程模型 DEM 需要用一定的结构和格式存储，以方便各种应用。通常以图幅为单位建立文件。文件头存放有关的基础信息，包括数据记录格式、起点(图廓的左下角点)平面坐标、图幅编号、格网间隔、区域范围、原始资料信息、数据采集仪器、采集的手段和方法、采集的日期与更新日期、精度指标等。

各格网点的高程是 DEM 数据主体。对小范围的 DEM，每条记录为一点高程或一行高程数据。但对于较大范围的 DEM，其数据量较大，一般采用数据压缩的方法存储数据。

除了格网点高程数据外，文件中还应存储该地区地形特征线、特征点的数据，它们可以用向量方式存储，也可以用栅格方式存储。

12.2.2　数字地面模型的应用

1. 单点高程计算

在矩形格网形式的数字地面模型 DTM 中，要计算某一点 P 的高程(点 P 在正方形网格 $ABCD$ 中，已知 A、B、C、D 四点的高程分别为 z_A、z_B、z_C、z_D)，方法如下：

(1) 若 P 点是矩形格网的网格点(见图 12-20 中的 A、B、C、D 点)，可以直接得出其高程。

(2) 若 P 点是正方形 $ABCD$ 中任意一点，采用双线性内插法的结论：内插点 P 相对于 A 点的坐标为 x、y，则可直接使用公式 12-8 计算出待定点 P 的高程：

$$z_P=\left(1-\frac{x}{l}\right)\left(1-\frac{y}{l}\right)z_A+\frac{x}{l}\left(1-\frac{y}{l}\right)z_B+\frac{x}{l}\cdot\frac{y}{l}z_C+\left(1-\frac{x}{l}\right)\frac{y}{l}z_D \tag{12-8}$$

其中，l 表示正方形 $ABCD$ 的边长(格网间隔)，显然有：$l=x_1-x_0=y_1-y_0$

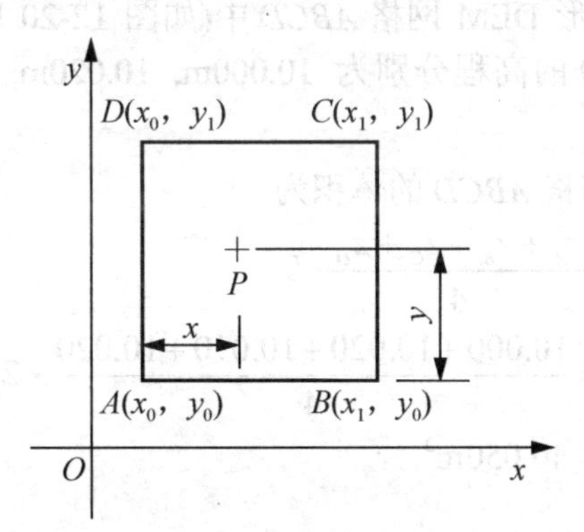

图 12-20　点 P 高程计算

例 12-1 已知点 P 在矩形 DEM 网格 $ABCD$ 中(如图 12-20 所示)，格网间隔为 10mm，A,B,C,D 的高程分别为 10.000m, 10.020m, 10.010m, 10.020m，求下述情况下 P 点的高程。

(1) P 点与 B 点重合。

(2) P 点在 AD 边上，距 A 点 6mm。

(3) P 点在网格 $ABCD$ 内部，距 AD , AB 边的距离 x, y 分别为 5mm, 5mm。

解：(1) 因为 P 点与 B 点重合，所以 $H_P=H_B=10.020\text{m}$

(2) 因为 DEM 格网间隔为 10mm， P 点在 AD 边上，距 A 点 6mm，即

$$l=10\text{mm},\ x=0,\ y=6\text{mm}$$

根据公式(12-8)有

$$\begin{aligned}z_P&=\left(1-\frac{x}{l}\right)\left(1-\frac{y}{l}\right)z_A+\frac{x}{l}\left(1-\frac{y}{l}\right)z_B+\frac{x}{l}\cdot\frac{y}{l}z_C+\left(1-\frac{x}{l}\right)\frac{y}{l}z_D\\&=\left(1-\frac{6}{10}\right)\times10.000+\frac{6}{10}\times10.020\\&=10.012(\text{m})\end{aligned}$$

(3) 因为$l=10\text{mm}, x=5\text{mm}, y=5\text{mm}$

根据公式(12-8)有

$$z_P=\left(1-\frac{x}{l}\right)\left(1-\frac{y}{l}\right)z_A+\frac{x}{l}\left(1-\frac{y}{l}\right)z_B+\frac{x}{l}\cdot\frac{y}{l}z_C+\left(1-\frac{x}{l}\right)\frac{y}{l}z_D$$

$$=\left(1-\frac{5}{10}\right)\times\left(1-\frac{5}{10}\right)\times10.000+\frac{5}{10}\times\left(1-\frac{5}{10}\right)\times10.020+\frac{5}{10}\times\frac{5}{10}$$

$$\times10.010+\left(1-\frac{5}{10}\right)\times\frac{5}{10}\times10.020=10.0125\text{m}$$

2. 单网格体积计算

点P在正方形网格$ABCD$中，已知A, B, C, D四点的高程分别为z_A, z_B, z_C, z_D，格网间隔代表的实地距离为L，计算公式如下：

$$V=\frac{z_A+z_B+z_C+z_D}{4}\cdot L^2 \tag{12-9}$$

例 12-2 已知点P在矩形 DEM 网格$ABCD$中(如图 12-20 所示)，格网间隔代表的实地距离为 2.000m，A, B, C, D的高程分别为 10.000m, 10.020m, 10.010m, 10.020m，求网格$ABCD$的体积。

解：根据公式 12-9，网格$ABCD$的体积为

$$V=\frac{z_A+z_B+z_C+z_D}{4}\cdot L^2$$

$$=\frac{10.000+10.020+10.010+10.020}{4}\times2.000^2$$

$$=40.050\text{m}^3$$

3. 单网格表面积计算

单网格表面积计算，对于含有特征的网格，将其分解成三角形后进行计算。对于无特征的网格，可用四个角点的高程取平均即网格中心点的高程，然后将网格分成四个三角形，由每个三角形的三个顶点坐标计算出这三个顶点组成的斜三角形面积，再求出四个三角形面积之和，即为单网格的表面积。

实训任务——基于数字地形图进行工程土方量计算

1. 实训目的

掌握使用南方 CASS 软件基于数字地形图计算土方量的方法。

2. 内容与步骤

(1) 教师对“利用数字地形图计算土方量”相关理论知识点进行复习，并结合实训目的和要求、主要内容、操作步骤以及需上交的成果资料进行详细阐述。

(2) 教师按照本次实训任务的内容，进行演示讲解。

(3) 学生按照本次实训任务的内容，独立练习，完成本次实训任务。

3. 提交成果

利用某测区数字地形图计算的土方量成果资料。

思　考　题

1. 土方量计算的方法有哪几种？简述各种方法的基本步骤。
2. 什么是数字地面模型和数字高程模型？
3. 数字地面模型表示形式有哪两种？各有什么优缺点？
4. 什么是 DEM 数据内插？
5. 简述由等高线构建不规则三角网的方法。
6. 数字地形图与传统纸质地形图相比，有什么优点？
7. 已知点 P 在矩形 DEM 网格 $ABCD$ 中(如图 12-20 所示)，格网间隔代表的实地距离为 1.000m，A, B, C, D 的高程分别为 10.010m, 10.040m, 10.020m, 10.040m，求网格 $ABCD$ 的体积。

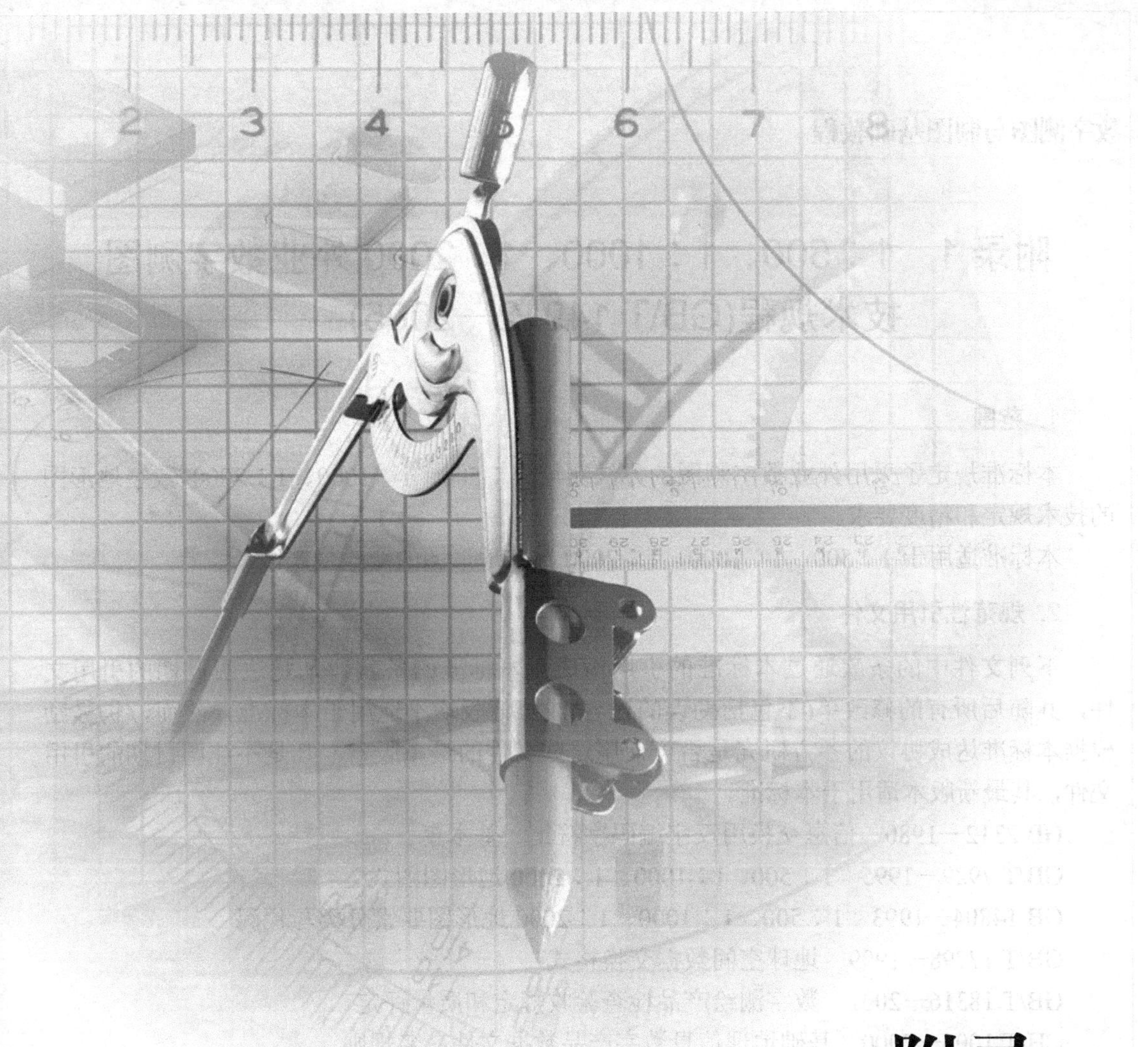

附录

有关标准及资料

附录1　1：500、1：1000、1：2000 外业数字测图技术规程(GB\T 14912—2005)

1. 范围

本标准规定了采用外业数字测图的方法测绘 1：500、1：1000、1：2000 数字地形图的技术规定和精度要求。

本标准适用于1：500、1：1000、1：2000数字地形图的测绘生产。

2. 规范性引用文件

下列文件中的条款通过本标准的引用而成为本标准的条款，凡是注明日期的引用文件，其随后所有的修改单(不包括勘误的内容)或修订版均不适用于本标准，然而，仍鼓励根据本标准达成协议的各方研究是否可使用这些文件的最新版本。凡是不注明日期的引用文件，其最新版本适用于本标准。

GB 2312—1980　信息交换用汉字编码字符集　基本集

GB/T 7929—1995　1：500、1：1000、1：2000 地形图图式

GB 14804—1993　1：500、1：1000、1：2000 地形图要素分类与代码

GB/T 17798—1999　地球空间数据交换格式

GB/T 18316—2001　数字测绘产品检查验收规定和质量评定

CH/T 1005—2000　基础地理信息数字产品数据文件命名规则

3. 总则

3.1　一般规定

3.1.1　外业数字测图应遵循对照实地测绘的原则，采用电子平板作业模式，或采用数字测记模式进行数字地形图的测绘。

3.1.2　采用外业数字测图方法测绘的数字地形图(以下简称地形图)按照用途可分为空间数据库产品和地图制图数字产品，其分类应符合表1的规定。

3.1.3　外业数字测图所使用的软件应经有关部门测评和上级主管部门批准。

3.2　采用基准和投影方式

3.2.1　外业数字测图平面控制测量的坐标应采用投影平面坐标系，并满足全测区长度变形不大于2.5cm/km。

表1　数字地形图分类及内容

项　目	分　类	
	空间数据库产品	地图制图数字产品
用途	空间数据库建库与更新 地图制图	地图制图

续表

项　目	分　类	
	空间数据库产品	地图制图数字产品
内容	全面提供几何图形数据、属性数据、要素拓扑关系等	仅提供满足制图要求的几何图形数据
属性表达	通过要素分类编码、属性表等直接表达要素属性；也可以通过分层、注记、颜色、符号等间接表达要素属性	通过分层、注记、颜色、符号等间接表达要素属性

3.2.2　投影平面的大地基准宜采用 1980 西安坐标系的大地基准，投影面可选用过地方平均高程的椭球面，并通过增减椭球长半径或坐标系平移方法确定投影椭球。

3.2.3　投影方式宜采用高斯克吕格投影或通用横轴墨卡托投影(UTM)。投影分带按 3°分带，中央子午线可采用标准分带的中央子午线或任意子午线。

3.2.4　投影平面坐标宜与 1980 西安坐标系有确定的转换关系及参数。

3.2.5　高程基准采用 1985 国家高程基准。采用独立高程基准时，应与 1985 国家高程基准联测或有确定的转换关系和参数。

3.3　地形图的分幅和编号

地形图图幅应按矩形分幅，其规格为 40cm×50cm 或 50cm×50cm。图幅编号按西南角图廓点坐标公里数编号，*X* 坐标在前，*Y* 坐标在后，亦可按测区统一顺序编号。对于已施测过地形图的测区，可沿用原有的分幅和编号。

3.4　地形类别的划分

平地：绝大部分地面坡度在 2°以下的地区。

丘陵地：绝大部分地面坡度在 2°～6°(不含 6°)之间的地区。

山地：绝大部分地面坡度在 6°～25°之间的地区。

高山地：绝大部分地面坡度在 25°以上的地区。

3.5　地形图的基本等高距

地形图的基本等高距根据地形类别和用途的需要，按表 2 规定选用。

一个测区内同一比例尺地形图宜采用相同基本等高距。当基本等高距不能显示地貌特征时，应加绘半距等高线。平坦地区和城市建筑区，根据用图的需要，也可以不绘等高线，只用高程注记点表示。

表 2　地形图基本等高距　　单位：米

比 例 尺	地形类别			
	平　地	丘陵地	山　地	高山地
1∶500	0.5	1.0(0.5)	1.0	1.0
1∶1000	0.5 (1.0)	1.0	1.0	2.0
1∶2000	1.0(0.5)	1.0	2.0(2.5)	2.0(2.5)

注：括号内的等高距依用途需要选用。

3.6　高程注记点的密度

地图制图产品中高程注记点密度为图上每 100cm^2 内 5～20 个，一般选择明显地物点或地形特征点。

3.7　地形图的精度

3.7.1　地物点的平面位置中误差

地形图图上地物点相对于邻近图根点的点位中误差和邻近地物点点间的距离中误差不应超过表 3 的规定。当测图单纯为城市规划或一般用途时，可选用表 3 中括号内的指标。当所需精度有特殊要求时，可根据相应的专业需要在技术设计书中进行规定。

表 3　地物点平面位置精度　　单位：米

地区分类	比 例 尺	点位中误差	邻近地物间距中误差
城镇、工业建筑区、平地、丘陵地	1：500	±0.15(±0. 25)	±0.12(±0.20)
	1：1 000	±0.30(±0. 50)	±0.24(±0. 40)
	1：2 000	±0.60(±1.00)	±0.48(±0. 80)
困难地区、隐蔽地区	1：500	±0.23(±0. 40)	±0.18(±0. 30)
	1：1 000	±0.45(±0. 80)	±0.36(±0. 60)
	1：2 000	±0.90(±1.60)	±0.72(±1.20)

3.7.2　高程注记点的高程中误差

高程注记点相对于邻近图根点的高程中误差不应大于相应比例尺地形图基本等高距的 1/3，困难地区放宽 0.5 倍。

3.7.3　等高线插求点高程中误差

等高线插求点相对于邻近图根点的高程中误差，平地不应大于基本等高距的 1/3，丘陵地不应大于基本等高距的 1/2。山地不应大于基本等高距的 2/3，高山地不应大于基本等高距。

3.7.4　数字高程模型(DEM)的精度

a) 由外业数字测图方法野外实测生成的 DEM 一般为不规则格网 DEM，参与构成不规则格网的点的高程中误差相对于邻近图根点不应低于相应比例尺地形图的高程注记点的精度要求。

b) 规则格网 DEM 可由不规则格网 DEM 内插生成。其格网点的高程中误差不应低于相应比例尺地形图等高线插求点的高程中误差。根据实地地形情况，其格网单元尺寸可选用 $1.25\times M\times10^{-3}$(m)，$2.5\times M\times10^{-3}$(m)，$5\times M\times10^{-3}$(m)。(*M* 为测图比例尺分母，以下同)

3.8　地形图符号及注记

地形图符号及注记按 GB/T 7929—1995 的规定执行。对图式中没有规定的地物、地貌符号，各专业部门根据用途需要，可在技术设计书或其他相关技术文件中另做补充规定。

3.9　允许误差

以中误差作为衡量精度标准，二倍中误差作为允许误差。

3.10　仪器的精度要求和检验

外业数字测图所采用的测距仪的标称精度应不低于Ⅲ级测距仪的精度，经纬仪的测角

精度应不低于10″，且用于图根控制测量的经纬仪精度应不低于DJ6型经纬仪精度。

所使用的测绘仪器，要求做到及时检验和校正，加强维护保养，使其保持良好状态。

4. 图根控制测量

4.1　一般规定

4.1.1　四等以下各级基础平面控制测量的最弱点相对于起算点点位中误差不应大于5cm。四等以下各级基础高程控制的最弱点相对于起算点的高程中误差不应大于2cm。

4.1.2　图根点相对于图根起算点的点位中误差，按测图比例尺：1∶500不应大于5cm；1∶1000、1∶2000不应大于10cm。高程中误差不应大于测图基本等高距的1/10。

4.1.3　图根点应视需要埋设适当数量的标石，城市建设区和工业建设区标石的埋设，应考虑满足地形图修测的需要。

4.1.4　图根控制点(包括高级控制点)的密度，应以满足测图需要为原则，一般应不低于表4的要求。

表4　图根控制点密度

测图比例尺	1∶500	1∶1000	1∶2000
图根控制点的密度(点数/km^2)	64	16	4

4.2　图根平面控制测量

图根平面控制测量，可采用图根导线(网)、极坐标法(引点法)和交会法等方法布设。在各等级控制点下加密图根点，不宜超过二次附合。在难以布设附合导线的地区，可布设成支导线。测区范围较小时，图根导线可作为首级控制。

4.2.1　图根导线测量

图根导线测量的主要技术要求，应按照表5的规定执行。

图根导线的边长采用测距仪单向施测一测回。一测回进行二次读数，其读数较差应小于20mm。测距边应加气象加、乘常数改正。

1∶500、1∶1000测图，附合导线长度可放宽至表5规定值的1.5倍，且附合导线边数不宜超过15条，此时方位角闭合差不应大于$\pm 40''\sqrt{n}$，绝对闭合差不应大于$0.5\times M\times 10^{-3}$ (m)；导线长度短于表5规定的1/3，其绝对闭合差不应大于$0.3\times M\times 10^{-3}$(m)。

表5　图根导线测量技术指标

附合导线长度/m	相对闭合差	边长	测角中误差(″)		测回数	方位角闭合差(″)	
			一般	首级控制	DJ6	一般	首级控制
1.3M	1/2500	不大于碎部点最大测距的1.5倍	±30	±20	1	$\pm 60\sqrt{n}$	$\pm 40\sqrt{n}$

注：n为测站数。

当图根导线布设成支导线时，支导线的长度不应超过表 5 中规定长度的 1/2，边数不宜多于 3 条。水平角应使用 DJ6 型经纬仪施测左、右角各一测回，其圆周角闭合差不应大于40″。边长采用测距仪单向施测一测回。

4.2.2 极坐标法测量(引点法)

采用光电测距极坐标法测量时，应在等级控制点或一次附合图根点上进行，且应联测两个已知方向，其主要技术要求，应按照表 6 规定执行。其边长按测图比例尺：1∶500 不应大于 300m；1∶1000 不应大于 500m，1∶2000 不应大于 700m。

采用光电测距极坐标法所测的图根点，不应再次发展。

表 6 极坐标法测量技术指标

DJ6	距离测量	半测回较差(″)	测距读数较差/mm	高程较差	两组计算坐标较差/m
1	单向施测一测回	≤30	≤20	$\leq 1/5H_d$	$0\ 2 \times M \times 10^{-3}$

注：H_d 为基本等高距。

4.2.3 交会法测量

图根解析补点，可采用有检核的测边交会和测角交会。其交会角应在30°～150°之间，交会边长不宜超过 $0.5 \times M$(m)。分组计算所得的坐标较差，不应大于 $0.2 \times M \times 10^{-3}$ (m)。

4.3 图根高程控制测量

图根点的高程应采用图根水准测量或电磁波测距三角高程测量。

4.3.1 图根水准测量

图根水准可沿图根点布设为附合路线、闭合路线或节点网。图根水准测量应起迄于不低于四等精度的高程控制点上，其技术要求按照表 7 规定执行。

当水准路线布设成支线时，应采用往返观测，其路线长度不应大于 2.5km。当水准路线组成单节点时，各段路线的长度不应大于 3.7km。

表 7 图根水准测量限差

仪器类型	附合路线长度/m	i 角(″)	视线长度/m	观测次数		往返测较差、附合或环线闭合差/mm	
				与已知点联测	附合或闭合线路	平地	山地
DS10	5	≤30	100	往返各一次	往一次	$\pm 40\sqrt{L}$	$\pm 12\sqrt{n}$

注：*L* 为水准路线长度，单位为公里(km)。*n* 为测站数。

4.3.2 电磁波测距三角高程测量

电磁波测距三角高程，其技术要求应按照表 8 规定执行。电磁波测距三角高程测量附合路线长度不应大于 5km，布设成支线不应大于 2.5km。仪器高、觇标高量取至毫米。其路线应起闭于图根以上各等级高程控制点。

表 8　电磁波测距三角高程测量限差

仪器类型	测回数(中丝法)	指标差较差(″)	垂直角较差(″)	附合或环线闭合差/mm	边长施测方法
DJ6	2	≤25	≤25	$\pm40\sqrt{D}$	单向施测一测回

注：D 为路线长度，单位为公里(km)。

4.4　测站点的增补

外业数字测图应充分利用控制点和图根点。当图根点密度不足时，可采用支导线、极坐标法、自由设站法等方法增设测站点。不论采用何种方法，测站点相对于邻近图根点，点位精度的中误差不应大于 $0.1\times M\times10^{-3}$(m)，高程中误差不应大于测图基本等高距的1/6。

支导线和极坐标法测量的技术要求应按照 4.2.1 和 4.2.2 的有关规定执行。

采用自由设站法测量时，观测的已知点数不应少于两个。水平角、距离各观测一测回，其半测回较差不应大于 30″，测距读数较差不应大于 20mm。自由设站法测量各方向解算水平角与观测水平角的差值，按测图比例尺，1∶500 不应大于 40″，1∶1000、1∶2000 不应大于 20″。

5. 数据采集

5.1　作业组织

5.1.1　外业数字测图一般以所测区域(测区)为单位统一组织作业和组织数据。当测区较大或有条件时，可在测区内按自然带状地物(如街道线、河沿线等)为边界线构成分区界限，分成若干相对独立的分区。

5.1.2　各分区的数据组织、数据处理和作业应相对独立，分区内及各分区之间在数据采集和处理时不应存在矛盾，避免造成数据重叠或漏测。

5.1.3　当有地物跨越不同分区时，该地物应完整地在某一分区内采集完成。

5.2　准备工作

a) 测区开始施测前，应做好测区内标准分幅图的图幅号编制，并建立测区分幅信息，如图幅号、图廓点坐标范围、测图比例尺等。

b) 每日施测前，应对控制点数据进行检校，并应对全站仪与电子手簿或电子平板的连接、测图软件或数据采集软件及其全部的通信连接进行试运行检查，确保无误方可使用。

c) 一般应在每日施测前、后记录有关的元数据。

5.3　仪器设置及测站定向检查

a) 仪器对中偏差不大于 5mm。

b) 以较远一测站点(或其他控制点)标定方向(起始方向)，另一测站点(或其他控制点)作为检核，算得检核点平面位置误差不大于 $0.2\times M\times10^{-3}$(m)。

c) 检查另一测站点(或其他控制点)的高程，其较差不应大于 1/6 等高距。

d) 每站数据采集结束时应重新检测标定方向，检测结果如超出 b)、c)两项所规定的限差，其检测前所测的碎部点成果须重新计算，并应检测不少于两个碎部点。

5.4 测站点与碎部点观测记录

5.4.1 碎部点观测记录应包括测站点号、仪器高、观测点号、编码、觇标高、斜距、垂直角、水平角、连接点、连接类型等，其格式可自行规定。

5.4.2 数据采集时采用的要素分类与编码可自行规定，但数据处理完成后，所采用的要素分类与编码应按 GB 14804—1993 的规定执行。

5.4.3 外业数据记录文件应是一个文本文件，其格式可自行规定，在上交成果时，应附加格式说明。

5.5 数据采集

5.5.1 点状要素(独立地物)能按比例表示时，应按实际形状采集，不能按比例表示时应精确测定其定位点或定线点。有方向性的点状要素应先采集其定位点，再采集其方向点(线)。

5.5.2 具有多种属性的线状要素(线状地物、面状地物公共边、线状地物与面状地物边界线的重合部分)，只可采集一次，但应处理好多种属性之间的关系。

5.5.3 线状地物采集时，应视其变化测定，适当增加地物点的密度，以保证曲线的准确拟合。

5.5.4 碎部点采集与控制测量同时进行时，碎部点坐标应以经平差后的控制点坐标计算得到，当控制测量成果检核超限时，测量控制点应重测，且重新计算碎部点坐标。

5.5.5 数据采集时，除遵循 5.4 节规定外，空间数据库产品应根据需要或建库的要求采集所需的属性数据，且不应遗漏。属性项、属性数据类型、代码和记录格式可自行规定，并应在技术设计书或相关技术文件中说明。

5.6 要素内容的取舍

5.6.1 地物地貌的各项要素的表示方法和取舍原则，除按 GB/T 7929—1995 有关规定执行外，还应遵守下列有关规定。

5.6.2 各类建筑物、构筑物及主要附属设施数据均应采集。房屋以墙为主，临时性建筑物可舍去。对居民区可视测图比例尺大小或需要适当加以综合。建筑物、构筑物轮廓凸凹在图上小于 0.5 mm 时，可予以综合。

5.6.3 地上管线的转角点均应实测，管线直线部分的支架线杆和附属设施密集时，可适当取舍。

5.6.4 水系及附属物，应按实际形状采集。水渠应测记渠底高程，并标记渠深；堤、坝应测记顶部及坡脚高程；泉、井应测记泉的出水口及井台高程，并测记井台至水面深度。

5.6.5 地貌一般以等高线表示，特征明显的地貌不能用等高线表示时，应以符号表示。山顶、鞍部、凹地、山脊、谷底及倾斜变换处，应测记高程点。

5.6.6 露岩、独立石、梯田坎应测记比高，斜坡、陡坎比高小于 1/2 基本等高距或在图上长度小于 5mm 时可舍去。当坡、坎较密时，可适当取舍。

5.6.7 一年分几季种植不同作物的耕地，以夏季主要作物为准；地类界与线状地物重合时，按线状地物采集。

5.6.8 居民地、机关、学校、山岭、河流等有名称的应标注名称。

5.7 地形点密度

地形点间距一般应按照表 9 的规定执行。地性线和断裂线应按其地形变化增大采点密度。

表 9 地形点间距 单位：米

比例尺	1∶500	1∶1000	1∶2000
地形点平均间距	25	50	100

5.8 碎部点测距长度

碎部点测距最大长度一般应按照表 10 的规定执行。如遇特殊情况，在保证碎部点精度的前提下碎部点测距长度可适当加长。

表 10 碎部点测距长度 单位：米

比例尺	1∶500	1∶1000	1∶2000
最大测距长度	200	350	500

5.9 数据读取

数据采集时，水平角、垂直角读记至度盘最小分划，觇标高量至厘米，测距读数读记至毫米，归零检查和垂直角指标差不大于1′。

5.10 草图的绘制

a) 采用数字测记模式时，一般应绘制草图。绘制草图时，采集的地物地貌，原则上遵照 GB/T 7929—1995 的规定绘制，对于复杂的图式符号可以简化或自行定义。但数据采集时所使用的地形码，必须与草图绘制的符号一一对应。

b) 草图必须标注所测点的测点编号，且标注的测点编号应与数据采集记录中测点编号严格一致。

c) 草图上地形要素之间的相互位置必须清楚正确。

d) 地形图上须注记的各种名称、地物属性等，草图上必须标注清楚。

6. 数据处理

6.1 数据处理一般原则

6.1.1 外业原始测量数据不能随意修改。

6.1.2 数据应及时处理，并对照实地进行检核。

6.1.3 图廓数据，包括 GB/T 7929—1995 规定的用于图廓整饰的内图廓线以外的所有线划、注记文本、说明、图例等和内图廓线以内的直角坐标网线宜通过软件方式生成。

6.1.4 汉字信息的编码按 GB 2312—1980 执行。

6.2 数据的整理和检查

6.2.1 外业数据(包括采用外业记录手簿记录的数据)应及时处理，形成图块。整理和检查属性数据，并对照实地进行检查。

6.2.2 当对照检查发现有矛盾时，如草图绘制有错误，应按照实地情况修改草图；如数据记录有错误，可修改测点编号、地形码和信息码，对于记录中的水平角、垂直角、距离、觇标高等观测数据不允许修改，要求返工重测。

6.2.3　删除或标记作废记录，补充实测时来不及记录的卷尺量距点和公共点记录。

6.2.4　检查修改后的数据应及时存盘，并做备份。

6.3　数据分层

6.3.1　空间数据库产品和地图制图产品的数据分层按表 11 和表 12 规定执行。

表 11　空间数据库产品分层及层名代码规定

主层名	项目			
	层名代码	类　型	要素内容	要素编码
测量控制点	Cor	点	测量控制点	Code Elevation
居民地	Res	点、线、面	居民地、垣栅	Code
工矿建筑物	Bui	点、线、面	工矿建(构)筑物及其附属设施	Code
交通	Roa	点、线	交通运输及附属设施	Code
管线	Pip	点、线	管线及其附属物	Code
水系	Hyd	点、线、面	水系及附属设施	Code
境界	Bou	点、线	境界	Code
地貌与土质	Ter	点、线、面	地貌、土质	Code
植被	Veg	面	植被	Code
高程	Ele	点、线	等高线、高程点	Code Elevation
注记	Ano	注记	注记	无
图廓	Net	线、注记	图廓整饰	无

表 12　地图制图数据产品分层及层名代码规定

主层名	项目			
	层名代码	顺序号	类　型	要素内容
测量控制点	Cor	1	点	测量控制点
居民地	Res	2	点、线、面	居民地、垣栅
工矿建筑物	Bui	3	点、线、面	工矿建(构)筑物及其附属设施
交通	Roa	4	点、线	交通运输及附属设施
管线	Pip	5	点、线	管线及其附属物
水系	Hyd	6	点、线、面	水系及附属设施
境界	Bou	7	点、线	境界
地貌与土质	Ter	8	点、线、面	地貌、土质
植被	Veg	9	面	植被

续表

主层名	项　目			
	层名代码	顺序号	类　型	要素内容
高程	Ele	10	点、线	等高线、高程点
注记	Ano	11	注记	注记
图廓	Net	999	线、注记	图廓整饰

6.3.2　根据需要各层均可向下详细分层，层名应用汉字命名，层名代码规则为

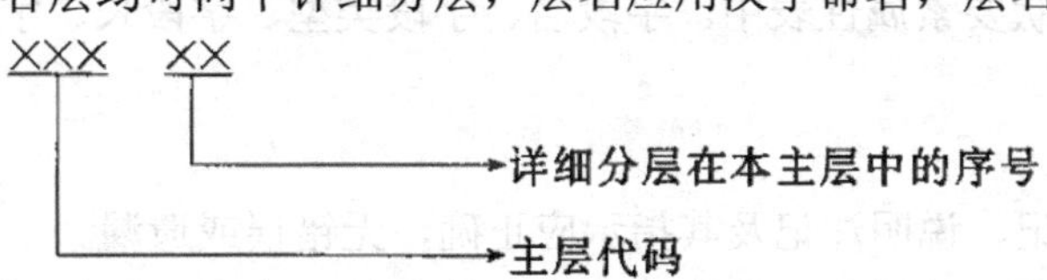

6.3.3　特殊情况下，不同类可以合并为一层，也可从不同类中各取一部分要素合并为一层。

6.3.4　图廓数据应独立分层。

6.3.5　若主层向下详细分层时，分层方案应在技术设计书和元数据文件中说明。

6.4　等高线处理

6.4.1　数字高程模型及等高线应以测区或分区为单位建立和处理。空间数据库产品的数字高程模型(或等高线)应连续无缝，不应因分幅而造成变形。地图制图产品的等高线按GB/T 7929—1995和本标准6.7.7节的有关规定断开。

6.4.2　数字地面模型建立时，应充分考虑各种地性线、断裂线和微地貌的表示，以保证地貌的真实性。

6.4.3　生成等高线时必须采用严密的数学模型进行计算。

6.4.4　等高线生成后必须对照实地进行检查，发现错误应及时改正。

6.5　数据文件的组织和格式

6.5.1　数据处理完成后，数据文件应以测区为单位组织，以图幅为单位进行存储和管理。文件的组织和命名可参照CH/T 1005—2000的有关规定执行。

6.5.2　各测图软件可采用自己规定的数据格式进行内部数据信息交换和管理。不同系统之间的数据信息交换格式按GB/T 17798—1999规定执行。

6.5.3　元数据文件应是一个文本文件，且每幅图均应有一个元数据文件。元数据项按本标准附录A的规定执行。

6.6　空间数据库产品的数据处理原则

6.6.1　一般规定

a) 图形、属性数据处理应以测区或分区为单位统一进行，应根据需要建立拓扑关系。

b) 数据按标准图幅或特殊要求分幅时，应保证地形要素在本图和相邻图幅中，几何图形要素属性和拓扑关系的一致。

c) 线划必须光滑，自然，清晰，无挤压，无重复现象。

6.6.2　图形数据

a) 面状要素应封闭，无悬挂或过头现象。一个面状要素应能唯一标识。

b) 线划应连续，线划相交不允许有悬挂，不允许有线划被错误打断的现象，需连通的要素应保持连通。

c) 有方向性的要素，其符号方向必须正确。

d) 符号表示规格应符合 GB/T 7929—1995 的有关规定。

6.6.3　属性数据

a) 描述每个地形要素特征的属性类型应完备，数据应符合 GB 14804—1993 或技术文件规定的属性码表的要求，不应有遗漏。

b) 点、线、面状要素属性表中，字段名、字段类型、字段长、字段顺序、属性与属性值均应正确无误。

6.6.4　注记

a) 各种名称注记、说明注记及其指示应正确，无错误或遗漏。

b) 注记应尽量不压盖地物，其字体、字大、字数、字向、单位等应符合 GB/T 7929—1995 的有关规定。特殊情况下，可缩小字大，但最小不应小于 2mm。

6.6.5　数据分层

所有要素应按 6.3.1 节的要求进行分层，数据分层须正确，无重复或漏层。

6.6.6　接边

要素几何图形的接边误差不应大于 3.7 节中相应比例尺地形图平面、高程中误差的 $2\sqrt{2}$ 倍，且应保证要素属性和拓扑关系一致。

6.7　地图制图产品的编辑原则

6.7.1　居民地

a) 街区与道路的衔接处，应留 0.2 mm 间隔。

b) 建筑在陡坎和斜坡上建筑物，按实际位置绘出，陡坎无法准确绘出时，可移位表示，并留 0.2 mm 的间隔。

c) 悬空于水上的建筑物(如房屋)与水涯线重合时，建筑物照常绘出，间断水涯线。

6.7.2　点状地物

a) 两个点状地物相距很近，同时绘出有困难时，可将高大突出的准确表示，另一个移位表示，但应保持相互的位置关系。

b) 点状地物与房屋、道路、水系等其他地物重合时，可中断其他地物符号，间隔 0.2mm，以保持独立符号的完整性。

6.7.3　交通

a) 双线道路与房屋、围墙等高出地面的建筑物边线重合时，可用建筑物边线代替道路边线。道路边线与建筑物的接头处，应间隔 0.2mm。

b) 铁路与公路(或其他道路)水平相交时，铁路符号不中断，另一道路符号中断；不在同一水平相交时，道路的交叉处，应绘制相应的桥梁符号。

c) 公路路堤(堑)应分别绘出路边线与堤(堑)边线，两者重合时，可将其中之一移动 0.2mm 绘出。

6.7.4　管线

a) 城市建筑区内电力线、通信线可不连接，但应绘出连线方向。

b) 同一杆架上架有多种线路时，表示其中主要的线路，但各种线路走向应连贯，线类应分明。

6.7.5　水系

a) 河流遇桥梁、水坝、水闸等应断开。

b) 水涯线与陡坎重合时，可用陡坎边线代替水涯线；水涯线与斜坡脚重合时，仍应在坡脚将水涯线绘出。

6.7.6　境界

a) 凡绘制有国界线的图，应报国家测绘局地图审查中心批准。

b) 境界以线状地物一侧为界时，应离线状地物 0.2mm 按图式绘出；如以线状地物中心为界，不能在线状地物符号中心绘出时，可沿两侧每隔 3～5cm 交错绘出 3～4 节符号。但在境界相交或明显拐弯及图廓处，境界符号不应省略，以明确走向和位置。

6.7.7　等高线

a) 单色图上等高线遇到房屋及其他建筑物、双线道路、路堤、路堑、坑穴、陡坎、斜坡、湖泊、双线河、双线渠以及注记等均应中断。

b) 多色图等高线遇双线河、渠、湖泊、水库、池塘应断开，遇其他地物可不中断。

c) 当等高线的坡向不能判别时，应加绘示坡线。

6.7.8　植被

a) 同一地类界范围内的植被，其符号可均匀配置；大面积分布的植被在能表达清楚的情况下，可采用注记说明。

b) 地类界与地面上有实物的线状符号重合时，可省略不绘；与地面上无实物的线状符号重合时，地类界移位 0.2mm 绘出。

6.7.9　注记

a) 文字注记要使所表达的地物能明确判读，字头朝北，道路河流名称，可随线状弯曲的方向排列，各字底边平行于南、北图廓线。

b) 注记文字之间最小间隔应为 0.5mm，最大间隔不宜超过字大的 8 倍。注记时应避免遮盖主要地物和地形特征部分。

c) 高程注记一般注于点的右方，离点间隔 0.5mm。

d) 等高线注记字头应指向山顶或高地，但字头不宜指向图纸的下方。地貌复杂的地方，应注意合理配置，以保持地貌的完整。

e) 图廓整饰注记按 GB/T 7929—1995 有关规定执行。

7. 数字地图的修测

7.1　修测前的准备工作

修测前应进行实地踏勘，确定修测范围，制订修测方案。

7.2　修测方法及要求

7.2.1　地物变更范围较大或周围地物关系控制不足，补测新建的住宅楼群或独立的高大建筑物，已变化的较复杂的地貌，均应先补测图根控制再进行修测。

7.2.2　修测工作，应利用原有的邻近图根点或重新施测的图根点。修测的地物点精度应符合 3.7 中相应比例尺地形图地物点的精度要求。

7.2.3 当局部地区地物变动不大时，可利用经校核的地物点修测。修测后地物与邻近原有地物的间距中误差，不应大于 $0.4\times M\times 10^{-3}$(m)。修测后的地物点不能再作为修测新地物的依据。

7.2.4 高程点应从邻近的高程控制点引测，局部地区的少量高程点，可利用三个固定的高程点作依据进行补测。补测结果的高程较差不应超过 1/5 等高距，并取用平均值。

7.2.5 修测时如发现原数据中已有地物、地貌、注记、分层有明显错误或粗差时，亦应进行纠正。

7.2.6 每幅图修测后应将修测情况做出记录，并绘制略图，以供下次修测时参考。

8. 检查验收和上交资料

8.1 检查验收基本规定

8.1.1 二级检查一级验收制

数字测绘产品实行过程检查、最终检查和验收制度。过程检查由生产单位检查人员承担，最终检查由生产单位的质量管理机构负责实施，验收工作由任务的委托单位组织实施，或由该单位委托具有检验资格的检验机构验收。

8.1.2 提交检查验收的资料

提交检查验收的资料要齐全。一般应包括：

a) 技术设计书、技术总结等。

b) 数据文件，包括图廓内外整饰信息文件，元数据文件等。

c) 输出的检查图。

d) 技术规定或技术设计书规定的其他文件资料。

提交验收时，还应包括检查报告。凡资料不全或数据不完整者，承担检查或验收的单位有权拒绝检查验收。

8.1.3 检查验收依据

a) 有关的测绘任务书、合同书中有关产品质量特征的摘录文件或委托检查、验收文件。

b) 有关法规和技术标准。

c) 技术设计书和有关的技术规定等。

8.1.4 检查验收的记录及存档

检查验收的记录包括质量问题的记录、问题处理的记录、质量评定的记录等。记录必须及时、认真、规范、清晰。检查、验收工作完成时，应编写检查、验收报告。

8.1.5 检查验收工作的实施

检查验收工作的实施按 GB/T 18316—2001 第 5 章有关规定执行。

8.2 检查内容及方法

检查内容包括数学基础(图廓点、公里网交点、控制点等)检查、平面和高程精度检查、接边精度的检测、属性精度的检测、逻辑一致性检测、整饰质量检查、附件质量检查等。

8.2.1 数学基础检查

将图廓点、公里网交点、控制点等的坐标按检索条件在屏幕上显示，并与理论值和控制点已知坐标值核对。

8.2.2　平面和高程精度的检查

8.2.2.1　选取检测点的一般规定

数字地形图平面检测点应是均匀分布，随机选取的明显地物点。平面和高程检测点数量视地物复杂程度等具体情况确定，每幅图一般选取 20～50 个点。

8.2.2.2　检测方法

检测点的平面坐标和高程采用外业散点法按测站点精度施测。用钢尺或测距仪量测相邻地物点距离，量测边数每幅图一般不少于 20 处。检测数据的处理按 GB/T 18316—2001 中 6.2.3.3 的规定执行。

检测中如发现被检测的地物点和高程点具有粗差时，应视其情况重测。当一幅图检测结果算得的中误差超过 3.7 节的有关规定，应分析误差分布的情况，再对邻近图幅进行抽查。中误差超限的图幅应重测。

检测结果应建立统计表格和编写野外检测报告。

8.2.3　接边精度的检测

通过量取两相邻图幅接边处要素端点的距离是否等于 0 来检查接边精度，未连接的要素记录其偏离值；检查接边要素几何上自然连接情况，避免生硬；检查面域属性、线划属性的一致情况，记录属性不一致的要素实体个数。

8.2.4　属性精度的检测

a) 检查各个层的名称是否正确，是否有漏层。

b) 逐层检查各属性表中的属性项是否正确，有无遗漏。

c) 按地理实体的分类、分级等语义属性检索，在屏幕上将检测要素逐一显示，并与要素分类代码核对来检查属性的错漏，用抽样点检查属性值、代码、注记的正确性。

d) 检查公共边的属性值是否正确。

8.2.5　逻辑一致性检测

a) 用相应软件检查各层是否建立拓扑关系及拓扑关系的正确性。

b) 检查各层是否有重复的要素。

c) 检查有向符号，有向线状要素的方向是否正确。

d) 检查多边形闭合情况，标识码是否正确。

e) 检查线状要素的节点匹配情况。

f) 检查各要素的关系表示是否合理，有无地理适应性矛盾，是否能正确反映各要素的分布特点和密度特征。

g) 检查水系、道路等要素是否连续。

对于地图制图数字产品，其 8.2.4 节与 8.2.5 节中检测项可根据需要做相应调整。

8.2.6　整饰质量检查

对于地图制图数字产品，应检查以下内容：

a) 检查各要素是否正确，尺寸是否符合图式规定。

b) 检查图形线划是否连续光滑、清晰，粗细是否符合规定。

c) 检查要素关系是否合理，是否有重叠、压盖现象。

d) 检查各名称注记是否正确，位置是否合理，指向是否明确，字体、字大、字向是否符合规定。

e) 检查注记是否压盖重要地物或点状符号。

f) 检查图面配置、图廓内外整饰是否符合规定。

8.2.7 附件质量检查

a) 检查所上交的文档资料填写是否正确、完整。

b) 逐项检查元数据文件内容是否正确、完整。

8.3 质量评定

质量评定可参照 GBIT 18316—2001 有关规定执行。

8.4 上交资料

8.4.1 上交资料要齐全。一般应包括以下资料：

a) 技术设计书(有项目设计书的也应包括项目设计书)。

b) 测图控制点展点图、水准路线图、埋石点点之记、控制点平差计算成果表。

c) 地形图数据文件、元数据文件等各种数据文件。

d) 输出的地形图。

e) 产品检查报告、产品验收报告、技术总结报告。

8.4.2 上交资料中数据文件应正确、完整，文档资料规范、清晰且满足以下基本要求：

a) 即时性：随时记录和反映项目的设计与实施以及数据生产各环节中遇到的各种问题。

b) 一致性：技术设计及生产过程的前后工序之间以及与其他相关标准之间的名词、术语、符号、计算单位等均应与有关法规和标准保持协调一致，同一项目中文档的内容应协调一致，不能有矛盾。

c) 完整性：要求的文档资料应齐全、完整。

d) 可读性：文字简明扼要，公式、数据及图表准确，便于理解和使用。

e) 真实性：内容真实，对技术方案、作业方法和成果质量应做出客观的分析和评价。

8.4.3 其他未提及的数据文件、图件、文档等资料，各部门可根据实际需要予以增加。

附录 A 元数据表

序 号	元数据项标识	类 型	性 质	说 明
1	产品所有权单位名称	字符型	M	
2	产品生产单位名称	字符型	M	
3	产品名称	字符型	O	
4	产品生产日期	整型	M	YYYYMMDD
5	产品更新日期	整型	M	YYYYMMDD(修测时选择)
6	数据格式	字符型	M	
7	作业者	字符型	M	
8	检查者	字符型	M	
9	验收者	字符型	M	
10	密级	字符型	M	秘密、机密、内部

续表

序　号	元数据项标识	类　型	性　质	说　明
11	图名	字符型	O	
12	图号	字符型	O	
13	图幅等高距	整型	M	单位：米
14	比例尺分母	整型	M	单位：米
15	西南图廓角点 *X* 坐标	数值型	M	单位：米
16	西南图廓角点 *Y* 坐标	数值型	M	单位：米
17	西北图廓角点 *X* 坐标	数值型	O	单位：米
18	西北图廓角点 *Y* 坐标	数值型	O	单位：米
19	东北图廓角点 *X* 坐标	数值型	M	单位：米
20	东北图廓角点 *Y* 坐标	数值型	M	单位：米
21	东南图廓角点 *X* 坐标	数值型	O	单位：米
22	东南图廓角点 *Y* 坐标	数值型	O	单位：米
23	所采用大地基准	字符型	M	
24	地图投影	字符型	O	
25	坐标单位	字符型	M	M—米；D—度
26	所采用高程基准	字符型	M	
27	数据采集方法	字符型	M	
28	数据采集仪器类型	字符型	O	
29	数据采集仪器型号	字符型	O	
30	测图软件名称及版本号	字符型	O	
31	西边接边状况	字符型	O	Y—已接；N—未接
32	北边接边状况	字符型	O	Y—已接；N—未接
33	东边接边状况	字符型	O	Y—已接；N—未接
34	南边接边状况	字符型	O	Y—已接；N—未接
35	图幅结合表中西北图幅名称	字符型	O	
36	图幅结合表中北图幅名称	字符型	O	
37	图幅结合表中东北图幅名称	字符型	O	
38	图幅结合表中东图幅名称	字符型	O	
39	图幅结合表中东南图幅名称	字符型	O	
40	图幅结合表中南图幅名称	字符型	O	
41	图幅结合表中西南图幅名称	字符型	O	
42	图幅结合表中西图幅名称	字符型	O	
43	数据质量检验评定单位	字符型	M	
44	数据质量评检日期	整型	M	YYYYMMDD
45	数据质量总评价	字符型	M	优、良、合格

续表

序　号	元数据项标识	类　型	性　质	说　明
46	总层数	整型	O	空间数据库产品必选
47	层名	字符型	O	空间数据库产品必选
⋮	⋮ 循环	⋮	⋮	

注：元数据表“性质”一栏中，“M”指必选项，即元数据文件必须提供的项；“O”指可选项，即元数据文件可以提供亦可以不提供，它可以根据需要进行选择，允许有缺省。元数据文件为一个纯文本文件，数据标志为Meta-data，数据格式为(元数据文件中数据不包括带下划线的文字)：

序号　元数据项标识　元数据项内容

⋮　⋮　⋮

附录 2　1:500 数字化地形图测绘技术设计书

为满足×××地块规划建设的需要，受×××公司的委托，我院承担了×××地块 1∶500 数字化地形图测绘任务。为保质保量按期完成该项目，特制定本设计书，望在作业过程中认真执行。

一、概述

1.1　测区概况

×××地块位于×××贸易广场及其周围区域，隶属×××市×××区。测区地势平坦，平均海拔为 4 米，交通便利，通视良好。本次作业的主要任务是进行由甲方指定范围内约 0.15 平方公里的 1∶500 数字化地形图测绘。

1.2　测区已有成果资料的分析与利用

1.2.1　控制资料

测区内有我院于 2009 年 12 月测量的 3 个一级图根导线点，其点名为 T02、T05、T06，其坐标系为：×××独立坐标系；高程系为：1985 国家高程基准。成果如下：

点　号	纵坐标(X)	横坐标(Y)	高程(H)	备　注
T02	214605.897	192060.491	3.633	钢钉
T05	214562.100	191893.909	3.858	钢钉
T06	214550.279	191852.877	3.866	钢钉

注：上表单位为米。

经实地踏勘，上述 3 个一级图根导线点标志均完好，经检测其成果可靠。由于本次测绘面积较小，因此将上述三点作为起算点发展二级图根用于测图。

1.2.2　地形资料

有甲方提供的覆盖测区的 1∶500 航片，可用于图根选点和安排生产；有×××市国土资源局提供的×××地块权属界限，按照其提供坐标准确标绘在本次所测绘地形图上。

1.3　作业依据

(1)《全球定位系统(GPS)测量规范》(GB/T 18314—2009)；

(2)《1∶500 1∶1000 1∶2000 外业数字测图技术规程》(GB/T 14912—2005)；

(3) 国家基本比例尺地形图图式《第 1 部分：1∶500 1∶1000 1∶2000 地形图图式》(GB/T 20257.1—2007)；

(4)《数字测绘产品检查验收规定和质量评定》(GB/T 18316—2001)；

(5)《×××地块 1∶500 数字化地形图测绘技术设计书》。

1.4　坐标和高程系统

1.4.1　坐标系统

坐标系统采用×××独立坐标系。

1.4.2　高程系统

高程系统采用 1985 国家高程基准。

1.5　拟投入设备及人员

本次作业计划拟投入三个作业组，人员包括：工程师 1 人，助理工程师 2 人，技术工人 3 人。计划投入的设备有：中海达 GPS(HD8900)卫星接收机 3 台套，拓普康全站仪 2 台套，戴尔笔记本电脑 3 台，数据备份硬盘 1 个，佳能打印机 1 台。所有仪器设备均经过×××省测绘产品质量监督检验站鉴定，各项精度指标均符合《规范》要求。

1.6　质量目标

依据我院 ISO 9001—2008 质量认证体系要求及《测绘成果质量检查与验收》的规定，本项目成果质量控制实行二级检查、一级验收方式。质量目标如下。

(1) 数据成果：控制点布设要合理、观测要正确、记录要齐全规范、计算要正确。

(2) 图件成果：地形图内容要完整、表示要合理、注记要标准。

(3) 文字成果：报告格式要规范，结构要清晰，内容要完整。

(4) 存储介质：成果光盘存储的数据成果要完整，存储介质要完好。

(5) 总体质量：最终成果质量要求达到优良级。

二、地形测绘

2.1　基本要求

2.1.1 成图方法

本测区地形图测绘采用全野外数字化成图方法；内业编图采用南方 CASS8.0 成图软件。

2.1.2　测图比例尺

本测区成图比例尺为 1∶500。

2.1.3　图幅分幅与编号

本测区地形图采用正方形分幅(50cm×50cm)，取图内较大单位或小区名作为图名，编号采用图幅左下角纵、横坐标公里数表示(保留两位整数和两位小数)，中间用“-”连接，纵坐标在前，横坐标在后，如 34.00-28.00。

2.2　图根控制测量

采用 GPS(RTK)平滑测设图根控制点，即自动观测个数不少于 10 个观测值并取平均值作为定位结果。

2.2.1　图根点的布设

在 3 个一级图根导线点的基础上，采用 GPS (RTK)技术，在测区范围内布设两两通视的图根点以满足测图需要。为方便以后施工放样和修测的需要，应按照《规范》要求在水泥路面打入钢钉作为埋石点，以便长期保存。

2.2.2　图根点编号

为了和一级图根导线点编号保持一致，本次 RTK 所测的二级图根点亦按照顺序号编号，前面加字母“T”表示，如：T01，但需在控制点成果表中区分。

2.2.3　图根点的测量

由于 3 个一级图根导线点均位于海滨大道上，且分布较均匀，因此本次图根控制点采用 GPS(RTK)测量方法进行测量。测量时，采用 3 个一级导线点进行 RTK 测量模型的拟合

建模，求取平面四参数和高程曲面拟合参数，残差达到规范要求后，直接进行加密控制点采集测量，拟合建模要采用 GPS 随机软件进行。

2.2.4　基准站的建立

RTK 基准站点设置的要求：该点周围应无高大的树木及高层建筑物或构筑物阻挡，远离大功率的无线电发射源和高压输电线，无强烈干扰接收卫星信号的物体，交通便利，观测方便、安全，与作业点间亦无成片的建(构)筑物，离最远作业点不超过 1km。

每次架设基准站后，要利用接收机专用功能键和选择菜单，查看并记录测站信息：接收卫星数、卫星号、卫星健康状况、各卫星信噪比、相位测量残差实时定位的结果及收敛值。

2.2.5　GPS(RTK)测量

为了便于观测，在解算转换参数时，可在本测区适当位置联测 3～4 个点，作为后续控制加密的检核点。测量起算点和图根点时，流动站应架设对中杆，并丈量、输入仪器高度(以便对转换参数进行检核)。每个图根点应在不同时段测量两测回，两次测量点位坐标较差≤±3cm 取平均值。每次架设基准站后，均要利用测区附近已知点(包括起算点和检核点)进行坐标检测，坐标较差在 3cm 以下方可进行后续测量。

2.3　地形图测绘

2.3.1　基本要求

a) 地形图碎部点高程注记至 0.01m。

b) 地形要素测绘与表示，要按规范与图式执行。

c) 地形图测绘完成后，作业员应详细地进行自我检查与整理，测区要统一对所测图幅进行检查。

d) 地形图内容表示要合理、齐全、综合取舍要恰当，主次分明。

e) 地貌测绘要正确，表示要合理，微貌显示要逼真。

2.3.2　数据采集方法

a) 在空旷地区且能满足 RTK 测量条件的地方，直接采用 RTK 技术采集碎部点三维坐标数据，并将采集的碎部点按编码存入电子手簿。

b) 在居民区或 RTK 信号较差的地方采用全站仪采集数据。使用全站仪在各级控制点上设站、定向、检查，采用极坐标法采集地形、地物点三维坐标，利用全站仪内部存储器记录地形、地物点观测顺序号、三维坐标和编码，在野外现场绘制草图，并标注观测顺序号。测站上要记录观测错误的数据的顺序号，以便内业进行数据删除。数据采集时，地物点、地形点测距的最大长度应不超过 200 米，应遵守“看不清不测”的原则。

2.3.3　仪器设置及测站检查

地形测图时仪器的设置及测站上的检查应符合下列规定：

a) 仪器对中误差不应大于 5mm；

b) 照准一图根点标定方向，观测另一图根点作为检核，算得检核点的平面位置误差不应大于 0.05m，高程误差不应大于 0.05m；

c) 仪器高、棱镜高应量记至毫米。

2.3.4　数据处理

将 RTK 手簿或全站仪记录数据传输至计算机，对采集的数据进行检查，删除错误数据后，将数据格式转换为 CASS 8.0 软件数据格式，利用软件展绘野外采集数据点号(即观测顺序号)(或编码)。

2.3.5　图形编辑

对照野外绘制的草图，利用展绘到计算机软件上的点号(或编码)进行地形图的编辑，根据相应图式、规范和设计书要求对地物进行分层、编码。

2.3.6　地形图测绘内容及取舍

本测区地形图测绘内容应表示：测量控制点、居民地和垣栅、工矿建筑物及其他设施、交通及附属设施、管线及附属设施、地貌和土质、植被等各项地物、地貌要素，以及地理名称注记等，并着重显示与测图用途有关的各项要素。地物、地貌的各项要素的表示方法和取舍原则，除应按现行国家标准地形图图式执行外，还应符合如下有关规定。

a) 测量控制点测绘

测量控制点是测绘地形图和工程测量施工放样的主要依据，在图上应精确表示。将测区范围内的所有图根点，按图式规定的符号，准确地展绘到地形图上。

b) 居民地和垣栅的测绘

① 居民地的各类建筑物、构筑物及主要附属设施应准确测绘实地外围轮廓和如实反映建筑结构特征。

② 房屋的轮廓应以墙基外角为准，并按建筑材料和性质分类，注记层数。房屋应逐个表示，临时性房屋可舍去。

③ 建筑物和围墙轮廓凸凹在图上小于 0.4mm，简单房屋小于 0.6mm 时，可用直线连接。

④ 1∶500 比例尺测图，房屋内部天井宜区分表示。

⑤ 测绘垣栅应类别清楚，取舍得当。围墙、栅栏、栏杆等可根据其永久性、规整性、重要性等综合考虑取舍。

⑥ 台阶和室外楼梯长度大于 3mm，宽度大于 1mm 的应在图中表示。

⑦ 永久性门墩、支柱大于 1mm 的依比例实测，小于 1mm 的测量其中心位置，用符号表示。

⑧ 建筑物上突出的悬空部分应测量最外范围的投影位置，主要的支柱也要实测。

c) 工矿建筑物及其他设施测绘

① 工矿建(构)筑物及其他设施的测绘，图上应准确表示其位置、形状和性质特征。

② 工矿建(构)筑物及其他设施依比例尺表示的，应实测其外部轮廓，并配置符号或按图式规定用依比例尺符号；不依比例尺表示的，应准确测定其定位点或定位线，用不依比例尺符号表示。

d) 交通及附属设施测绘

① 交通及附属设施的测绘，图上应准确反映陆地道路的类别和等级，附属设施的结构和关系；正确处理道路的相交关系及与其他要素的关系。

② 双线道路在图上均应按实际宽度依比例尺表示。道路交叉处、桥面等应测注高程，隧道、涵洞应测注底面高程。

③ 凡正规的内部道路，按比例实测上图，长度在图上小于 10mm 时，不表示。

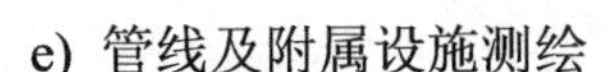

e) 管线及附属设施测绘

① 永久性的电力线、电信线均应准确表示，电杆、铁塔位置应实测。当多种线路在同一杆架上时，只表示主要的。建筑区内电力线、电信线可不连线，但应在杆架处绘出线路方向。各种线路应做到线类分明，走向连贯。

② 架空的、地面上的、有管堤的管道均应实测，分别用相应符号表示，并注明传输物质的名称。

③ 污水篦子、消防栓、阀门、水龙头、电线箱、电话亭、路灯、检修井均应实测中心位置，以相应符号表示。根据甲方要求，必须测绘主要道路交叉口附近的下水检修井之井底标高，并标注在地形图上。

f) 地貌和土质的测绘

① 地貌和土质的测绘，图上应正确表示其形态、类别和分布特征。

② 各种天然形成和人工修筑的坡、坎，其坡度在 70° 以上时表示为陡坎，70° 以下时表示为斜坡。斜坡在图上投影宽度小于 2mm，以陡坎符号表示。

③ 各种土质按图式规定的相应符号表示。

g) 植被的测绘

地形图上应正确反映出植被的类别特征。实测范围，以相应的符号表示。对于大面积分布的草地，加注“草坪”二字。

h) 注记

① 要求对各种名称、说明注记和数字注记准确注出。图上所有居民地、道路以及主要单位等名称，均应调查核实，有法定名称的应以法定名称为准，并应正确注记。

② 由于本测区地势平坦，大部分为建筑区，故不绘等高线，只需标注高程点。高程注记点应分布均匀，其间距应以 12m 为宜；测区建筑区高程注记点应测设建筑物墙基脚和相应的地面、桥面中心、空地上以及其他地面倾斜变换处；高程注记点注记至厘米。

2.3.7　精度要求

a) 平面精度

图根点相对于图根起算点的点位中误差：不应大于 5cm。

地物点相对于邻近图根点的点位中误差：不超过±0.25m。

邻近地物点间距中误差：不超过±0.20m。

b) 高程精度

图根点相对于图根起算点的高程中误差：不应大于 0.05m。

高程注记点相对于邻近图根点的高程中误差：不应大于 0.17m。

2.3.8　图廓整饰规定

图廓整饰严格按照《1∶500 1∶1000 1∶2000 地形图图式》(GB/T 720257.1—2007)要求执行。

三、成果检查验收及资料提交

3.1　成果检查与验收

3.1.1　检查验收内容

检查验收内容包括控制成果、地形图图件、文字报告。

3.1.2　检查与验收方式

本项目成果质量实行二级检查、一级验收方式进行控制。即项目部对测绘产品进行全面的过程检查，在过程检查合格的基础上，由我院技术经营管理科对测绘产品进行最终检查。测绘产品经最终检查合格后，交甲方验收或由甲方委托具有资质的质量检验机构进行质量验收。项目组的过程检查比例为 100%，我院最终检查的比例为 30%。各级检查工作应独立按顺序进行，不得省略、代替或颠倒顺序。

3.2　资料提交

经最终检查合格或验收合格后，对存在的问题进行全面修改完善后，整理装订资料，由我院总工程师批准后向甲方提交全部测绘成果资料。提交的成果资料如下。

3.2.1　文字报告

1. 技术设计书 2 份。

2. 技术总结 2 份。

3.2.2　控制测量成果

控制点成果表 4 份。

3.2.3　图形资料

1. 1∶500 地形图分幅图纸质图 8 套。

2. 地形图电子版光盘 4 套。

附录3 GPS RTK测量技术规程

1. 总则

1.1 为了 GPS RTK 技术在治黄测绘及其他相关领域内推广应用，统一 RTK 作业方法、仪器使用要求、数据处理方法，特制定本规程。

1.2 本标准参照与引用的标准

1.2.1 《全球定位系统(GPS)测量规范》(GB/T 18314—2001)；

1.2.2 《全球定位系统城市测量技术规程》(CJJ 73—1997)；

1.2.3 《公路全球定位系统(GPS)测量规范》(JTJ/T 066—1998)；

1.2.4 《全球定位系统(GPS)测量型接收机检定规程》(CH 8016—1995)。

1.3 本规程适用于四等平面以下、等外水准控制测量、放样测量、地形测量(包括水下地形测量)、断面测量，以及当采用 RTK 技术辅助水文测验、河道冲淤监测时亦可参照本规程。

2. 术语

2.1 全球定位系统(GPS) Global Position System

GPS 是由美国研制的导航、授时和定位系统。它由空中卫星、地面跟踪监控站和用户站三部分组成，具有在海、陆、空进行全方位实时三维导航与定位能力。GPS 系统的特点是高精度、全天候、高效率、多功能、操作简便、应用广泛等。

2.2 实时动态测量(RTK) Real Time Kinematic

RTK 定位技术是基于载波相位观测值的实时动态定位技术，它能够实时地提供测站点在指定坐标系中的三维定位结果，并达到厘米级精度。在 RTK 作业模式下，基准站通过数据链将其观测值和测站坐标信息一起传送给流动站。流动站不仅通过数据链接收来自基准站的数据，还要采集 GPS 观测数据，并在系统内组成差分观测值进行实时处理。流动站可处于静止状态，也可处于运动状态。RTK 技术的关键在于数据处理技术和数据传输技术。

2.3 观测时段 Observation

测站上开始接收卫星信号到停止接收，连续观测的时间长度。

2.4 同步观测 Simultaneous Observation

两站或两站以上接收机同时对同一组卫星进行观测。

2.5 天线高 Antenna Height

观测时接收机相位中心到测站中心标志面的高度。

2.6 参考站 Reference Station

在一定的观测时间内，一台或几台接收机分别在一个或几个测站上，一直保持跟踪观测卫星，其余接收机在这些测站的一定范围内流动作业，这些固定测站就称为参考站。

2.7 流动站 Roving Station

在参考站的一定范围内流动作业，并实时提供三维坐标的接收机称为流动接收机。

2.8 世界大地坐标系 1984(WGS1984) World Geodetic System 1984

由美国国防部在与 WGS72 相关的精密星历 NSWC-9Z-2 基础上，采用 1980 大地参考数和 BIH1984.0 系统定向所建立的一种地心坐标系。

2.9 国际地球参考框架 ITRF YY International Terrestrial Refference Frame

由国际地球自转服务局推荐的以国际参考子午面和国际参考极为定向基准，以 IERS YY 天文常数为基础所定义的一种地球参考系和地心(地球)坐标系。

2.10 永久性跟踪站 Permanent Tracking Station

长期连续跟踪接收卫星信号的永久性地面观测站。

2.11 广域增强差分系统(WAAS) Wide Area Augmentation Differential GPS System

WAAS 系统是将主控站所算得的广域差分信号改正信息，经过地面站传输至地球同步卫星，该卫星以 GPS 的 L1 频率为载波，将上述差分改正信息当作 GPS 导航电文转发给用户站，从而形成广域 GPS 增强系统。美国已计划将 WAAS 发展成国际标准，是美国 GPS 现代化计划的一部分。

2.12 局域增强差分系统(LAAS) Local Area Augmentation Differential

GPS System 将基准站所算得的伪距差分和载波相位差分改正值、C/A 码测距信号，一起由地基播发站调制在 L1 频道上传输给用户站。

2.13 在航初始化(OTF) On The Flying

是整周模糊度的在航解算方法。

2.14 截止高度角 Elevation Mask Angle

为了屏蔽遮挡物(如建筑物、树木等)及多路径效应的影响所设定的角度阈值，低于此角度视野域内的卫星不予跟踪。

3. 坐标系统和时间系统

3.1 坐标系统

3.1.1 RTK 测量采用 WGS84 系统，当 RTK 测量要求提供其他坐标系(北京坐标或 1980 西安坐标系等)时，应进行坐标转换。

各坐标系的地球椭球和参考椭球基本参数，应符合表 1 的规定。

表 1 地球椭球和参考椭球的基本几何参数

项 目	WGS-84	1980 西安坐标系	1954 北京坐标系
长半轴 a(m)	6378137	6378140	6378245
短半轴 b(m)	6356752.3142	6356755.2882	6356863.0188
扁率 α	1/298.257223563	1/298.257	1/298.3
第一偏心率平方 e^2	0.00669437999013	0.00669438499959	0.00693421622966
第二偏心率平方 e'^2	0.006739496742227	0.00673950181947	0.00738525414683

3.1.2 坐标转换求转换参数时应采用 3 点以上的两套坐标系成果，采用 Bursa-Wolf、Molodenky 等经典、成熟的模型，使用 PowerADJ3.0、SKIpro2.3、TGO1.5 以上版本的通

用 GPS 软件进行求解，也可自行编制求参数软件，经测试与鉴定后使用。转换参数时应采用三参、四参、五参、七参不同模型形式，视具体工作情况而定，但每次必须使用一组的全套参数进行转换。坐标转换参数不准确可影响到 2～3cm 左右 RTK 测量误差。

3.1.3　当要求提供 1985 国家高程基准或其他高程系高程时，转换参数必须考虑高程要素。如果转换参数无法满足高程精度要求，可对 RTK 数据进行后处理，按高程拟合、大地水准面精化等方法求得这些高程系统的高程。

3.2　时间系统

3.2.1　RTK 测量宜采用协调世界时(UTC)。当采用北京标准时间时，应考虑时区差加以换算。这在 RTK 用作定时器时尤为重要。

4. RTK 测量技术设计

4.1　RTK 技术当前的测量精度(RMS)

平面 10mm+2ppm；

高程 20mm+2ppm。

4.2　RTK 测量可用于的测量工作

4.2.1　控制测量：RTK 技术可用于四等以下控制测量、工程测量的工作。

4.2.2　地形测量：采用 RTK，并配合一定的测图软件，可以测设各种地形图，如普通测图；线路带状地形图的测设；配合测深仪可以用于水下地形图；航海海洋测图等。RTK 外业可进行属性编码。

4.2.3　放样测量：将设计方案放样到实地。在外业可直接设计线路，增强了设计的应用范围。由于 RTK 在行进中不断计算测站位置、偏移量及填/挖方量，此时放样可以与设计很好地结合起来，从 RTK 硬件设备特性和观测精度、可靠性及可利用性综合考虑，现阶段 RTK 的测量技术要求如表 2 所示。

表 2　RTK 测量技术设计要求

等　级	精度要求	距离(km)	测回数
四等以下平面控制	最弱点位误差≤5cm 最弱边相对中误差≤1/4.5 万	≤8	≥3
等外水准	$30\sqrt{L}$	≤8	≥3
图根控制(测图控制、像控测量、放样、中桩测量等)	最弱点位误差≤5cm 最弱边相对中误差≤1/4000	≤10	≥2
地形测量	平面：图上 0.5mm 高程：1/3 等高距	≤10	≥1

4.3　RTK 的测量距离

4.3.1　由于 RTK 数据链的传播限制和定位精度要求，RTK 测量一般不超过 10km。各等级测量要求可按 4.1 节的测量计算某个测区的最长流动站距离。但在中小比例尺测图时，在等高距大于 2 米时，测距放宽至不大于 15km。当等高距小于 2m 时，应不大于 10km。但要注意下列要求：

(1) GPS 接收机的性能要高，且机内有先进的数学模型，能确保长基线进行正确整周未知数的求解。

(2) 数据链的性能要好，传送距离要远，能正确无误地将参考站的数据发送到流动站。

(3) 根据无线电传播的规律，参考站和流动站离地面要有一定的高差。

(4) 参考站和流动站之间不能有山体、楼群之类的遮挡，另外作业区域内还不能存在强烈的电磁波等干扰。

4.3.2 发射距离与电台天线的高度也有关系。由于参考站电台天线发射 UHF 波段差分信号电波，天线的高度对 RTK 测量距离影响很大，天线高与作用距离服从于下列公式：

$$D = 4.24 \times (\sqrt{I_1} + \sqrt{I_2})$$

式中 I_1 和 I_2 分别是基准站和流动站电台的天线高，单位为米；D 为数据链的覆盖范围的半径，单位为公里。上式是在无障碍物遮挡和无电波干扰的理想条件下的覆盖范围，实际应用中将会有所出入。根据测区大小，可设置不同的发射天线高度。

4.4 RTK 测量准备

4.4.1 测区内欲用作参考站的控制点应首先进行图上设计，分析 RTK 链的覆盖范围。如果某处距控制点过远，应加测高等级控制点，再进行 RTK 测量。

4.4.2 RTK 测量时应视测量目的、要求精度、卫星状况、接收机类型、测区已有控制点情况及作业效率等因素综合考虑，按照优化设计原则进行作业。

4.4.3 当测区内有 GPS 永久性跟踪站、国家 A 或 B 级网点、GPS 地壳形变监测点时，应首先选用作参考站点。

4.4.4 为了检验当前站 RTK 作业的正确性，必须检查一点以上的已知控制点，或已知任意地物点、地形点，当检核在设计限差要求范围内时，方可开始 RTK 测量。

5. 参考站的设置要求

5.1 点位要求

5.1.1 参考站的选择必须严格。因为参考站接收机每次卫星信号失锁将会影响网络内所有流动站的正常工作。

5.1.2 周围应视野开阔，截止高度角应超过15°；周围无信号反射物(大面积水域、大型建筑物等)，以减少多路径干扰，并要尽量避开交通要道、过往行人的干扰。

5.1.3 参考站应尽量设置于相对制高点上，以方便播发差分改正信号。

5.1.4 参考站要远离微波塔、通信塔等大型电磁发射源 200m 外，要远离高压输电线路、通信线路 50m 外。

5.2 参考站设置

5.2.1 参考站上仪器架设要严格对中、整平。

5.2.2 GPS 天线、信号发射天线、主机、电源等应连接正确无误。

5.2.3 严格量取参考站接收机天线高，量取二次以上，符合限差要求后，记录均值。

5.2.4 参考站的定向指北线应指向正北，偏离不得超过左右10°。对无标志线的天线，可预先设置标志位置，在同一测区内作业期间，应每次标志指向做到基本一致。

5.3 参考站运行期间作业要求

5.3.1 当为了节省控制器电量或用于流动站时，参考站在工作期间可关闭手持控制器后去掉。

5.3.2 尽管各 RTK 设备在设计时考虑到防水、防晒等因素，但作业时应尽量避免烈日暴晒或雨水淋湿。

5.3.3 参考站工作期间，工作人员不能远离，要间隔一定时间检查设备工作状态，对不正常情况及时作出处理。

5.3.4 由于参考站除了 GPS 设备耗电外，还要为 RTK 电台供电，可采用双电源电池供电，或采用汽车电瓶供电。条件许可时，可采用 12V 直流调变压器直接同市电网路连接供电。

6. 流动站的设置要求

6.1 流动站作业准备

6.1.1 在 RTK 作业前，应首先检查仪器内存或 PC 卡容量能否满足工作需要。

6.1.2 由于 RTK 作业耗电量大，工作前，应备足电源。

6.2 流动站作业要求

6.2.1 由于流动站一般采用默认 2m 流动杆作业，当高度不同时，应修正此值。

6.2.2 在信号受影响的点位，为提高效率，可将仪器移到开阔处或升高天线，待数据链锁定后，再小心无倾斜地移回待定点或放低天线，一般可以初始化成功。

6.2.3 在穿越树林、灌木林时，应注意天线和电缆勿挂破、拉断，保证仪器安全。

6.3 流动站内置软件的一般功能要求

6.3.1 三差模型求定近似坐标。

6.3.2 双频动态解求整周模糊度。

6.3.3 根据相对定位原理，实时解算 WGS-84 坐标。

6.3.4 根据给定的坐标转换参数，给出任务(项目)要求的坐标系内坐标。

6.3.5 坐标精度的评定。

6.3.6 测量结果的实时显示和绘图(示意)。

6.3.7 失锁后的重新初始化。

6.3.8 数据 I/O 端口。

6.4 流动站用作 GIS 采集器时的技术要求

6.4.1 当 RTK 将功能扩展向 GIS 采集器时，要实时输入点位属性、文件和定位有关信息，并且实时存储时间有关信息。不同的 RTK 类型对属性输入要求不同，要根据不同的 GIS、CAD 软件要求设置不同的数据格式。

6.4.2 当 RTK 用于 GIS 采集器时(主要是 GIS 空间和属性数据)，应有下列主要特征：

(1) 轻巧便携，尽量减少劳动强度；

(2) 精度适中，根据不同的测量地形图要求选用不同的 RTK 设备；

(3) 操作简便，简约式操作，效率要高；

(4) 属性功能：采集点的类别、种类、高度、坡度、植被覆盖情况、设施使用情况、归属等文字或数字信息；

(5) 处理简单，与 GIS 数据库接口良好，支持国际、国内通用 GIS 软件格式；

(6) 数据字典，内容丰富，分类详细。

7. RTK 作业

7.1 RTK 作业基本条件要求

7.1.1 RTK 作业的基本条件要求如表 3 所示。

表 3 RTK 观测的基本条件要求

观测窗口状态	卫 星 数	卫星高度角	PDOP 值
良好窗口	≥5	20° 以上	≤5
勉强可用的窗口	4	15° 以上	≤8
避免观测的窗口	4	15° 以上	≥8
不能观测的窗口	≤3		

7.1.2 RTK 作业应尽量在天气良好的状况下作业，要尽量避免雷雨天气。夜间作业精度一般优于白天。

7.2 卫星预报

7.2.1 RTK 作业前要进行严格的卫星预报，选取 PDOP<6，卫星数>6 的时间窗口。编制预报表时应包括可见卫星号、卫星高度角和方位角、最佳观测卫星组、最佳观测时间、点位图形几何图形强度因子等内容。

7.2.2 卫星预报表的有效期以 20 天为宜，当超过 20 天时，应重新采集一组新的概略星历进行预报。

7.2.3 卫星预报时应采用测区中心的经纬度。当测区较大时，应分区进行卫星预报。

7.3 RTK 测量初始化

7.3.1 RTK 测量必须在完成初始化后才能进行。初始化可以采用静态、OTF 两种。初始化时间长短与距参考站的距离有关，两者距离越近，初始化越快。

7.3.2 推荐静态初始化，只有在运动状态下才进行 OTF 初始化。OTF 方式一般在测量船、汽车等运动载体上使用。

7.4 RTK 作业时设备启动状况基本要求

7.4.1 开机后经检验有关指示灯与仪表显示正常后，方可进行自测试并输入测站号(测点号)、仪器高等信息。

7.4.2 接收机启动后，观测员可使用专用功能键盘和选择菜单，查看测站信息接收卫星数、卫星号、卫星健康状况、各卫星信噪比、相位测量残差实时定位的结果及收敛值、存储介质记录和电源情况，如发现异常情况或未预料情况，并及时作出相应处理。

7.5 RTK 观测期间的作业要求

7.5.1 不得在天线附近 50m 内使用电台，10m 内使用对讲机。

7.5.2 天气太冷时，接收机应适当保暖；天气太热时，接收机应避免阳光直接照晒，确保接收机正常工作。

7.5.3 RTK 作业期间，参考站不允许下列操作：

(1) 关机又重新启动。

(2) 进行自测试。

(3) 改变卫星截止高度角或仪器高度值、测站名等。

(4) 改变天线位置。

(5) 关闭文件或删除文件等。

7.5.4 RTK 工作时，参考站可记录静态观测数据，当 RTK 无法作业时，流动站转换快速静态或后处理动态作业模式观测，以利后处理。

7.5.5 在流动站作业时，接收机天线姿态要尽量保持垂直(流动杆放稳、放直)。一定的斜倾度，将会产生很大的点位偏移误差。如当天线高 2m，倾斜 10° 时，定位精度可影响 3.47cm。

$$\Delta S=20*\sin 10=3.47\text{cm}$$

7.5.6 RTK 观测时要保持坐标收敛值小于 5cm。

7.6 RTK 测量放样

7.6.1 放样主要进行下列 RTK 工作。

(1) 测线设计(既可在计算机上设计，也可在手簿上设计)。

(2) 基准站设置和参数输入。

(3) 流动站设置和参数输入。

(4) 按设计测量和采点(线路放样时测线上按线路测量和采点)。

(5) 查看卫星可见状况显示，自动接受或用户自定义容差，均方根误差(RMS)显示。

(6) 图解式放样，通过前后、左右偏距控制，能快速完成放样工作。

(7) 存储点名、点属性与坐标。

7.7 RTK 断面测量

7.7.1 RTK 断面测量的工作流程如下：

(1) 建立工作项目。

(2) 进行 RTK 测量，记录点名、点位属性信息及三维坐标信息。

(3) 将接收机控制器中的数据传输到微机中。

(4) 进行观测点的筛选，删除不必要的观测点。

(5) 形成纵断面和横断面数据文件，根据设计需要，可进一步建立断面测量资料数据库、DEM 模型、制作 DLG 图。

7.8 RTK 水下地形测量

7.8.1 RTK 配合数字测深仪进行水下地形测量时，应保证 RTK 与测深仪采集信息同步，根据不同要求进行验潮或非验潮模式下的水深测量。

7.8.2 RTK+测深仪进行水下地形测量时，系统主要由三部分组成。

(1) 基台分系统：基准控制中心(一般设置于岸上)负责计算差分改正数，记录载波相位等数据，传送基准台定位数据及改正数信息。

(2) 流动台分系统：流动台负责位置、航向测量，接收 GPS 定位信号、GPS 差分改正数，记录定位数据、载波相位数据等，利用航向及距离数据推算目标上其他作业点的准确地理位置。

(3) 事后处理分系统：负责实时记录 GPS 接收机的定位数据，并事后对记录数据进行处理，得到高精度位置。

7.8.3　由 RTK 与数字测深仪组成的自动控制水下测量系统的一般功能：

(1) 驱使系统同步采集各观测数据。

(2) 导航图形和采集数据实时显示。

(3) 差分数据处理和坐标系转换。

(4) 数据编辑。

(5) 图形文件的生成和输出。

(6) 能够校核 RTK 与测深仪之间的数据延迟。

(7) 能够进行接口参数设置：接口号、传输率、数据位、记录速率及文件格式的选择。

7.8.4　水下地形测量的标准配置是：GPS 接收机 2 套(最好基准站、移动站可互换)、电台 2 套、水上测量/导航软件 1 套、测量控制手簿 2 套、后处理软件一套(动、静态解算和平差、坐标转换)、笔记本电脑一部。

7.8.5　在水下地形测量时，如需进行验潮位测量，可首先用 RTK 设置于验潮船上，实时测量水位后将改正值输入系统软件，再进行水下地形测量工作。

7.8.6　在 RTK 测量水下地形时，为了保持数据链的连续，应尽量保持测量船匀速，不出现显著的加速度。

7.9　RTK 测量误差源

RTK 测量主要有仪器误差、软件解算误差、对中(对点)误差、基站坐标传算误差、不同时刻卫星状态和观测条件引起的误差等，在观测过程中要注意采取一定的措施克服上述误差。

7.10　RTK 测量过程中注意事项

7.10.1　参考站和流动站的项目(任务)设置参数应准确无误。根据不同仪器类型而设置不同，作业时要严格按各仪器配套操作手册要求进行参数设置。

7.10.2　流动站接收机只有经过初始化完成后才能进行 RTK 测量，初始化分静态初始化或 OTF 两种。控制测量、放样测量宜采用静态初始化(快速静态或在已知点上)，地形点测量可采用 OTF 初始化。

7.10.3　由于 RTK 测量有时会出现点位坐标漂移误差，当按设计要求进行 RTK 作业时，在距离和测回数都按设计掌握时，仍有部分测点超限时，只有通过减小测距和增加测回数加以解决。

8. RTK 仪器设备的技术要求

8.1　RTK 基本配置要求

8.1.1　参考站的基本配置要求

双频 RTKGPS 接收机，双频天线和天线电缆，基准站数据链电台套件，基准站控制件(计算机控制、显示和参数设置等)，脚架、基座和连接器，仪器运输箱等。

8.1.2　流动站的基本配置要求

RTK GPS 接收机，双频 GPS 天线和天线电缆，流动站数据链电台套件，手持计算机控制或数据采集器(含各种实用软件)，手簿托架，2m 流动杆，流动站背包，仪器运输箱等。

8.1.3　数据链的基本配置：由调制解调器和电台组成。数据链频率可调，发射天线通常应分为鞭状天线与 1/2 波长天线两种。

8.2　RTK 接收机的一般标称精度要求

8.2.1　RTK 的定位精度一般为平面 10mm+2ppm，高程 20mm+2ppm。

8.2.2　RTK 作用距离：标称：15km；一般应为：6-10km(与当地环境有关)。

8.2.3　在中国沿海有信标地区，实时 DGPS 定位精度 1m，DGPS 作业距离 50km。

8.3　RTK 主要物理性能要求

8.3.1　标准 12V 电源(推荐)，功耗低。

8.3.2　体积小，重量轻。

8.3.3　工作温度范围大，并防水、防尘、防晒、防震。

8.3.4　有功能强劲的处理软件。

8.3.5　冷启动：60 秒，热启动：10 秒，再捕获：1 秒。

8.3.6　存储器容量大(最好是内存与 PC 卡都有)。

8.3.7　定位数据更新速率：10 次/秒。

8.3.8　数据输出有 RTCM-SC104、NMEA 0183 两种格式。

8.3.9　参考站或流动站可以互换(建议)。

8.3.10　24 通道 C/A 码、P 码及 L1/L2 载波相位接收机。

8.4　建议的扩展功能和特点

8.4.1　具备 L2 上 C/A 码、第三个民用 GPS 频道 L5、WAAS、INMARSAT 等功能，并内置 WAAS 和 EGNOS。

8.4.2　双频系统(GPS+GLONASS)。

8.4.3　操作方便、性能稳定可靠、故障率低、可靠性高(优于 99.99%)。

8.4.4　数据链能同时支持多种数据通信手段接收来自参考站的信息。如 UHF、GSM 信号方式或者任意通信方式的组合来建立数据链的系统。

8.4.5　RTK 测量在 30km 范围内精度可达到 2cm 以下。

8.4.6　可连接其他外部测量设备，形成超站仪。

8.5　RTK 随机后处理软件性能要求

8.5.1　应有的主要功能模块：系统配置设置、作业计划、项目管理、数据输入、数据处理、椭球设置、地图投影、地球模型、处理报告、网的设计与最小二乘平差、代码和属性清单、调阅与编辑、坐标转换、GIS、CAD 输出。

8.5.2　从软件工程设计角度要求

(1) 软件应为多用户、多界面的操作系统。

(2) 输出数据格式可以用户定义，可兼容其他品牌 GPS 的数据，可直接输出其他应用软件的数据格式，不需编制格式转换软件。

(3) 数据处理能以自动和人工两种方式进行。

(4) 能够对数据成果进行科学的整体评价。

8.5.3　有关操作手册、说明书齐全。

8.6　RTK 设备的检验与维护

可按《全球定位系统(GPS)测量型接收机检定规程》(CH 8016—1995)有关规定执行。

9. 数据后处理

9.1 数据下载

RTK 数据下载一般采用随机接收机配备的商用软件。下载信息应包括点名、三维坐标、点属性、坐标残差等信息。

9.2 数据检查、分析

根据精度要求和实际情况、软件的功能和精度，分析下载的数据，查看是否各测回值满足要求，收敛误差满足要求等，点属性是否齐全。

9.3 重测与补测

当一个点或一组点成果经检查达不到设计要求时，必须进行重测或补测。重、补测应按原设计方法、精度要求进行。

9.4 编辑与输出

对多测回数据求平均值后，编辑成一定格式，或制作表格直接输出，或制成 GIS 数据源产品，提供 GIS 数据库使用。

10. RTK 技术推广应用的一般原则

10.1 RTK 技术推广应用的基本思想

10.1.1 RTK 技术的推广应用应遵循 RTK 的工作原理、基本性能、精度指标而定，当作为完整的系统化解决方案(Total Systematic Solution)的定时器、定位器 OLE 附件时，要考虑与其基本功能特点相适应。

10.1.2 GPS 差分定位技术可分为单基准站差分(微型网)、多基准站的局域差分(局域网 LADGPS)和广域差分(广域网 WAAS)。广域、局域、微型 GPS 差分网络是至关重要的 GPS 整体解决方案。而 RTK 技术是基于微型网技术，它只在较小的区域范围内使用。

10.1.3 目前，一些新的 RTK 设备已经具有 USB 传输功能、红外数据传输功能和蓝牙(BlueTooth)功能等一些新的功能特点，RTK 操作应向个性化、实用化方向发展。

10.2 RTK 技术的推广应用的主要方向

10.2.1 双星系统(GPS+GLONASS 双系统导航定位)是 GPS RTK 发展的热点，它可接收 14～20 颗卫星，是常规 RTK 所无法比拟的，该技术使 GPS 设备具备最短时间达到厘米级精度的能力与最强的抗干扰遮挡能力。

10.2.2 VRS(Virtual Reference Station，虚拟参考站)正在改善着 RTK 定位的质量和距离，增强 RTK 的可靠性，并减少 OTF 初始化的时间。VRS 技术，可以在 50km 左右时使 RTK 定位平面位置精度为 1～2cm，并无需设立自己的基准站。其应用领域将逐渐涵盖陆地测量、地籍测量、航空摄影测量、GIS、设备控制、电子和煤气管道、变形监测、精准农业、水上测量、环境应用等诸多领域。

10.2.3 GPS 为代表的卫星导航应用产业已成为当今国际公认的八大无线产业之一，是全球发展最快的三大信息产业(蜂窝网 Mobile cellular/PCS、互联网 Internet/Intranet/Extranet 和全球定位系统 GPS)之一。GPS 与计算机、通信、GIS、RS 等技术的集成与融合必将使 GPS 技术的应用领域得到更大范围的拓广。我们必须立足于“三条黄河”建设，充分利用 GPS 技术，发挥高新技术 RTK 的独特优势，为治黄服务。

11. 成果检验

11.1 由于 RTK 技术目前正处于推广应用阶段，外业工作应加强对 RTK 成果的检验。对 RTK 成果的外业检查可以采用下列方法进行：

(1) 与已知点成果的比对检验。

(2) 重测同一点的检验。

(3) 已知基线长度测量检验。

(4) 不同参考站对同一测点的检验。

11.2 在进行 RTK 作业时，应认真总结作业方法，统计测量精度，做好测量报告的编写工作，以便完善 RTK 操作规程。

11.3 RTK 成果的最终检查验收可按有关具体的规范标准与特定设计书要求进行。

11.3.1 《测绘产品检查验收规定》(CH 1002—1995)；

11.3.2 《测量产品质量评定标准》(CH 1003—1995)；

11.3.3 各测区技术设计书。

附录 4　数字地形图产品基本要求(GB/T 17278—2009)

1. 范围

本标准规定了数字地形图产品的分类、构成、产品标识、内容结构、数据质量等方面的基本要求。

本标准适用于数字地形图产品的研制与生产，其他数字地图产品可参照执行。

2. 规范性引用文件

下列文件中的条款通过本标准的引用而成为本标准的条款。凡是注明日期的引用文件，其随后所有的修改单(不包括勘误的内容)或修订版均不适用于本标准，然而，鼓励根据本标准达成协议的各方研究是否可使用这些文件的最新版本。凡是不注明日期的引用文件，其最新版本适用于本标准。

GB/T 7408　数据元和交换格式　信息交换　日期和时间表示法(GB/T 7408—2005，ISO 8601:2000，IDT)

GB/T 13923　基础地理信息要素分类与代码

GB/T 13989　国家基本比例尺地形图分幅和编号

GB/T 14268—2008　国家基本比例尺地形图更新规范

GB/T 16820　地图学术语

GB/T 17694—2009　地理信息术语(ISO 19104:2008，IDT)

GB/T 17798　地理空间数据交换格式

GB/T 17941　数字测绘成果质量要求

GB/T 18316　数字测绘成果质量检查与验收

GB/T 19710　地理信息元数据(GB/T 19710—2005，ISO 19115:2003，MOD)

GB/T 20257　国家基本比例尺地图图式

GB/T 20258　基础地理信息要素数据字典

GB/T 21336　地理信息　质量评价过程(GB/T 21336—2008，ISO 19114:2003，MOD)

GB/T 21337　地理信息　质量原则(GB/T 21337—2008，ISO 19113:2002，IDT)

GB/T 22022　地理信息　时间模式(GB/T 22022—2008，ISO 19108:2002，IDT)

GB/T 23707　地理信息　空间模式(GB/T 23707—2009，ISO 19107:2003，IDT)

CH/T 1007　基础地理信息数字产品元数据

3. 术语和定义

GB/T 16820、GB/T 17694—2009 确立的及下列术语和定义适用于本标准。

3.1　地图 map

按一定的数学法则，使用符号系统、文字注记，以图解的、数字的或多媒体等形式表示各种自然和社会经济现象的载体。

[GB/T 16820]

3.2　普通地图　general map

综合反映地表的一般特征，包括主要自然地理和人文地理要素，但不突出表示其中的某一种要素的地图。

[GB/T 16820]

3.3　地形图　topographic map

表示地表居民地、道路网、水系、境界、土质与植被等基本地理要素且用等高线等表示地面起伏的普通地图。

[GB/T 16820]

3.4　数字地形图　digital topographic map

以数字形式表示的地形图。

3.5　地图符号库　map symbol base

按照预定结构组织成的供地图编制选用的各种地图符号的数据信息的集合。

[GB/T 16820]

3.6　要素　feature

现实世界现象的抽象。

[GB/T 17694—2009]

注：要素可以是类型或实例出现。当只表达一种含义时，应使用要素类型或要素实例。

3.7　要素属性　feature attribute

要素的性质。

[GB/T 17694—2009]

示例 1：一个名为“颜色”的要素属性有一个属于“文本”数据类型的属性值“绿色”。

示例 2：一个名为“长度”的要素属性有一个属于“实型数”数据类型的属性值“82.4”。

注 1：要素属性包括名称、数据类型和与其相关的值域。要素实例的要素属性也有一个从值域中获得的属性值。

注 2：在要素目录中，要素属性可以包括一个值域，但并不列举要素实例的属性值。

4. 数字地形图产品分类

4.1　按产品类别分类

数字地形图产品按产品类别分为基本产品和非基本产品。

基本产品：数字形式的符合相应测绘标准规范的国家基本比例尺地形图。

非基本产品：内容包括地形图上主要要素，可复合影像或晕渲等成果；形式上根据需求设计表达方式和比例尺的数字地形图。

4.2　按数据结构分类

数字地形图按数据结构分为

a) 矢量；

b) 栅格；

c) 矢栅混合。

4.3 按空间范围分类

a) 标准分幅

标准分幅按 GB/T 13989 执行。

b) 非标准分幅

根据需求进行分幅，包括按行政区域、自然区域及其他区域分幅。

示例 1：按行政区域分幅，如按省级区域或县级区域。

示例 2：按自然区域分幅，如按流域。

示例 3：按其他区域分幅，如按自然保护区。

5. 数字地形图产品构成

数字地形图产品应由数据集、数据说明、演示软件(可选)等构成。

数据集的要求见(该标准的)第 9～14 章，数据说明的要求见第 6 章、第 7 章、第 8 章、第 15 章、第 16 章，演示软件的要求见第 17 章。

6. 产品概述

产品概述是对数字地形图的概要描述，主要包括以下几方面：

a) 产品(包括系列产品)的名称、适用范围、服务对象；

b) 产品的数学基础、比例尺、格式；

c) 产品的内容及其分类代码；

d) 覆盖范围；

e) 数据源和数据处理的一般过程。

7. 产品覆盖范围

数字地形图的覆盖范围包括地理空间和时间两部分。

7.1 地理空间范围

7.1.1 平面覆盖范围

数字地形图的地理空间范围可用以下几种方式描述：

a) 用地理坐标描述。

示例：经度 114° ～120° 纬度 36° ～40° 。

b) 用数字地形图图上直角坐标描述(应明示参照系、坐标系统、地图投影及其参数)。

c) 用覆盖范围区多边形坐标串描述，给出多边形闭合坐标串。

d) 用相关的地理标识范围描述。

示例：山东省；长江流域；××市及周边地区等。

e) 用地形图图号描述。

地形图图号描述应按 GB/T 13989 执行。

示例：J50。

f) 用索引图方法描述。

用各类索引地图表示数字地形图的地理(平面)范围。示例见附录 A。

7.1.2 高程覆盖范围

描述高程覆盖范围时应明示高程基准，高程范围的度量单位描述应采用米(m)。

示例：1985 国家高程基准，2350～8180m。

7.2　时间覆盖范围

数字地形图信息内容时间覆盖范围一般用 GB/T 7408 指定使用的公历、24h 计时制和国际协调时间(UTC)，及其他时间表示法。

示例：1985-04-12——1986-04-12。

8. 产品标识

数字地形图的产品标识应包括以下内容。

——产品名称：数据产品的名称；

——产品主题：数据产品的主题；

——产品简介：对数据产品内容简短的叙述性综述；

——产品目的：生成数据产品用途的综述；

——产品覆盖范围描述：数字地形图覆盖地理区域的范围；

——产品空间分辨率：数字地形图的比例尺或栅格数字地形图的分辨率；

——产品数据结构：数据的物理格式；

——产品密级：产品保密等级；

——日期：生产日期(或编号)或生产批号；

——产品附加信息：对数据产品的其他描述信息，例如版本和时间信息、产品版权信息等。

产品标识应简洁，原则上应能在产品包装中完整标识，在网络中传输的数字地形图的产品标识宜在一个网页中完整标识。

9. 内容和结构

9.1　矢量数字地形图

9.1.1　数据组织

一个矢量数字地形图按空间区域范围，可以划分为一个或多个分区，每个分区包括产品所覆盖的全部区域或一个子区域的信息。分区可以按政区、经纬度、图幅等多种方式划分。例如：覆盖某省区的数字地形图，按政区可以分为多个县级子区域，宜用示意图方式描述产品的分区，示例见附录 A。

一个矢量数字地形图按要素内容可以分为一个或多个图层。

示例：基于地形图的数字线划地图分为境界、交通、居民地、水系等多层，宜用表格方式描述产品分层，示例见附录 B。

9.1.2　要素

矢量数字地形图是基于要素的。图层由要素构成。

9.1.2.1　要素分类代码与属性

数字地形图要素分类代码应包括名称、定义和代码，可包括要素作用、要素属性名、要素关系等内容。数字地形图基本产品的要素分类代码按 GB/T 13923 执行。

数字地形图要素的要素属性的规定应包括名称、定义、数据类型、值域，可包括代码、数据单位、值域类型等内容。如果值域是枚举型的应枚举全部值。数字地形图基本产品的要素属性按 GB/T 20258 执行。

数字地形图中各类要素标识码应根据产品的用途和内容采用相应的国家标准代码，在没有国家标准时，可采用相应的行业代码或由生产者与用户商定自行编制代码。产品要素内容分类与分类代码应明示在产品说明中。

9.1.2.2　要素几何表达

宜采用 GB/T 23707 中定义的点、曲线、曲面、体几何单形及节点、边、拓扑面、拓扑体拓扑单形对要素进行几何表达。

9.1.2.3　要素时间位置表达

时间位置表达是对象的时间组成部分的数字描述，宜采用 GB/T 22022 中定义的时刻和时段几何单形对要素进行时间表达。

9.2　栅格数字地形图

9.2.1　格网单元属性

格网单元属性(cell attribute)表示单元中心位置附近的主要特征，例如：

——格网单元属性表示单元中心位置特征；

——格网单元属性表示单元西南角位置特征；

——格网单元属性表示单元内平均特征等。

栅格数字地形图格网单元属性表达的位置特征应明示在相关数据说明中。

9.2.2　头文件

头文件包括数字地形图的定位信息，应包括：字符顺序；文件中段的结构；横向方向的格网单元行数；纵向方向的格网单元列数；分层(或：波段)数；格网单元的字节数；无数据区的数值；文件定位坐标(如：起始格网单元坐标)；横向和纵向格网单元宽度等内容。

9.2.3　属性的描述

栅格数字地形图属性是格网单元的值。

示例：模拟(纸制)地图经扫描、几何纠正及色彩归化后形成的数字栅格地图(DRG)用 R=78，G=125，B=208(蓝色)作为格网单元值表示水涯线和线状水系。

9.3　矢栅混合的数字地形图

矢量和栅格两种数据叠加的数字地形图坐标系统、地图内容和位置精度应相互协调一致，各类数据的内容及结构要求分别见(本标准)9.1、9.2 节。

注：影像地形图与晕渲地形图是矢栅混合的数字地形图的实例。

10. 参照系

10.1　空间参照系

数字地形图基本产品所采用的大地坐标系、高程基准及深度基准应符合国家相关规定。

数字地形图基本产品投影：

a) 1∶1000000 采用正轴等角割圆锥投影。

b) 1∶25000～1∶500000 采用高斯—克吕格投影，按 6° 分带。

c) 1∶5000～1∶10000 采用高斯—克吕格投影，按 3°分带。

d) 1∶500～1∶2000 采用高斯—克吕格投影，按 3°分带。亦可选择任意经度作为中央经线的高斯—克吕格投影。

数字地形图非基本产品的空间参照系根据用户要求确定，应描述以下内容。

a) 椭球体名称和/或椭球体参数。

示例：a(赤道半径)=6378137m，f(扁率)=1/298.257222101。

b) 坐标系的名称。

示例：2000 国家大地坐标系(CGCS2000)。

c) 地图投影的名称及其参数。

示例 1：高斯投影，6°分带，东移 500km；

示例 2：双标准纬线等积圆锥投影，中央经线 106°，第一标准纬线 39.5°，第二标准纬线 40°。

10.2　时间参照系

在需要时，数字地形图中规定的时间参照系应采用在 GB/T 22022 中定义的参照系统，其包括三种公共时间参照系类型：日历(在高分辨率时与时钟一起使用)、时间坐标系统和顺序时间参照系。

11. 数据获取

数字地形图的制图资料和数据源应具有权威性。

应根据产品需求对数字地形图及其制图资料的时效性(现势性)作出要求。在同一产品中可对不同的制图要素制定不同的时效性的要求。

各类数字地形图宜选用最新的国家基本比例尺地形图或国家基础地理信息系统系列比例尺数据库信息作为基础信息。

通过制图资料采集的数据，应符合相应的测绘技术规范。

12. 数据质量

12.1　基本要求

数字地形图质量要求的制定宜按 GB/T 21337、GB/T 21336 执行。

数字地形图基本产品质量应符合 GB/T 17941 的要求。

数字地形图产品质量检查与验收应符合 GB/T 18316 的要求。

非基本产品质量应根据产品性质和规范及用户需求做相应规定。

12.2　位置精度

12.2.1　平面位置精度

12.2.1.1　基本产品平面位置精度

地物点对最近野外控制点的图上点位中误差不得大于表 1 的规定。特殊和困难地区地物点对最近野外控制点的图上点位中误差按地形类别放宽 0.5 倍。

表 1　平面位置精度　　单位：毫米

地形图比例尺	平地、丘陵地	山地、高山地
1：500~1：2000	0.6	0.8
1：5000~1：100000	0.5	0.75
1：250000~1：1000000(编绘法)	用于编绘的原图应符合精度要求	

12.2.1.2　非基本产品平面位置精度

非基本产品平面位置精度应根据产品性质和规范及用户需求做相应规定。

12.2.2　高程精度

12.2.2.1　基本产品高程精度

高程注记点、等高线对最近野外控制点的高程中误差不得大于表 2 的规定。特殊和困难地区高程中误差可按地形类别放宽 0.5 倍。

表 2　高程精度　　单位：米

		平　地	丘陵地	山　地	高山地
1：500	注记点	0.2	0.4	0.5	0.7
	等高线	0.25	0.5	0.7	1.0
1：1000	注记点	0.2	0.5	0.7	1.5
	等高线	0.25	0.7	1.0	2.0
1：2000	注记点	0.4	0.5	1.2	1.5
	等高线	0.5	0.7	1.5	2.0
1：5000	注记点	0.35	1.2	2.5	3.0
	等高线	0.5	1.5	3.0	4.0
1：10000	注记点	0.35	1.2	2.5	4.0
	等高线	0.5	1.5	3.0	6.0
1：25000	注记点	1.2	2.0	3.0	5.0
	等高线	1.5	2.5	4.0	7.0
1：50000	注记点	2.5	4.0	6.0	10.0
	等高线	3.0	5.0	8.0	14.0
1：100000	注记点	5.0	8.0	12.0	20.0
	等高线	6.0	10.0	16.0	28.0
1：100000～1：1000000		用于编绘的原图应符合精度要求			

12.2.2.2　非基本产品高程精度

非基本产品高程精度应根据产品性质和规范及用户需求做相应规定。

12.2.3　最大误差

基本产品以两倍中误差为最大误差。

非基本产品最大误差应根据产品性质和规范及用户需求做相应规定。

12.3　基本等高距、高程注记点密度

基本产品基本等高距(1∶1000000 数字地形图除外)依据地形类别划分，按表 3 规定执行。

表 3　基本等高距　　单位：米

图比例尺	平 地	丘 陵 地	山 地	高 山 地
1∶500	1.0(0.5)	1.0	1.0	1.0
1∶1 000	1.0	1.0	1.0	2.0
1∶2 000	1.0	1.0	2.0(2.5)	2.0(2.5)
1∶5 000	1.0	2.5	5.0	5.0
1∶10 000	1.0	2.5	5.0	10.0
1∶25 000	5(2.5)	5	10	10
1∶50 000	10(5)	10	20	20
1∶100 000	20(10)	20	40	40
1∶250 000	50	50	100	100
1∶500 000	100	100	200	200

1∶1000000 数字地形图等高距为：高度 0～2000m，等高距为 200m，并加绘 50m 等高线；高度 2000m 以上，等高距为 250m。

当地势十分平坦或用图需要时，基本等高距可选用括号内的数值，其高程精度通过比例换算确定。

高程注记点密度为图上每 $100cm^2$ 内 8～20 个。

13.　维护

数字地形图基本产品更新周期参照 GB/T 14268—2008 规定。

数字地形图非基本产品宜根据产品内容和要求，按需要周期或不定期进行数字地图产品更新。

14.　图示表达

数字地形图基本产品要素的图示表达应符合 GB/T 20257 的规定。

由两种或两种以上基本产品经内容选取合成的非基本产品，应综合兼顾派生因素的表达效果和用户需求。数字影像地形图和数字晕渲地形图，在用户需求以影像和高程信息为主时，宜从选取数量和表达方式上，适当淡化矢量信息突出用户需求，当用户需求仅将影像与高程信息作为背景时，宜将其放在第二平面，突出展示矢量信息。

15. 分发

a) 数字地形图产品分发时应描述下列信息：

——格式名称：数据存储格式。数字地形图宜采用 GB/T 17798 的格式。在采用非国家标准格式和常用格式时，应详细描述产品的格式，宜提供格式转换工具。

——文件结构：数据存储目录。

——语言：数据属性及描述所使用的语言。

——分发单元：分幅、分区的空间范围。

——传输大小：数据量大小。

——介质名称：存储数据的介质。

——其他分发信息：对数据产品的其他描述信息。

b) 数字地形图产品以光盘为主要存储介质，也可使用磁盘、磁带等，不涉密的数字地形图产品亦可在网络上传输使用。外包装上应包括产品的名称、类别、数学基础、比例尺、数据格式、内容及覆盖范围等内容。

16. 元数据

数字地形图元数据应基于 GB/T 19710 结合具体的成果类型确定具体成果的元数据内容。

数字地形图基本产品元数据应符合 CH/T 1007 的规定。

17. 演示软件

有演示软件的数字地形图，其演示软件宜具备图形(图像等)显示、要素内容检索查询、生成统计图表等方面的功能。

18. 密级

数字地形图应包含密级要求，密级的划分按国家有关的保密规定执行。

附录 A(资料性附录)

索引图表示数字地形图的地理(平面)范围与分区实例

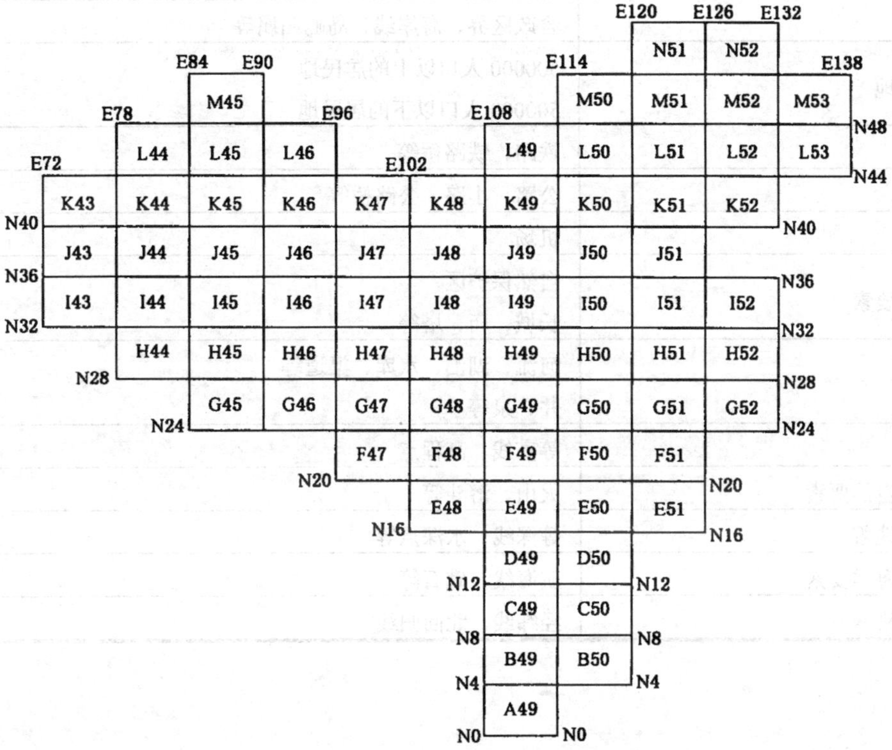

								N51	N52	
		M45					M50	M51	M52	M53
	L44	L45	L46			L49	L50	L51	L52	L53
K43	K44	K45	K46	K47	K48	K49	K50	K51	K52	
J43	J44	J45	J46	J47	J48	J49	J50	J51		
I43	I44	I45	I46	I47	I48	I49	I50	I51	I52	
	H44	H45	H46	H47	H48	H49	H50	H51	H52	
		G45	G46	G47	G48	G49	G50	G51	G52	
				F47	F48	F49	F50	F51		
					E48	E49	E50	E51		
						D49	D50			
						C49	C50			
						B49	B50			
						A49				

E72 E78 E84 E90 E96 E102 E108 E114 E120 E126 E132 E138

N0 N4 N8 N12 N16 N20 N24 N28 N32 N36 N40 N44 N48

图 A.1　中国数字地图 1：1000000 国标版覆盖范围及分区

附录 B(资料性附录)

中国数字地图 1：1000000 国际版 2002 版矢量数据逻辑分层表

要素名	主要内容
政区	含政区界、海岸线、岛屿归属等
居民地	500000 人口以上的居民地 500000 人口以下的居民地
铁路	铁路、铁路桥等
公路	公路、小路、公路桥等
机场	机场
文化要素	自然保护区 长城、庙、塔等
水系	河流、湖泊、水库、渠道等 井、泉等
地形	等高线、高程点
其他自然要素	火山、溶斗等
海底地貌	等深线、水深点等
其他海洋要素	航海线、礁石等
地理格网	经纬线、北回归线

参考文献

[1] 杨晓明，苏新洲. 数字测绘基础[M]. 北京：测绘出版社，2005.

[2] 冯大福. 数字测图[M]. 重庆：重庆大学出版社，2010.

[3] 杨晓明，王军德，时东玉. 数字测图[M]. 北京：测绘出版社，2005.

[4] 须鼎兴，倪涵，虞润身. 电子测量仪器原理及应用技术[M]. 上海：同济大学出版社，2002.

[5] 潘正风，杨正尧，程效军，等. 数字测图原理与方法[M]. 武汉：武汉大学出版社，2004.

[6] 和青芳. 计算机图形学原理及算法教程[M]. 北京：清华大学出版社，2006.

[7] 中华人民共和国质量监督检验检疫总局，中国国家标准化管理委员会. GB/T 21740—2008 基础地理信息城市数据库建设规范[S]. 北京：中国标准出版社，2008.

[8] 中华人民共和国建设部. CJJ 8—99.城市测量规范[S]. 北京：中国建筑工业出版社，1999.

[9] 国家测绘局. CH/T 1007—2001.基础地理信息数字产品元数据[S]. 北京：测绘出版社，2001.

[10] 中华人民共和国质量监督检验检疫总局，中国国家标准化管理委员会. GB/T 18316—2008 数字测绘成果质量检查和验收[S]. 北京：中国标准出版社，2008.

[11] 中华人民共和国质量监督检验检疫总局，中国国家标准化管理委员会. GB/T 21139—2007 基础地理信息标准数据基本规定[S]. 北京：中国标准出版社，2007.

[12] 李大超，葛文. 城市地形图数据库的建设与发展[J]. 城市勘测，2004，4.

[13] 张宜方. 城市基础地理信息系统矢量地形数据建库研究[D]. 南京师范大学，2006.

[14] 熊湘琛. 城市基础矢量地形数据建库与增量更新研究[D]. 中山大学，2009.

[15] 常永青. 大比例尺矢量地形图数据质量监控和处理[D]. 河海大学，2006.

[16] 张君华. 大比例尺数字地形图质量自动检查评价系统研究与开发[D]. 昆明理工大学，2008.

[17] 数字化地形地籍成图系统 CASS7.0 参考手册[S]. 南方测绘仪器有限公司，2006，2.

[18] 杨伯钢，张保钢，董明. 城市地形图的持续更新方法[M]. 北京：测绘出版社，2011，3.

[19] 胡鹏，黄杏元，华一新. 地理信息系统教程[M]. 武汉：武汉大学出版社，2002.

[20] 中华人民共和国质量监督检验检疫总局，中国国家标准化管理委员会. GB/T 20258.1—2007 基础地理信息要素数据字典第一部分：1∶500、1∶1000、1∶2000 基础地理信息要素数据字典[S]. 北京：中国标准出版社，2007.

[21] 国家测绘局. CH/T 4015—2001 地图符号库建立的基本规定[S]. 北京：测绘出版社，2001.

[22] 国家测绘局.GB/T 13923—2006 基础地理信息要素分类与代码[S]. 北京：中国标准出版社，2006.

[23] 国家技术监督局. GB 14804—1993 1∶500 1∶1000 1∶2000 地形图要素分类与代码[S]. 北京：中国标准出版社，1993.

[24] 国家技术监督局. GB/T 7929—1995 1∶500、1∶1000、1∶2000 地形图图式[S]. 北京：中国标准出版社，1995.

[25] 魏二虎，黄劲松. GPS 测量操作与数据处理[M]. 武汉：武汉大学出版社，2007.

[26] 北京威远图. SV300 R2002 用户手册[M]. 北京威远图易数字科技有限公司，2003.